国家出版基金资助项目
"淮河洪涝治理"系列专著

淮河流域
旱涝气候演变

主　编　程兴无
副主编　陈　星　钱名开　田　红　陈红雨

中国水利水电出版社
www.waterpub.com.cn
·北京·

内 容 提 要

本书系国家出版基金资助项目"淮河洪涝治理"系列专著之一。"淮河洪涝治理"系列专著包括《淮河中游洪涝问题与对策》《淮河流域旱涝气候演变》和《淮河流域规划与治理》三卷。本卷为《淮河流域旱涝气候演变》，全书系统地分析了淮河流域的起源和旱涝历史，依据气象、气候和水文学原理，采用天气学、气候统计和水文分析的方法，研究了淮河流域气候变化与旱涝的关系，阐述了淮河流域旱涝气候演变特征及一般规律，并对未来的趋势给出了预估。

本书可供水利、农业、水文、气象等领域的科技人员、管理者参考使用，也可作为相关专业研究人员和大专院校师生的参考书。

图书在版编目（CIP）数据

淮河流域旱涝气候演变 / 程兴无主编. -- 北京：
中国水利水电出版社，2019.8
（"淮河洪涝治理"系列专著）
ISBN 978-7-5170-7928-6

Ⅰ．①淮… Ⅱ．①程… Ⅲ．①淮河流域－干旱－气候
变化－研究②淮河流域－水灾－气候变化－研究 Ⅳ.
①P426.616

中国版本图书馆CIP数据核字（2019）第175068号

审图号：GS（2019）60 号

书　　名	"淮河洪涝治理"系列专著 **淮河流域旱涝气候演变** HUAI HE LIUYU HANLAO QIHOU YANBIAN
作　　者	主　编　程兴无 副主编　陈　星　钱名开　田　红　陈红雨
出版发行	中国水利水电出版社 （北京市海淀区玉渊潭南路 1 号 D 座　100038） 网址：www. waterpub. com. cn E - mail：sales@waterpub. com. cn 电话：（010）68367658（营销中心）
经　　售	北京科水图书销售中心（零售） 电话：（010）88383994、63202643、68545874 全国各地新华书店和相关出版物销售网点
排　　版	中国水利水电出版社微机排版中心
印　　刷	北京印匠彩色印刷有限公司
规　　格	184mm×260mm　16 开本　19.25 印张　399 千字
版　　次	2019 年 8 月第 1 版　2019 年 8 月第 1 次印刷
印　　数	0001—1000 册
定　　价	**160.00 元**

凡购买我社图书，如有缺页、倒页、脱页的，本社营销中心负责调换

版权所有·侵权必究

"淮河洪涝治理" 系列专著
编 委 会

主任委员　　肖　幼　钱　敏

副主任委员　汪安南　顾　洪　万　隆

委　　员　　王世龙　何华松　陈　彪

　　　　　　程兴无　陈　星　钱名开

　　　　　　徐迎春　伍海平　虞邦义

　　　　　　周志强　沈　宏　王希之

序

　　淮河流域位于中国大陆的东中部，西起伏牛山、桐柏山，东临黄海，南以大别山、江淮丘陵和通扬运河、如泰运河与长江流域毗邻，北以黄河南堤和沂蒙山脉与黄河流域接壤，流域面积27万km²，三分之二是平原地区。淮河与秦岭构成中国南北方的一条自然气候分界线，北部属暖温带半湿润季风气候区，南部属亚热带湿润季风气候区。这里气候温和，地势平坦，土地肥沃，物产丰饶，是中华民族发祥地之一，孕育了灿烂的华夏文明，诞生了老子、孔子、孟子、庄子、墨子、韩非子等闻名于世的伟大思想巨匠。这里治水历史悠久，远古时期就有大禹治水和伯益凿井的传说；春秋战国时期兴建的芍陂（现称安丰塘），是中国现存最古老的蓄水灌溉工程，至今仍在发挥效益；始建于东汉、增筑于明朝的高家堰（即洪泽湖大堤）拦淮蓄水形成的洪泽湖，是中国五大淡水湖之一；历经数个朝代开凿的京杭大运河，沟通海河、黄河、淮河、长江和钱塘江五大水系，对当时经济社会发展起到了至关重要的作用，对后世也影响深远。淮河流域在中国数千年文明发展史上，始终占有极其重要的位置。

　　《尔雅·释水》云："江河淮济为四渎。"《尚书·禹贡》载："导淮自桐柏，东会于泗沂，东入于海。"古老的淮河曾经是独流入海的河流，流域水系完整，湖泊陂塘众多，尾闾深阔通畅，水旱灾害相对较少，素有"江淮熟，天下足"之说，民间也流传着"走千走万，不如淮河两岸"的美誉。淮河与黄河相邻而居，历史上黄河洪水始终是淮河的心腹大患。淮河曾长期遭受黄河决口南泛的侵扰，其中1194—1855年黄河夺淮660余年，为害尤为惨烈。河流水系发生巨变，入海出路淤塞受阻，干支流河道排水不畅，洪涝灾害愈加严重，逐渐沦为"大雨大灾，小雨小灾，无雨旱灾""十年倒有九年荒"的境地。1855年黄河改道北徙之后的近百年间，朝野上下提出过"淮复故道""导淮入江""江海分疏"各种治理淮河的方略和主张，终因经济凋敝、战乱频仍，大多未能付诸实施。

1950年10月14日，政务院发布了《关于治理淮河的决定》，开启了中华人民共和国成立后全面系统治理淮河的进程。经过数十年不懈的努力，取得了显著成效，流域防洪除涝减灾体系初步形成，对保障人民生命财产安全、促进经济社会发展发挥了巨大作用。但是，由于淮河流域特殊的气候、地理和社会条件，以及黄河夺淮的影响，流域防洪除涝体系仍然存在一些亟须完善的问题。淮河与洪泽湖关系、沿淮及淮北平原地区涝灾严重、行蓄洪区运用与区内经济社会发展矛盾突出等问题，社会各界十分关注，尤其是河湖关系问题一直是关注的焦点。从2005年起，在水利部的大力支持下，水利部淮河水利委员会科学技术委员会联合相关高等院校、科研和设计单位，从黄河夺淮前后淮河水系和洪泽湖的生成演变过程，淮河流域洪涝灾害的气候特征，明清以来淮河治理过程，淮河中游洪涝问题与洪泽湖的关系，当前淮河中游洪涝主要问题及其对策等多个方面开展了研究工作，形成了《淮河中游洪涝问题与对策研究》综合报告及相关专题研究报告。钱正英院士等资深专家组成顾问组，全程指导了这项研究工作。顾问组在肯定主要研究结论的同时，也提出了《淮河中游的洪涝及其治理的建议——〈淮河中游洪涝问题与对策研究〉的咨询意见》。顾问组认为，这项研究成果基于当前的技术条件和对今后一个时期经济社会发展的预测，对淮河中游地区洪涝问题的治理思路和方案给出了阶段性的结论，研究工作是系统和深入的，其成果有利于解决一些历史性争议，可以指导当前和今后相当时期的治淮工作。

20世纪80年代初期，我曾在治淮委员会水情处参加过淮河流域水情预报和防汛调度等工作，以后长期在水利部及其科研机构工作，对淮河问题的复杂性、淮河治理的难度和治淮工作的紧迫性等有着切身的感受和深刻的认识。2007年淮河洪水以后，国务院先后召开常务会议、治淮会议，作出了进一步治理淮河的部署；2013年国务院批复了《淮河流域综合规划（2012—2030年）》，淮河治理工作进入了一个新的时期。现在，淮河水利委员会组织专家对这项研究成果进一步梳理、完善和提炼，在此基础上，编撰了"淮河洪涝治理"系列专著，包括《淮河中游洪涝问题与对策》《淮河流域旱涝气候演变》和《淮河流域规划与治理》三卷。该系列专著在酝酿出版之初,我就很高兴推荐其申报国家出版基金的资助并获得了成功,该系列专著成为国家出版基金资助项目。相信此系列专著的出版,将为今后淮河的科学治理提供丰富的资料,发挥重要的指导作用。

淮河流域的自然条件和黄河长期夺淮的影响决定了淮河治理的长期性和复杂性;社会经济的发展对治淮也不断提出新的要求。因此,我们还须继续重视淮河重大问题的研究,不断深化对淮河基本规律的认识,为今后的治理工作提供技术支撑。

是为序。

南京水利科学研究院院长
中国工程院院士
英国皇家工程院外籍院士 张建云

2018 年 9 月 28 日

前　言

　　淮河流域地跨河南、安徽、江苏、山东及湖北 5 省，人口众多，城镇密集，资源丰富，交通便捷。流域处在我国南北气候过渡地区，天气气候复杂多变，降雨时空分布不均；流域内平原广阔，地势低平，支流众多，上下游、左右岸水事关系复杂，人水争地矛盾突出；流域水旱灾害频发多发，洪涝和干旱往往交替发生。历史上，黄河长期侵淮夺淮，致使淮河失去入海尾闾，河流水系也变得紊乱不堪，其影响至今难以根本消除。

　　中华人民共和国成立后，淮河治理问题受到高度重视，1950 年 10 月，政务院发布《关于治理淮河的决定》，掀开了全面系统治理淮河的序幕，经过 60 多年持续治理，淮河流域已初步形成由水库、河道、堤防、行蓄洪区、控制型湖泊、水土保持和防洪管理系统等工程和非工程措施组成的防洪减灾体系，为保障流域经济和社会发展发挥了巨大作用。

　　由于淮河流域特殊的气候、地理和社会条件的影响，淮河的防洪除涝形势依然严峻，特别是从 2003 年洪水的情况看，流域防洪除涝体系尚不完善，与流域经济社会可持续发展的要求不相适应。为此，在水利部的支持下，淮河水利委员会科学技术委员会成立了研究项目组，联合有关高校、科研和设计单位，在由钱正英、宁远、刘宁、徐乾清、姚榜义、何孝俅、周魁一等 7 位专家组成的顾问组指导下，开展了对相关问题的研究和论证，最终形成了《淮河中游洪涝问题与对策研究》综合报告及相关专题报告等研究成果。该成果对厘清淮河中游洪涝治理思路、形成共识、更好地协调好当前和长远的关系有重要意义。因此，2016 年起淮河水利委员会又组织人员在这项研究成果基础上进行进一步补充、完善和提炼，编撰了"淮河洪涝治理"系列专著，包括《淮河中游洪涝问题与对策》《淮河流域旱涝气候演变》和《淮河流域规划与治理》三卷。

　　本系列专著的出版得到了南京水利科学研究院院长、中国工程院院士、英国皇家工程院外籍院士张建云，国务院南水北调工程建设委员会专家委员会副主任宁远等专家学者，国家出版基金规划管理办公室和中国水利水电出版社的大力支持。张建云院士和宁远副主任向国家出版基金规划管理办公室出具推荐意见，中国水利水电出版社鼎力支持，使本系列专著得到国家出版基金的资助；张建云院士还在百忙之中撰写了序。在此向张建云院士、宁远副主任和中国水利水电出版社表示衷心感谢！

本书是"淮河洪涝治理"系列专著之一，全书共 10 章。第 1 章简要阐述了流域的地理环境和水文气候特点。第 2 章分析了黄淮海平原的形成、淮河流域的形成和历史时期淮河水系的演变过程。第 3 章对历史上发生的旱涝灾害进行了集中描述和归类分析，并简要阐述了历史与现代旱涝灾害的特点。第 4 章阐述了淮河流域历史时期的气候变化、旱涝灾害的历史起源、旱涝灾害特点以及黄河夺淮的影响。第 5 章分析了气候过渡带及其变化特点，重点研究了过渡带特征与流域降水的关系、流域暴雨量的时空分布特征和气候特点。第 6 章分析了典型旱涝年的特征和造成严重旱涝的气候成因，归纳了典型洪涝的天气类型。第 7 章揭示了极端降水事件之间的联系。第 8 章将淮河流域的旱涝特征与长江、黄河流域以及同纬度的北美地区进行了对比分析，试图揭示不同区域旱涝特征的差异性。第 9 章指出了在气候自然变化和人类活动的共同影响下，未来 50 年淮河流域旱涝气候变化幅度增大，极端天气气候事件发生的概率有增大的趋势，淮河气候的演变必将对淮河水文情势产生重大影响，给治淮工作带来挑战。第 10 章总结了研究结论，针对今后治淮工作提出了一些应对气候变化的建议。

本书由程兴无任主编，陈星、钱名开、田红、陈红雨任副主编。第 1 章由程兴无、钱名开、陈红雨编写；第 2 章由陈星、杨满根编写；第 3 章由钱名开、陈红雨、程兴无、徐敏编写；第 4 章由陈星、陈红雨、田红、王胜、赵传湖编写；第 5 章由陈星、冯志刚、程兴无、刘富弘、徐韵编写；第 6 章由田红、谢五三、程智、程兴无、丁小俊编写；第 7 章由冯志刚、陈星、程兴无、徐敏、董全、陈铁喜编写；第 8 章由陈星、田红、陈红雨、罗连生、庞一龙编写；第 9 章由陈星、程兴无编写；第 10 章由程兴无、陈星、梁树献编写；附录由冯志刚、陈红雨、田红提供。

在本书编写过程中，徐慧、程绪干、袁慧玲、江守钰、夏成宁等审阅了全书并提出了建设性的意见，郏建、杨亚群、赵真等为本书绘制了部分插图，淮河水利委员会水文局（信息中心）、南京大学大气科学学院和安徽省气象局气候中心对本书编写给予了大力支持与帮助，在此一并表示感谢。

由于编者水平有限，书中难免有不足和疏漏之处，敬请批评指正。

谨以此书献给为治淮事业作出贡献的人们！

作者

2018 年 9 月

主要名词及缩写词注释

DWI：Drought and Wet Index（干湿指数）

SVD：Singular Value Decomposition（奇异值分解）

PDSI：Palmer Drought Severity Index（帕尔默干旱强度指数，简称干旱指数）

ECHO‐G：全球大气环流模式 ECHAM4 和海洋环流模式 HOPE‐G 相耦合的海气耦合气候模式

MPM‐2：McGill Paleoclimate Model，Version 2（麦吉尔古气候模式 2.0 版）

EOF：Emperical Orthogonal Functions（经验正交函数）

IPCC：Intergovernmental Panel on Climate Change（政府间气候变化专门委员会）

DEOF：Distinct Emperical Orthogonal Functions（显著经验正交函数）

REOF：Rotated Emperical Orthogonal Functions（旋转经验正交函数）

NCEP：National Centers for Environmental Prediction（美国国家环境预报中心）

ITCZ：Intertropical Convergence Zone（热带辐合带）

GPD：Generalized Pareto Distribution（广义帕累托分布）

ENSO：El Nino Southern Oscillation（恩索事件，厄尔尼诺与南方涛动的合称）

MEI：Multivariate ENSO Index（多元 ENSO 指数）

OLR：Outgoing Longwave Radiation（向外射出长波辐射）

JJA：June July August（夏季、6—8 月）

PCP：Period of Concentration Precipitation（降水集中期）

PCPR：Period of Concentration Precipitation Rainfall（降水集中期降水量）

PCPD：Period of Concentration Precipitation Date（降水集中期出现日期）

MMP：Maximum Monthly Precipitation（最大月降水量）

MDP：Maximum Daily Precipitation（最大日降水量）

MPP：Maximum Process Precipitation（最大过程性降水量）

AMDP：Annual Maximum Daily Precipitation（年最大日降水量）

aBP：Ages Before Present（距今的年数）

GOALS：Global Ocean‐Atmosphere‐Land System model（全球海洋-大气-陆面系统耦合模式）

目录
CONTENTS

1

淮河流域水文气候特征

1.1 地理环境

1.1.1 地理位置

淮河流域位于东经 $111°55'\sim121°25'$、北纬 $30°55'\sim36°36'$，东西长约 700km，南北宽约 400km，淮河干流长约 1000km，流域面积为 27 万 km^2。淮河流域跨河南、安徽、江苏、山东及湖北五省，流域东临黄海，西部以伏牛山、桐柏山为界，北边以黄河南堤和沂蒙山区与黄河流域、山东半岛接壤，南边以大别山、皖山余脉、通扬运河及如泰运河南堤与长江流域毗邻。淮河流域图如图 1.1-1 所示。

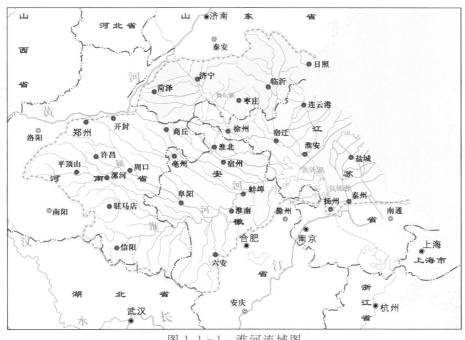

图 1.1-1 淮河流域图

12 世纪之前，淮河为直接入海的河流，1194—1855 年，黄河夺淮造成淮河河道发生重大变化。黄河北迁后留下的废黄河把淮河流域分为淮河和沂沭泗河两大水系，两大水系的面积分别为 19 万 km^2 和 8 万 km^2。淮河水系主要位于河南、安徽、江苏3 省，包括淮河上中游干支流及洪泽湖以下的入江水道和里下河地区。沂沭泗河水系是沂河、沭河、泗河 3 条水系的总称，主要位于江苏、山东两省。淮河水系与沂沭泗河水系之间由京杭大运河、分淮入沂水道及徐洪河连通。

1.1.2　地形与地貌

淮河流域地形总体为由西北向东南倾斜，除西部、南部及东北部为山丘区外，其余均为平原、湖泊和洼地，其平原区为我国黄淮海平原的一个组成部分。淮河流域的山地面积为 3.82 万 km^2，占流域总面积的 14.2%；丘陵面积为 4.81 万 km^2，占流域总面积的 17.8%；平原面积为 14.77 万 km^2，占流域总面积的 54.7%；湖泊洼地面积为 3.6 万 km^2，占流域总面积的 13.3%。其中，淮河水系的山地面积占水系总面积的 17%，丘陵面积占水系总面积的 17.5%，平原面积占水系总面积的58.4%，湖洼面积占水系总面积的 7.1%；沂沭泗河水系山丘区面积占水系总面积的31%，平原面积占水系总面积的 67%，湖泊面积占水系总面积的 2%。

淮河流域西部的伏牛山、桐柏山高程为 200～300m，沙颍河上游的尧山（石人山）为全流域最高峰，高程为 2153m；南部大别山高程一般为 300～500m，最高峰白马尖高程为 1774m。东北部沂蒙山区高程一般为 200～500m，最高峰龟蒙顶高程为1155m。丘陵区主要分布在山区的延伸部分，西部高程一般为 100～200m，南部高程一般为 50～100m，东北部高程一般为 100m。淮北平原地面自西北向东南倾斜，高程一般为 15～50m，淮河下游平原高程一般为 2～5m，南四湖湖西黄泛平原高程一般为 30～50m。

淮河流域地貌类型众多，层次明显。在地域分布上，流域的东北部为鲁中南断块山地，中部为黄淮冲积、湖积、海积平原，西部和南部是山地和丘陵。平原与山丘之间为洪积平原、冲（洪）积平原和冲积扇。

1.1.3　土壤与植被

淮河流域土壤的分布和种类比较复杂。西部的伏牛山区主要为棕壤和褐土，丘陵区主要为褐土，土层厚，质地疏松，易受侵蚀冲刷。南部的山区主要为黄棕壤，其次为棕壤和水稻土；丘陵区主要为水稻土，其次为黄棕壤。北部的沂蒙山区多为粗骨性褐土和粗骨性棕壤，土层薄，水土流失严重。淮北平原的北部主要为黄潮土，质地疏松。淮北平原的中部、南部主要为砂姜黑土，其次为黄潮土、棕潮土等。淮河下游平原水网区为水稻土。东部的滨海平原多为滨海盐土。在以上各类土壤中，以潮土分布最广，约占全流域面积的 1/3；其次为砂姜黑土、水稻土。

受气候、地形、土壤等因素的影响，淮河流域的植被有明显的过渡性特征。流域北部的植被属暖温带落叶阔叶林与针叶林混交;中部低山丘陵区属亚热带落叶阔叶林与常绿阔叶林混交;南部山区主要为常绿阔叶林、落叶阔叶林与针叶林混交,并夹有竹林。据统计,桐柏山、大别山区的森林覆盖率为 30%,伏牛山区的森林覆盖率为 21%,沂蒙山区的森林覆盖率为 12%。

1.1.4 河流水系

1.1.4.1 淮河水系

淮河干流发源于河南南部桐柏山,自西向东流经湖北、河南、安徽,入江苏境内的洪泽湖。洪泽湖南面有入江水道经三江营入长江,东面有灌溉总渠、二河及从二河新开辟的入海水道入黄海。淮河干流全长约为 1000km,其中河南、安徽交界处的王家坝(洪河口)以上为上游,河长 360km,河道平均比降为 0.5‰;王家坝(洪河口)至洪泽湖出口中渡为中游,河长 490km,河道平均比降为 0.03‰;中渡以下至三江营为下游,河长 150km,河道平均比降为 0.04‰。王家坝、中渡以上的控制面积分别为 3 万 km² 和 16 万 km²;中渡以下(包括洪泽湖以东里下河地区)的控制面积约为 3 万 km²。洪泽湖位于淮河中游末端,承接淮河上中游来水,是淮河流域最大的湖泊,为全国五大淡水湖之一。

淮河水系支流众多,流域面积大于 1000km² 的一级支流有 21 条,流域面积超过 2000km² 的河流有 16 条,流域面积超过 10000km² 的有洪汝河、沙颍河、涡河和怀洪新河,其中沙颍河流域面积接近 40000km²,河长 557km,为淮河最大支流。

淮河右岸的支流主要有狮河、潢河、史灌河、淠河、池河等。淮河左岸的支流主要有洪汝河、沙颍河、涡河、怀洪新河、新汴河等。

淮河右岸支流目前基本上保持 20 世纪 50 年代的状况,而淮河左岸支流及洪泽湖以下的水道变化较大。在 20 世纪 50 年代开挖洪河分洪道、灌溉总渠和淮沭新河后,从 20 世纪 70 年代起又开挖了茨淮新河、怀洪新河、入海水道。其中,涡河口以下淮河左岸的支流经过历年整治,形成当前的怀洪新河、新汴河、奎濉河、徐洪河 4 个主要水系。

1.1.4.2 沂沭泗河水系

沂沭泗河水系位于淮河流域东北部,由沂河、沭河和泗河组成,3 条河流均发源于沂蒙山。沂河发源于鲁山南麓,往南注入骆马湖,再经新沂河入海;沭河发源于沂山,与沂河平行南下,至大官庄后分为两支,南支老沭河汇入新沂河后入海,东支新沭河经石梁河水库后由临洪口入海;泗河几经历史演变,形成由泗河、南四湖、韩庄运河、中运河等组成的泗运河水系,泗河发源于沂蒙山区太平顶西麓,流入南四湖汇湖东、湖西各支流后,由韩庄运河、中运河入骆马湖,再经新沂河入海。沂沭泗河水系集水面积大于 1000km² 的一级支流有东鱼河、洙赵新河、梁济运河、祊河、东汶河等 15 条,独流入海的河流有朱稽河、青口河、绣针河、傅疃河、灌河、柴米河、盐河等 14 条。

由南阳湖、独山湖、昭阳湖和微山湖相连而成的南四湖是沂沭泗河水系最大的湖泊。南四湖中部的二级坝枢纽将南四湖分为上级湖和下级湖。骆马湖除承接南四湖和沂河来水外，又汇集了邳苍地区的区间来水，向东由嶂山闸控制经新沂河入海。

1.2 气候特点

1.2.1 一般气候特点

淮河与秦岭山脉是我国南北方气候的一条自然分界线，淮河以北属暖温带半湿润季风气候区，淮河以南属北亚热带湿润季风气候区。淮河流域以其所处的地理位置，自北往南形成了暖温带向北亚热带过渡的气候类型。淮河流域的气候特点是四季分明，受东亚季风影响，夏季炎热多雨，冬季寒冷干燥，春季天气多变，秋季天高气爽。据统计，淮河流域春季开始日为 3 月 26 日前后，夏季开始日为 5 月 26 日前后，秋季开始日为 9 月 15 日前后，冬季开始日为 11 月 11 日前后。

淮河流域的多年平均气温为 14.5℃，最高气温月份（7 月）的多年平均气温为 27℃ 左右，最低气温月份（1 月）的多年平均气温为 0℃ 左右。流域的极端最高气温为 44.5℃（1966 年 6 月 20 日河南省汝州市），极端最低气温为 −24.3℃（1969 年 2 月 6 日安徽省固镇县）。

淮河流域的相对湿度较大，多年平均值为 66%～81%。相对湿度的地域分布是南大北小、东大西小；时间分布是夏季、秋季、春季、冬季依次减小，夏季的相对湿度一般超过 80%，冬季的相对湿度约为 65%。

流域的无霜期为 200～240 天，年日照时数为 1990～2650 小时。

1.2.2 特殊气候特点

由于淮河是我国南北气候的过渡带，其气候具有特殊性，从北亚热带湿润季风气候到暖温带半湿润季风气候过渡区存在南北移动和年际变化，过渡带 50 年来缓慢向北扩展。过渡带气候的脆弱性导致气候变化幅度加大，天气气候变化激烈，极端天气事件和异常气候事件发生的概率增大，旱涝的年际、年内变化大，旱涝交替频率高。淮河流域特殊气候特点如下：

（1）雨季长。淮河流域位于长江流域与黄河流域之间，是长江梅雨向华北雨季的过渡区域，也是湿润季风区向半湿润季风区的过渡带。淮河的南部是江淮梅雨的北缘，北部及沂沭泗地区又是华北雨季的南缘，因此，从时间上讲，淮河的雨季从 6 月中下旬开始，可持续到 9 月上旬，江淮梅雨、华北雨季以及夏季台风都影响到淮河流域的降雨，所以淮河流域的雨季特别长。

（2）过渡带分界线位置与夏季降水量关系密切。对江淮流域夏季降水的经验正交函数（EOF）分析表明，淮河流域南北气候过渡带分界线的位置与夏季降水量呈明显的负相关，过渡带位置的南北变动与淮河流域的夏季降水强弱密切相关，过渡带向北移动，夏季降水量减少；过渡带向南移动，淮河流域降水会增多。但在淮河流域以北的黄河流域和以南的长江流域，这种相关并不明显。从东亚季风分析，夏季季风偏强、冷空气偏弱时，雨带位置偏北（华北）；季风偏弱、冷空气偏强时，雨带位置偏南。20世纪50年代以来，淮河流域气候过渡带北界逐渐北移，特别是20世纪90年代以后北移显著。

（3）气候态不稳定，易变性大。淮河流域气候变化幅度大，灾害性天气气候发生频率高，淮河流域的降水区域特征与长江流域和黄河流域的相比有显著的差异。通过比较淮河、长江和黄河流域全年及汛期的降水相对变率可以看到，无论是年降水量还是夏季降水量，淮河流域的降水变率都是最大的，表明过渡带气候存在不稳定性，容易出现旱涝。特别是进入21世纪以来的前10年，淮河流域夏季频繁出现洪涝，成为越来越严重的气候脆弱区。

（4）夏季降水存在3种主要空间分布型。淮河流域夏季降水主要有流域性多雨型、南部或北部多雨型、西部或东部多雨型3种空间分布型，其中，第一种、第二种雨型比较常见。因此，淮河流域大涝年份通常有两种空间类型，即流域性大涝型和中南部大涝型，其共同特点是沿淮、淮南一带的降水尤其多。上述雨型主要与梅雨降水有关系，而第三种雨型又与台风关系较大。

（5）年降水量变化率大，年内降水分布不均。淮河流域多年平均年降水量相对变率为0.16～0.27，南部总体大于北部，降水量年际波动的大小在流域的不同区域也存在显著差异，降水量年际变化率大是导致旱涝的直接原因。

由于淮河处在东亚季风区内，降雨的年内时空分布极不平均，从淮河流域各月平均降水量及其所占全年的比例看，淮河流域降水各月分配呈单峰型：7月最多，占全年的比例为23％；8月次之，反映了季风雨带由南往北推的特点；12月最少。

从各季来看，夏季降水最多，占全年降水总量的54％；春季、秋季次之，各占全年降水总量的近20％；冬季最少，只占全年降水总量的7％。其中5—9月降水占全年降水总量的72％，是年降水的主要组成部分。降水量的这种分布也决定了淮河流域主要洪水的年内分布形式。

（6）"旱涝急转"和"旱涝交替"特征明显。淮河流域雨季不仅有明显的年际变化特点，而且有显著的年内变化特点，"旱涝急转"或"旱涝交替"的情况时常发生。淮河流域的"旱涝急转"特征通常出现在6月中下旬，与梅雨起始日期基本相同或略偏晚。一般年份，春季至初夏，流域无持续性明显降水，旱情抬头；雨季来临时，若出现集中强降水，则极易从干旱转为洪涝。有的年份（如1991年），在洪涝结束后又连续1～3个月无明显降水过程，导致涝后旱，出现典型的"旱涝交替"。

1.3　水文特点

1.3.1　降水、径流及水资源

淮河流域多年平均年降水量为895mm（1953—2012年系列），其中，淮河水系为 936mm，沂沭泗河水系为 795mm。降水的地区分布特点为南部大北部小、山区大平原小、沿海大内地小。南部大别山区的多年平均年降水量达 1400～1500mm，而北边黄河沿岸的多年平均年降水量仅为 600～700mm。降水量的年际变化很大，如 2003 年全流域的多年平均年降水量为 1282mm，而 1966 年的多年平均年降水量仅为 578mm。地区年降水量的变差系数（C_v）为 0.25～0.30，总趋势是自南往北增大，平原大于山区。降水量年内分布不均，淮河上游和淮南山区，雨季集中在 5—9 月，其他地区集中在 6—9 月。汛期（6—9 月）降水量占全年降水量的 63%。

淮河流域的多年平均年径流深约为 221mm，其中，淮河水系的年径流深为 238mm，沂沭泗河水系的年径流深为 143mm。大别山区的多年平均年径流深可达 1100mm，而淮北北部、南四湖湖西地区的年径流深则不到 100mm。径流的年际变化很大，如 1954 年、1956 年淮河干流各水文站的来水量为多年平均值的 2～2.5 倍，而 1966 年的来水量仅为多年平均值的 10%～20%。沂沭泗河水系的沂河，1957 年、1963 年的来水量为多年平均值的 2.5 倍，而 1968 年骆马湖的入湖水量仅为多年平均值的 22%。在地区分布上，年径流量的变差系数（C_v）为 0.30～1.0。径流年内分配不均，淮河干流各水文站汛期实测径流量占全年的 60% 左右，沂沭泗河水系各河汛期实测径流量占全年的 70%～80%。

淮河流域多年平均年水面蒸发量为 1060mm，在沿黄和沂蒙山南坡多年平均年水面蒸发量可达 1100～1200mm，而在大别山、桐柏山区仅为 800～900mm。淮河流域多年平均年陆面蒸发量为 640mm，总趋势是北大南小，地区的年陆面蒸发量变化范围为 500～800mm。

根据 1953—2000 年系列计算结果，淮河流域水资源总量为 794 亿 m³（其中，淮河水系水资源总量为 583 亿 m³，沂沭泗河水系水资源总量为 211 亿 m³）。引江（长江）、引黄（黄河）是淮河流域弥补水资源不足的重要途径。据资料统计，1956—2000 年江苏省淮河流域多年平均年引江水量为 41.8 亿 m³（1978 年达 113.2 亿 m³），1980—2000 年河南省、山东省淮河流域多年平均年引黄水量为 21 亿 m³。

1.3.2 暴雨与洪水特点

1.3.2.1 暴雨

淮河流域暴雨主要集中在夏季的 6—9 月。其中，6 月暴雨主要在淮南山区；7 月暴雨在全流域出现的概率大体相等；8 月是受台风影响最多的月份，东部沿海地区常出现台风暴雨，西部伏牛山区、东北部沂蒙山区暴雨相对增多；9 月流域各地暴雨减少。淮河流域引发暴雨的天气系统主要是切变线、低涡、低空急流和台风。西南低涡沿着切变线不断东移，常常是造成淮河流域连续暴雨的主要原因。西太平洋副热带高压（以下简称"副高"）对淮河流域汛期的降水影响很大，一般 6 月中旬至 7 月上旬副高第一次北跳，雨区从南岭附近移至淮河和长江中下游地区，江淮地区进入梅雨季节。切变线、低涡、低空急流等天气系统可造成连续不断的暴雨，如 1954 年。

淮河流域的梅雨多年平均开始日期为 6 月 19 日，结束日期为 7 月 14 日，梅雨期约 25 天，长的可达一个半月。梅雨过后，随着副高的第二次北跳，淮河流域受副高或大陆高压控制，持续性暴雨减少。但由于大气环流的变化，副高短期的进退使得淮河流域也经常发生较大范围的暴雨。这类暴雨造成的洪水历时、范围不及梅雨期洪水，但其出现的频次多于梅雨期。台风对淮河流域影响每年都有，时间多在 8 月，直接影响的台风每年平均有 1~2 个。台风暴雨多发生在东部沿海和淮南山区，深入流域内地的台风较少，直接从海上正面登陆淮河流域的台风也少。

淮河上游山区、大别山区、伏牛山区以及沂蒙山区常为淮河流域的暴雨中心区，东部沿海因常受台风影响，暴雨出现的频次较多，其他地区在一定的天气形势下也会出现强度大的暴雨。

1.3.2.2　洪水

淮河流域洪水除沿海风暴潮外，主要为暴雨洪水。

（1）淮河水系洪水。淮河水系洪水主要来自于淮河干流上游、淮南山区及伏牛山区。淮河干流上游山丘区，干支流河道比降大，洪水汇集快，洪峰尖瘦。洪水进入淮河中游后，干流河道比降变缓，沿河又有众多的湖泊、洼地，经调蓄后洪水过程明显变缓。中游左岸诸支流中，只有少数支流的上游为山丘区，多数为平原河道，河床泄量小，洪水下泄缓慢；中游右岸诸支流均为山丘区河流，河道短、比降大，洪峰尖瘦，故淮河干流中游的洪峰流量与上游和右岸支流的来水关系很大。由于左岸诸支流集水面积明显大于右岸，左岸诸支流的来水对淮河干流中游的洪量影响较大。淮河下游入江水道为高水位行洪河道，往往由于洪泽湖下泄量大而出现持续高水位状态，使得区间来水难以下泄；里下河地区为地势低洼的水网地区，常因当地暴雨而造成洪涝。

淮河大面积的洪水往往是由梅雨期长、大范围连续暴雨所造成，如 1931 年、1954 年、1991 年、2003 年、2007 年的洪水，其特点是干支流洪水遭遇，淮河上游及中游右岸各支流连续出现多次洪峰，左岸支流洪水又持续汇入干流，以致干流出现历时长达 1 个月以上的洪水过程，淮河沿线长期处于高水位状态，淮北平原、里下河地区出现大面积洪涝。上中游洪水虽有洪泽湖调蓄，但对下游平原地区仍有严重威胁，如 1931 年洪水，里运河河堤溃决，淮河下游里下河地区沦为泽国。

淮河出现局部范围暴雨洪水的次数也较多，上中游山丘区的局部暴雨洪水也会造成淮河中游干流大的洪水，但对下游的影响往往不大，如 1968 年、1969 年、1975 年的洪水等。平原地区的暴雨对淮河干流影响不大，但往往会造成大面积涝灾。

发源于大别山区的史灌河、淠河是淮河右岸的主要支流，洪水过程尖瘦，对淮河干流洪峰影响很大，如 1969 年淮河洪水，正阳关水位为 25.85m，相应的鲁台子流量达到 6940m³/s，主要就是由这两条支流在 7 月的一次暴雨洪水所造成。淮河左岸诸支流洪水流经平原地区，汇入干流时的洪水过程平缓，加上河道下泄能力小，汇入淮河干流后形成的洪峰流量不大，但洪量对淮河干流有较大影响。

（2）沂沭泗河水系洪水。从洪水组成上说，沂沭泗河水系洪水可分为沂河、沭河洪水，南四湖（包括泗河）洪水，以及邳苍地区（即运河水系）洪水3部分。

沂河、沭河发源于沂蒙山，上中游均为山丘区，暴雨出现机会多，是沂沭泗河水系洪水的主要源地。沂河、沭河洪水汇集快，洪峰尖瘦，一次洪水过程仅为2～3天，如集水面积为10315km^{2}的沂河临沂站，在上游暴雨后不到半天，就可能出现10000m^3/s以上的洪峰流量。

南四湖承纳湖西诸河和湖东泗河等支流来水，湖东诸支流多为山溪性河流，河短流急，洪水随涨随落；湖西诸支流流经黄泛平原，泄水能力低，洪水过程平缓。由于南四湖出口泄量所限，发生大洪水时湖区周围往往洪涝并发。南四湖出口至骆马湖之间的邳苍地区北部为山区，洪水涨落快，是沂沭泗河水系洪水的重要来源地。

骆马湖汇集沂河、南四湖及邳苍地区的来水，是沂沭泗河水系洪水的重要调蓄湖泊。新沂河为平原人工河道，比降较缓，沿途又承接沭河来水，因而洪水峰高量大，过程较长。20世纪50年代以来，沂沭泗河水系各河同时发生大水的有1957年，先后出现大水的有1963年，沂河、沭河和邳苍地区出现大水的有1974年。与淮河水系洪水相比，沂沭泗河水系洪水来势迅猛，峰高量大，上游洪水陡涨陡落，南四湖湖西平原区河流洪水过程平缓。

淮河流域的形成与演变

淮河流域在我国东部具有特殊的气候和地理意义,该流域介于黄河、长江之间,在地域及流域形成上既有其独特性,又与黄淮海平原的形成、演变有密切关系。本章从地质地貌特征的自然历史演变出发,结合人类活动对自然环境的影响,综合有关淮河的生成演变特征及与之相关的黄淮海区域、淮河流域演变的资料和研究成果,分析流域内湖泊与河流形成的关系;根据地质时期、历史时期以来淮河及其流域形成的各种可能过程和原因,从淮河与黄淮海平原地域上的整体性和自然联系出发,分别对黄淮海区域地质背景与地貌分异、黄淮海平原地貌形态特征、黄淮海平原演化与淮河平原的生成加以阐述。

2.1 黄淮海平原的形成

2.1.1 黄淮海区域地质背景与地貌分异

淮河流域位于我国第二大平原——黄淮海平原的最南部。黄淮海平原因黄河、淮河和海河 3 条河流东流入海前沉积的一个广阔平原而得名。根据地貌学的观点,按照地表形态、地质构造、地表组成物质以及流域水系的变化等原则,黄淮海平原划定的界线为:北起燕山山脉的南麓;南抵桐柏山、大别山的北麓,以江淮流域的低分水岭为界;西起太行山、秦岭的东麓;东面包围鲁中南山地,临渤海、黄海。黄淮海平原包括天津市的全部,北京市、河北省、河南省的大部分,以及山东省的西北、西南部和江苏、安徽两省淮河以北部分。黄淮海平原大体以黄河为轴线,往南到淮河,属淮河水系,通称黄淮平原;往北到燕山山麓,西至太行山麓,属海河及滦河水系,通称海河平原。淮河及淮河流域的形成演变与黄淮海平原的生成演变有着天然的联系。

从地质构造上看,黄淮海平原的基础是一个受燕山运动影响、于白垩纪前后形成的断陷盆地。该盆地在喜马拉雅运动和新构造运动期间继续下陷,沉积了厚达三四千米的第三纪地层和厚达三四百米的第四纪松散沉积物。沉积物总厚度最大可达 5000m 以上,小者也有 1500m 左右。各地堆积厚度不等,是因为平原下的基岩还隐伏有次一级的拗陷与隆起构造。

在新华夏构造体系中，黄淮海平原主要位于两条沉降带上：松辽-黄淮海平原沉降带和黄海-苏北平原沉降带。因此，黄淮海平原是一个新生代的巨大凹陷盆地，凹陷最深部分偏居西部，靠近太行山山麓地带。晚侏罗世时，黄淮海平原范围内有一些分散的小盆地，接受了红色碎屑岩、火山岩和暗色泥沙岩的沉积。白垩纪初，开始进入盆地发展时期，直到现在，拗陷与沉积仍在活跃进行中。老第三纪时还有若干孤立的小盆地，新第三纪时平原才连成一片。

黄淮海平原下伏的隐伏断裂活动对水系产生深远影响。河流流向、河道偏移、河流决口、湖泊形成等方面都受到断层活动的影响；新构造运动和松散软弱的地盘直接或间接地增加了黄河的活动性；大水系间没有坚硬的分水岭，助长了黄河的游荡性。从黄河下游现河道的延伸方向可以看出，各河段走向都与新构造运动有关。

黄淮海平原是一个大的冲积平原，位于我国地势的第三级阶梯。黄河是塑造黄淮海平原的主要地貌营力，在地貌形态上主要包括了山前洪积-冲积平原、冲积平原和滨海海积平原。山前洪积-冲积平原，一部分是由众多小河流和间歇性水流洪积-冲积而成的倾斜平原；另一部分是由大中河流冲积形成的冲积扇平原。黄淮海平原地势处于最高，局部地区冲积扇顶部海拔可达200m，一般地区的海拔都在120m以下，但地形倾斜程度较高，坡降一般为$1/1500\sim1/500$。

冲积平原是整个黄淮海平原的主体部分，是山前洪积-冲积平原与滨海平原之间的广阔平原，由历史上大小河流多次改道泛滥冲积而成，其地势低平，海拔高度在35m以下，坡降一般为$1/8000\sim1/5000$。黄河、淮河、海河对冲积平原的形成都起到了重要作用，但黄河对平原形成的作用更为突出。历史上黄河的多次改道，影响范围从苏北、皖北到冀渭南部。由于黄河的泥沙含量大，历史上曾经多次决口改道，从而在冲积平原上进一步形成了古河道高地与河间洼地相间分布的地貌结构。

黄淮海平原的主体是黄河冲积扇。黄河冲积扇，又称黄河冲积平原，西起孟津附近的宁嘴峡口，向东延伸到鲁西的山前洼地，高程为$30\sim100$m。根据《中国国家自然地理图集》(中国地图出版社，1998年)中的中国地貌区划图，整个黄淮海区域属于东部低山平原区的2个亚区：鲁东低山丘陵和华北、华东低平原，区域内部又可以进一步分成7个地貌小区，黄淮海平原地貌区划如图2.1-1所示。

黄淮海冲积平原包括以下次一级平原：

(1) 冀东滦河平原。该平原向南向海倾斜，在早、中更新世冲洪积扇基础上，晚更新世及全新世发育了部分入海三角洲地貌。

(2) 海河平原。该平原总体上由北东向西南倾斜，是具有水平和垂直分带性的典型地段，不同规模和不同方向的"岗、坡、洼"地貌形态，特别是洼地，如交接洼地，明显地区分了洪积-冲积平原、冲积平原和冲积、海积平原的分布范围。

(3) 黄河平原与鲁西山前洪积-冲积平原。这两个平原相向倾斜，在其交接洼地处，形成山东境内的南四湖、北五湖。在黄泛区，黄河故道两侧均发育有一系列决口扇和洼

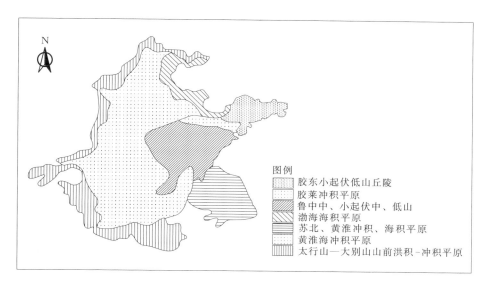

图 2.1-1 黄淮海平原地貌区划

注：资料来源于刘明光《中国国家自然地理图集》，中国地图出版社，1998 年。

地。黄河大冲积扇的范围，西北侧经由冠县、聊城一带，西南侧达徐州、永城一带。

（4）淮河平原。该平原由西北向东南倾斜，北部向黄河平原逐渐过渡，主要由灰黄、黄灰色粉土质亚砂土组成，是黄泛堆积物，河道常呈正地形，呈微高条带状分布；南部主要由灰色亚黏土组成，淮河上游河道下切，可见阶地，下游各支流入淮处常见不同规模的积水洼地，似湖似河。河间带上发育有多种洼地。

（5）苏北平原。该平原在江淮丘陵东侧，濒临海区，地势低平，主要由冲积、海积形成，可见多处古潟湖遗迹。

2.1.2 黄淮海平原地貌成因与结构

黄淮海平原地貌的形成是各种地貌内外营力相互作用的结果，其中，河流流水和泥沙堆积是冲积平原地貌、微地貌建造的主要营力。黄淮海平原的外营力地貌主要由河流地貌、湖积地貌、风积地貌、海积地貌等组成，河流地貌占绝大部分。黄淮海平原的河流地貌，主要由河流差别堆积形成，因而不同时期的古河道构成了不同的地貌面，不同形状的古河道组成了不同的地貌区，不同类型的古河道决定了不同的微地貌。

就地貌成因而言，古河床高地是冲积扇地面高亢的地貌类型。黄河中游黄土高原巨量泥沙下泄进入下游河道，经历长时期的沉积抬高，造成地上悬河，当河道决口改道以后，原来的地上河则成为废弃的古河床高地，一般高出地面 2～3m，最大可达 5m 以上，宽为 10～20km；沉积物较粗，多为细砂和粉砂，由于物质结构疏散，颗粒较粗，蓄水能力差，在风的作用下，往往形成叠加的波状沙地和个体新月形沙丘。

古河床洼地是冲积扇地面凹洼的负地形，它与古河床高地不同，当河流改道另行新道时，河道初期是冲刷的；以后由于行水时间短，在河道沉积不强的情况下，迅速发生决口改道，废弃的河道仍然保持着河槽，一般宽数千米，组成物质粗细相间，地下水位埋藏浅，容易积水成涝。

冲积扇前缘地带扇前洼地分布众多，这是冲积扇前缘界线的重要标志。其中，鲁西湖泊洼地展布最为明显，它们介于黄河冲积扇和山东低山丘陵之间的狭长地带，略呈北北西至南南东走向，境内大小湖泊洼地串联，自北而南有东平湖、马踏湖、蜀山湖、南旺湖、马荡湖、独山湖、昭阳湖、微山湖等，长期以来由于西部受到黄河洪水侵犯，东部承接山地河水的汇注，有些湖泊在泥沙沉积作用下多被淤平而逐渐成为地势低的洼地。

黄河冲积平原向东延伸受阻于山东丘陵，分别向渤海和黄海两个海域倾斜展布，并在滨海建造了河口三角洲和海积平原。平原内部岗、坡、洼等微地貌类型极为丰富。这些微地貌是历史时期黄河下游河道南北游荡、泥沙往复沉积造成的。因此，岗、坡、洼等微地貌类型与新老河道的分布联系密切。黄河新老河道自西向东分别向北东和南东两侧展开，古河道高地和古河道洼地通过各种地貌成因类型，贯穿于整个冲积平原之中，并直接到达滨海地区，成为下游冲积平原塑造的主体。

黄淮海平原地貌类型见表 2.1-1。黄淮海平原的微地貌组合成了现代河谷（河道）、山麓坡积-洪积扇群、洪积扇、冲积扇、古河道带、古河间带、扇缘洼地、三角洲平原、潟湖洼地、海积平原 10 个高一级的小地貌类型。图 2.1-2 为黄河冲积扇结构示意图。

表 2.1-1　　　　　　　　　　黄淮海平原地貌类型表

序号	小地貌类型	微地貌类型
1	现代河谷（河道）	河床、河漫滩、阶地、自然堤、三角洲、泛滥砂地
2	山麓坡积-洪积扇群	干河床、洪积裙
3	洪积扇	古河槽（即古河床，下同）、古河道高地、古河间地、古河漫滩、风积砂丘地（古自然堤）
4	冲积扇	古河槽、古河漫滩、古自然堤、古河道高地、古河间地、风积砂丘地、古决口扇、古决口大溜
5	古河道带	古河槽、古河漫滩、古自然堤、古决口扇、古决口大溜、古堤外倾斜地、古河间地、古河间洼地、风积砂丘地
6	古河间带	古河槽、古河漫滩、古自然堤、古决口扇、古决口大溜、古堤外倾斜地、古河间地、古河间洼地、风积砂丘地
7	扇缘洼地	古河槽、古河道高地、古决口扇、古决口大溜、古三角洲、古扇缘洼地、湖泊
8	三角洲平原	古河槽、古河道高地、古河间地、古决口扇、古决口大溜、三角洲、古三角洲、古贝壳堤
9	潟湖洼地	古河道高地、古三角洲、潟湖、古潟湖洼地
10	海积平原	古贝壳堤、贝壳堤、风积砂丘地、海退地

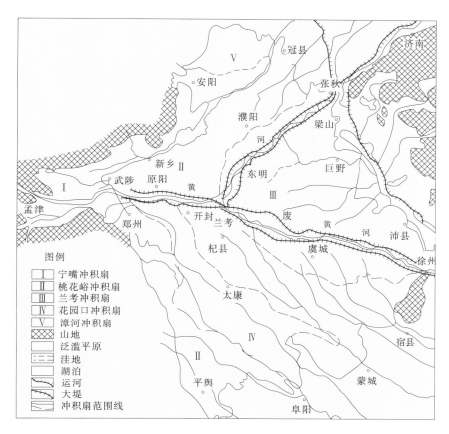

图 2.1-2　黄河冲积扇结构示意图

2.1.3　淮河流域的地貌形态与结构

　　淮河流域地形总体为由西北向东南倾斜。南部大别山为新构造运动抬升区，高程一般为 300～500m。中部是江淮分水岭，地貌为低丘、岗地，高程为 50～200m。北部为淮北平原，平原东北部散布有小面积的丘陵，绝大部分为第四纪沉积组成的平原，属新构造运动沉降区，**地势低平，大部分地区高程为 20～40m**。流域西南是以大别山为主体的**淮南丘陵山丘区**，西北是以嵩山、伏牛山为主体的**豫西山丘区**，东北部是以沂蒙山为主体的山东丘陵地带，山地、丘陵面积约占流域总面积的 1/3。在流域中部，北边是面积广大的冲积、洪积、湖积平原，面积为流域面积的 2/3，其中，间有众多湖荡洼地。

　　全新世时淮河平原的沉降中心发生显著转移，从西北部迁徙到东南部的淮河沿岸，淮河干流也被推到淮河平原的南线。同时，随着淮河各支流下切加深，上更新世形成的河间阶地逐渐发育成现在广大的河间低平原。在平原西北部的界首、亳州和宿县—泗县以北地区，在晚更新世的剥蚀面上，覆盖有几米至十几米厚的近代黄河南泛留下的淤积物，构成现代淮北黄泛平原特殊的地貌景观。在南部淮河沿岸，河流型湖泊较为发育。

淮河流域地貌具有类型复杂多样、层次分明、平原地貌类型极为丰富的特点，淮河流域各类地貌及面积见表 2.1-2。地貌类型在空间分布上，东北部为鲁中南断块山地，中部为黄淮冲积、湖积、海积平原，西部和南部为山地和丘陵。平原与山地丘陵之间依次分布有洪积平原、冲洪积平原和冲积扇。地貌形态分为山地、丘陵、平原、洼地以及河湖几种类型。地貌成因主要有流水地貌、湖成地貌、海成地貌；此外，还有零星的喀斯特侵蚀地貌和火山熔岩地貌。

表 2.1-2　　　　　　　　　　　　淮河流域各类地貌及面积

地貌类型	山地	丘陵	平原	洼地	河湖	总计
面积/万 km²	3.82	4.81	14.77	2.60	1.00	27.00
占比/%	14.2	17.8	54.7	9.6	3.7	100

淮河流域具体的地形和地貌分区特征概述如下。

（1）豫西山丘区：大致在京广铁路以西由秦岭山脉向东延伸的嵩山、伏牛山、桐柏山及其东麓的丘陵地区，面积约为 2.8 万 km²。伏牛山为西北至东南走向，西北接熊耳山，东南接桐柏山，是古汝水及其支流的发源地。桐柏山也是西北至东南走向，主峰太白顶海拔为 1140m，是淮河干流的发源地。豫西山丘区地势高，不易发生水灾，但在雨季，尤其是遇到暴雨时，容易爆发山洪。

（2）淮南山区：淮河以南大别山区及其北麓、东麓的丘陵地区，西接桐柏山，东至淠河，东西长约 250km，南北宽约 100km，面积约 2.8 万 km²。大别山及其向东延伸的皖山是淮河右岸支流的主要发源地。淮南山区夏季雨水集中，容易爆发山洪。

（3）淮南近丘陵及平原区：西自淠河、东至淮河入江水道及江淮分水岭以北的地区。该区东西长约 280km，南北宽约 70km，面积约为 1.9 万 km²。该区的北部是一个东西狭长的平原，沿淮南岸多湖泊洼地，南部的丘陵台地，不易蓄水，易受旱灾。

（4）上游淮北平原区：西自京广铁路、东至颍河，以汝河流域为中心的平原地区，地形自西北向东南倾斜，面积约为 2.8 万 km²。该区的北部为黄泛区，自周口和上蔡以东、以南，地势低洼，河道平缓，水流不畅，每遇暴雨或上游山洪骤泄，易发生洪涝灾害。

（5）中游淮北平原区：自颍河以东、黄河故道以南的平原地带，面积约 6.1 万 km²。从地质构造上来说，这个地区是黄河大冲积扇的主体部分，地势由西北向东南倾斜。在黄河夺淮期间，该区成为黄河泛道滚动的区域，排水系统遭到严重破坏，是洪涝和旱灾多发的地区。

（6）下游苏北平原地区：洪泽湖和淮河入江水道以东、黄河故道以南、通扬运河以北的地区，面积约 2.6 万 km²。该区东临黄海，雨水大部分东流入海，地面高程为 2～4m，是多湖泊洼地，易受洪涝和潮水的侵袭。

（7）沂沭泗流域：包括沂蒙山区以南、黄河故道以北的整个沂沭泗流域，面积约为 8 万 km²。沂沭泗河水系本属淮河水系，由于黄河夺淮又北徙的影响，其入淮水道淤塞而成为一个相对独立的小流域。该区北部山丘区面积占 31%，中南部平原区面积占 50%，湖泊面积占 19%。

2.2 淮河流域的形成

2.2.1 黄淮海平原演化与淮河平原的生成

黄淮海平原地貌的基本格局于中新世后已有雏形，现代黄淮海平原地貌于晚更新世中期前后才得以形成，是古地理发展演化的结果，总格局受新构造控制。

黄河在中更新世初期或稍晚形成之后，除了广泛塑造堆积地貌之外，还影响或控制了淮河及海河在晚更新世晚期及全新世中晚期的形成和发展。黄淮海平原堆积地貌的形成和发展是晚新生代晚期以来在区域构造作用控制下主要由流水作用形成的。河流变迁是形成本区地貌结构的主导因素。

黄河冲积扇是黄淮海平原的主体。黄河冲积扇是我国最大的冲积扇平原，西起孟津宁嘴，北沿太行山麓与漳河冲积扇交错，西南沿嵩山山麓与淮河上游冲积扇相接，东临南四湖；东西长约 355km，南北宽约 410km，总面积为 72144km²。黄河冲积扇是由不同规模、不同时代的新老冲积扇构成的。根据沉积物的分析，黄河冲积扇大致可以分为以下两类：

（1）古冲积扇。它是指全新世以前埋藏的冲积扇。黄河古冲积扇的顶点在孟津附近，扇顶地带因太行山与伏牛山两大断块上升，河流下切成为阶地（2～3 级）。古冲积扇的边缘界线在兰考、杞县、通许、尉氏一带，西界在扶沟、周口、阜阳一带。

（2）近代黄河冲积扇。近代黄河冲积扇的结构比较复杂，它是由不同时期的冲积扇组合而成。黄河冲积扇的形成过程主要是通过河道淤浅快于扇面淤高的差异加积过程完成的，表现在地形上是脊背的形成和脊背地形在扇面上的迁移。各种脊背地形在扇面上的联合，构成了辐射状的分布形式。**在冲积扇发育初期，滩槽差呈增加趋势有利于泥沙输送**；当河道发育到一定阶段以后，即达到某一临界值时，滩槽差不但不增加反而减小；扇面上的河流发育到中后期，河道两侧形成鬃岗地形，限制了水流的活动空间，此时河流淤积量增加，河流纵比降变小；当河床纵比降达到某一临界值时，水流就要在河道两侧的薄弱环节决口，另辟新道，重复上述过程。

2.2.2 黄淮海平原地貌发展演化

黄河冲积扇在扇面上的发展方式是以滚动式为主，以分流式为辅，表现为亚冲积扇在扇面上以整体迁移，在迁移发展过程中又有分流，泥沙可在冲积扇的其他部位沉积。

　　黄淮海区域的冲积平原是河道迁徙和洪水泛滥而形成的堆积地貌，其分布面积广，地势向东、东北、东南倾斜。地面海拔由 35m 向外逐渐降低到 5m 左右，平均坡降为 0.2‰～0.16‰。平原上正负地形相间排列的有序性十分明显。黄淮海平原是在凹陷带上发育起来的平原地貌类型，现在的冲积平原已经经过了长期的发育过程，根据沉积物相变可以推断，早期黄河冲积平原的发育过程比现在简单。由于黄淮海平原在中更新世至晚更新世早期是湖泊洼地众多的区域，在冲积扇发育的同时，扇形的前缘洼地开始堆积。前期冲积平原前缘还受到海积的影响，在沉积剖面上不时地出现冲积、湖积、海积交互。到了晚更新世晚期，随着黄土高原侵蚀产沙的增强，冲积平原加积过程加快，地表的起伏更趋于平缓。

　　黄淮海平原进入全新世，尤其是中全新世以来，冲积平原进入现代发育过程。由于黄河出山口存在冲积扇，河流可以在冲积扇上改变方向，因而河床在平原上的变化是无序的。

　　进入早更新世（距今约 250 万年）后，山地继续上升，遭受强烈剥蚀，山坡后退，平原进一步下降，部分准平原面开始解体，当时的面貌是：古地形像一个向渤海开口的长口袋；燕山、太行山和伏牛山前均显著沉降，展布了连片的粗砾扇形堆积平原，以滹沱河、拒马河冲积扇规模为最大，今黄河出山口扇形堆积范围不大；平原中部广大区域地势低洼汇水，为河湖洼地。

　　进入中更新世（距今约 70 万年）后，因山地抬升形成山前台地。早更新世残存的准平原除局部地区外，普遍为新堆积物所覆盖，形成向平原中部倾斜的冲洪积平原，并使当时的江淮丘陵仅见若干残山残丘。大约在中更新世初期或稍后形成黄河，出现了黄河冲积扇，分南、北两翼，北达河北大名，南到河南杞县，东边超过开封，迫使豫鲁苏皖平原上河湖洼地东移、缩小。

　　进入晚更新世（距今约 15 万年）以来，平原地貌较前有很大变化。全平原普遍接受沉积，流水作用在平原塑造了各种地貌，平原的低洼部分至此已由黄河堆积物填平。原从苏皖流向西北的河流，逐渐改为流向东南，淮北平原与苏北平原形成一体。当时淮北刚形成晚更新世晚期的堆积面，因地壳轻微抬升，开始遭受剥蚀，晚更新世末期，沿淮河一线低洼处发育的河流切穿了东部苏皖之间的高地，贯通苏北，形成淮河，现代地貌结构及格局至此已经形成。进入全新世之后，其他扇体也呈缩小的趋势，而且因山区抬升，全新世各期冲积、洪冲积扇的扇顶逐步向老扇前缘移动，存在于豫鲁苏皖平原的宽阔河湖洼地，至晚更新世已填平。

　　晚更新世时期，淮北平原的环境变化比较大。沿淮河断裂带以北的沉积区发生了北西抬升、东南沉降的反向掀斜运动，从而改变了整个淮北地区由东南向西北倾斜的地势，演变为现在由西北向东南倾斜的地势和水系流向。与此同时，古黄河冲积扇向东南推进至界首、亳州、宿州一带，使中更新世淮北地区发育为古黄河冲积扇的组成部分，并在向东南倾斜的古黄河冲积扇与原向西北倾斜的淮阳山前平原的交接地带，沿淮河断裂带发育了近东西向的积水湖沼洼地。

苏北平原位于江苏省的长江北岸与山东省日照市岚山头之间。平原西界为一系列低山丘陵，大体上自岚山头向西延伸，至洪泽、高邮湖泊群后，呈弧形弯曲向南、再向东南延伸至太湖内侧，平原东部濒临南黄海，其形成时代相当于全新世高海面时（6500～5600aBP）。全新世早期，大理晚冰期结束，全球气候回暖，海面上升，苏北平原发生海侵。其时淮河由盱眙流入苏北平原，在淮阴（现名"淮安"）附近分为两支：北支经淮安、涟水、阜宁入海，南支经洪泽湖、射阳湖、盐城、兴化之间入海，南北两支间以建湖凸起分隔为界。全新世海侵以后，海面相对稳定，淮河挟带泥沙堆积于苏北沿海。河口堆积作用十分活跃，河口沙嘴及沿岸沙坝发育较好。进入历史时期，气候转凉偏干，海平面趋于下降，苏北海岸线东迁，古淮河口也随之东移。黄河夺淮对古淮河口东迁、苏北平原的形成有极为深刻的影响。黄河挟带的巨量泥沙经淮河河道在河口海湾堆积，淤积迅速，海岸线东迁加快，古淮河口也完成了从古海湾到冲积平原的海陆演变过程。

在晚更新世末期，由于地壳抬升，海平面下降，河水切穿五河县的浮山峡，流经洪泽湖地区，注入古黄海，于是淮河形成，使淮北平原与苏北平原连成一体。

2.3　历史时期淮河水系的演变

中更新世早期开始，黄河禹门口以下河段逐步发育，河流冲积扇逐步形成雏形。到晚更新世早期，黄河冲积扇发育最为昌盛，范围也最大，因北部受太行山前冲积物、洪积物推进的影响，黄河冲积扇向南及东南方向推移。进入全新世，黄河中上游河流侵蚀加剧，使下游地区堆积速度大于沉降速度，扇体不断增高，在南部地区形成向东南倾斜的地形。而同期其南部的下扬子地台内部则出现差异运动，合肥盆地不断沉降；其北部则出现淮南隆起带，两方面的地质运动迫使淮河干流不断南移。

历史时期黄河下游河道基本发育成形，堆积主要向东发展。虽然这期间黄河干流常有摆动，也偶有溃决，但并未对淮河造成过大影响，加上人工堤防的制约，一直到 12 世纪，淮、黄两河基本是相邻并行，相安无扰。13 世纪以后，黄河开始了长达7 个世纪的夺淮南泛，其间除造成淮河中下游地区长期巨大灾难以外，还使淮河水系与沂沭泗河水系分离，淮河中下游水系格局和地貌特点也由此奠定。同时，各支流进入淮河，逐渐在河口附近形成洼地并淤积，为了开发利用这些洼地而建立的北岸防洪堤阻碍了涝水的出路，使得淮河干流水位提高，造成了排涝困难，这就是淮河中游洪涝问题的重要特点之一。

2.3.1　淮河水系的演变过程

晚更新世末期以前，淮河盱眙段尚未发育，只是在藤家湖至刘嘴一带存在一条近东西向规模不大的古河道。末次冰期后，湖沼相沉积的特点说明古盱眙段淮河仍未真正形成。一直到全新世中期，以砂、粉砂为主的河流相沉积才明显占据优势，表明现代盱眙段淮河开始形成。

12世纪以前，淮河是一条独流入海的河流，《禹贡》《汉书·地理志》《水经注》等历史文献对淮河及其支流均有记载。淮河干流发源于今桐柏山主峰太白顶，洪泽湖以西的古淮河干流与今淮河相似，洪泽湖一带分布有洼地浅泊，但不连片。淮河干流经盱眙后折向东北经淮阴在今响水县云梯关入海。

淮河在东流入海的过程中，沿途汇聚了南北众多大小支流，遂成巨川。那时淮北主要的支流有汝水❶、颍水、濉水、涣水、涡水、沙水、蕲水、泗水等；淮南主要的支流有九渡水、油水、浉水、柴水、黄水、白露河、史河等。淮河流域水系大变迁的主要原因在于黄河的侵袭。淮河以北是北高南低的倾斜平原，北岸支流呈西北—东南向注入淮河。它们北靠黄河，而黄河与淮河自古无天然分水岭，一旦黄河决口，往往沿淮河北岸支流南侵。黄河大量泥沙淤积使得淮河各水系遭受巨大破坏。黄河在淮北、苏北地区的泛流，形成了颍水、涡水、汴水、濉水和泗水5条泛道。徐州以下的泗水故道均被黄河侵夺；淮阴以下故道成为各泛道黄河水的入海门户。黄河下游故道被淤积成为地上河后，在盱眙与淮阴之间的低洼地带形成洪泽湖。黄河夺淮700余年，淮河水系遭受了极大的破坏，东西向延展600余千米的废黄河故道将淮河流域分成北部的沂沭泗河水系和南部的淮河水系两部分。

1128年以前，淮河是独流入海的河道，河槽低且深，含沙量少，灌溉便利，航运通畅。1128—1855年是黄河大规模南泛、长期夺淮入海的时期。1128年，宋朝东京（现在的开封市）留守杜充为阻止金兵南下，妄图以水代兵，在滑县李固渡以西挖开河堤，决河东流，经豫鲁之间至山东巨野、嘉祥一带注入泗水，再由泗入淮，形成黄河历史上的一次重大改道。此为黄河大规模南泛的开始，至1194年全河夺淮，再至1855年铜瓦厢决口改道北徙、夺大清河在山东利津注入渤海结束，黄河夺淮时间长达700余年，史称"夺淮700年"。在这700余年的时间里，黄河频繁决溢，河道日益趋向南部，入淮水道除泗水、汴水外，还开始分股经由濉河、涡河、颍水入淮。黄河的这种大规模夺淮，长期多股分流，导致水缓沙沉，河道淤积严重，大大破坏了淮河流域原有的水系结构。

清咸丰五年（1855年）六月，黄河在今河南兰考铜瓦厢决口，造成黄河北徙改道夺大清河入海。这次北徙是黄河历史上一次重大的改道，同时也结束了黄河长期泛淮的历史。此后黄河虽然有多次南徙并造成过极大的灾难，但对淮河水系而言，影响不大。图2.3-1和图2.3-2分别是清代后期黄河下游河道示意图和历史时期黄河下游主要泛道流经示意图。

---

❶ 史称汝水，现多称汝河，余同。

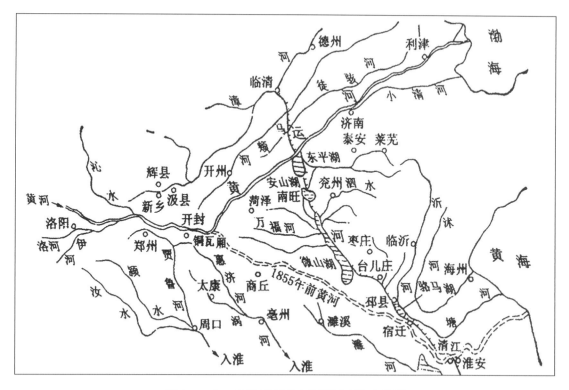

图 2.3-1　清代后期黄河下游河道示意图

注：资料来源于姚汉源《中国水利发展史》，上海人民出版社，2005 年。

2.3.2　淮河水系的特点

淮南及淮北因地势与倾斜皆不相同而产生不对称水系，河流水性也不相同。淮北冲积坡地都是缓坡，流水平缓；淮南多山丘，坡度较陡，水流急促。淮河水系的支流与干流多斜交，呈向心状辐集，因此，淮河流域地形和水系特征是一个典型的不对称羽状结构。淮河中游北岸虽然支流众多、河流较长，但水量较小，主要有沙颍河、洪汝河、涡河、西淝河、浍河、濉河等；南岸支流较少，河流较短但水量丰富，主要有史灌河、淠河、潢河、白露河、池河，呈不对称的羽状。淮河流域北部平原面积广大，地势平缓，淮河的主要支流都分布在北部平原，这些支流源远流缓，汇流慢，干流北岸支流集水面积大大超过南岸。淮河流域西部、西南部及东北部为山区和丘陵区，这些山区和丘陵虽然高度不大，但是汇水面积广，各支流有流程短、落差大的特点，因此容易发生山洪。当发生流域性的暴雨后，南岸支流洪水先到达干流河槽，使水位迅速抬高，致使北岸支流洪水受到顶托不易排走，往往造成广大淮北平原内涝。在淮河干流形成峰高量大的洪水后，由于淮河中游河道比降小、下游泄洪通道狭窄等，洪水宣泄不畅，容易造成洪涝灾害。

上游落差大，中下游落差小是淮河主要的特点，也是水灾频繁的重要原因之一。

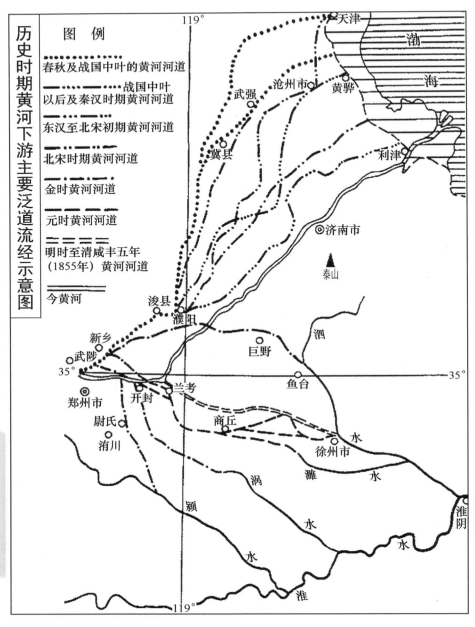

图 2.3-2　历史时期黄河下游主要泛道流经示意图

注：资料来源于史念海《中国历史地理纲要》，山西人民出版社，1991 年。

淮河上游山区丘陵地带坡陡流急，而淮河中下游地势平缓，特别是中游的河道比降非常小，洪水流动缓慢，一次洪水流经淮河的全过程长达 30 天。由于黄河南泛，把大量泥沙带入洪泽湖，洪泽湖泥沙大量淤积，湖底升高，使洪泽湖的湖底高程比其上游淮河河道的河底高程还要高，形成了淮河中游河床的"倒比降"。

除洪河以外，淮北诸河都是延长顺向河，这些河流基本上都是处于幼年末期的平行顺向河，没有标准的曲流，河道弯曲才刚开始发育。淮河以北、黄河今道以南典型的顺向河有3条：贾鲁河（颍河的一源）、涡河和濉河，它们从北向南流注入淮河，其源头已十分靠近黄河的基身。历史上黄河曾多次借道颍河、涡河、濉河入淮。它们的溯源侵蚀作用至今还在进行，这是黄河的隐患。鲁西南东明、菏泽、郓城一带，有鄄郓河、洙赵河、万福河和红卫河4条顺向河，由西北向东流，注入南阳湖、微山湖，经大运河，最后注入淮河。它们的源头也十分靠近黄河的基身，也曾经是黄河的泛道。

2.3.3 淮河流域湖泊的形成与分布

古代淮河平原是一个湖荡纷歧的区域，其湖沼分布如图2.3-3所示，图中圆点大小代表湖沼大小。在淮河及其支流泗、沂、沭等河下游，由于流速减缓，沉积加剧，河床增加高度，在泄水不畅的洼地，潴水而成许多小湖沼。黄河夺淮700余年，淮河河床因黄河挟带泥沙的淤积而逐渐抬高，洪水宣泄不及，干支流两侧原来可以

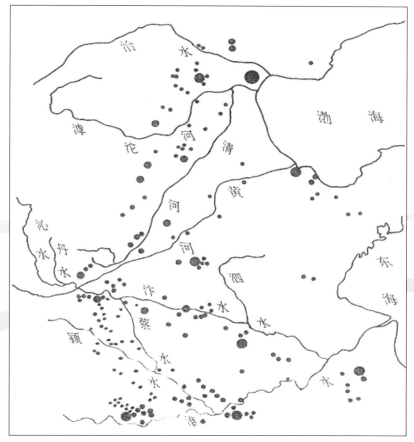

图2.3-3 《水经注》记载古代淮河平原湖沼分布图

注：资料来源于邹逸麟《黄淮海平原历史地理》，安徽教育出版社，1997年。

泄水的洼地被洪水浸没而汇为湖泊。其中，主要有淮、运交汇处以西的洪泽湖，运河西侧的高邮、宝应诸湖，淮河中游的瓦埠、城东、城西诸湖以及泗水流域的南四湖（图2.3-4）。

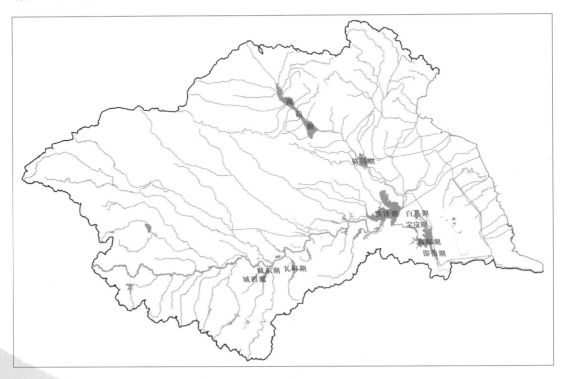

图2.3-4　淮河流域主要湖泊现状分布图

1. 洪泽湖

洪泽湖是我国著名的第四大淡水湖。在洪泽湖形成前，古代淮河南岸淮阴、盱眙之间原分布着一些星罗棋布的小湖荡群，其中知名的有破釜塘、富陵湖、白水陂、万家湖、泥墩湖、成子湖等，被称为富陵诸湖。北宋时，淮河和南岸诸湖泊是互不连通的。黄河夺泗入淮后，泥沙垫高了淮河下游的入海故道，黄河、淮河交会的清口淤塞，下流不畅，黄河洪水倒灌，淮阴以上的洪泽湖等湖荡低洼地区，洪流汇聚连成一片，洪泽湖由此形成。所以洪泽湖是一个非常年轻的湖泊，形成于1128年黄河夺淮入南黄海以后，是历代治黄、保运工程的产物和组成部分。

洪泽湖形成以后，继续受黄河溃决泛滥的影响。黄河所挟带的大量泥沙淤积于湖中，湖盆逐渐变浅，容量减小。随着淮河及洪泽湖水位被迫抬高，泛滥的洪流遂向湖的四周浸淹，湖面不断扩大，将过去屯垦的农田、兴建的村镇吞噬淹没。

2. 淮河中游干支流汇合处的湖泊

洪泽湖水面的抬高及洪泽湖大堤向东溃决，促使了沿高邮、宝应和运河一线以西高邮、宝应、邵伯诸湖的形成。长江、淮河之间的运河沿岸本是一些湖荡纷歧的洼地，古代运河多贯湖而过，湖、河不分。由于洪泽湖大堤决口，洪水泄入运西诸湖，使原来一些小的湖泊连成一片，面积不断扩大，运河以西高邮、宝应诸湖形成。同时，淮河上中游和黄河泛滥而来的泥沙大量在这里沉积，使湖底高于运河以东平原5～6m，形成"悬湖"。

高邮湖位于淮河下游入江水道上。高邮湖地区古为古潟湖浅洼平原，局部浅洼地段有小湖泊。1194年黄河夺淮以后，由于治河者多采用"北岸筑堤、南岸分流、以保漕为主"的政策，把大量黄河水引泄到淮河流域的广大地区，使高邮湖诸小湖的湖面不断扩大，曾一度发展到"五荡十二湖"，到了明代后期，才基本上汇为一个湖泊。

洪泽湖水面抬高造成的另一个结果，就是淮河干流受湖水顶托，坡降变缓，增加了支流洪水排泄的困难。一到汛期，干支流同时涨水，支流入淮处往往引起倒漾，长久不退，再加上淮河横向摆动，泥沙淤积古河床，干支流汇合的低洼处终于阻水成湖。今淮河南岸安徽省霍邱县的城西湖、城东湖，寿县以南的瓦埠湖，淮南市以东的高塘湖，明光市以北的女山湖，凤阳县东部的花园湖，以及淮河北岸五河县境的沱湖、香涧湖等，都是因此而形成的。

3. 南四湖

南四湖由南阳、独山、昭阳、微山4个湖泊连接组成。它位于山东省南部、京沪铁路的西侧，在山东济宁和江苏徐州之间。南四湖为典型的平原浅水湖泊，平均水深不足1.5m，湖身狭长，大运河纵贯其中。南四湖湖盆坐落于受北北东与近东西向断裂控制的嘉尼凸起、鱼滕凹陷与济宁凹陷之上。南四湖呈北北西至南南东狭长带状，水体潴积于两大地貌单元的交接带上：湖东为鲁中南侵蚀丘陵与山前剥蚀堆积平原，湖西为黄河下游冲积扇平原。西部平原在新构造运动期呈向东掀斜式的不均匀沉降运动，历史上黄河冲积扇不断向东泛滥推进，其前缘已逼至湖东山麓带，冲积扇前缘之交接洼地带随之潴水成湖。

12世纪黄河改道南迁是南四湖形成的重要原因。黄河夺淮后，徐州以下的泗水成了黄河的正流，河床淤高，使徐州以上的泗水下泄不畅，便在鲁西南凹陷带的背河洼地上，壅塞成一片狭长湖带，即由南阳、独山、昭阳、微山四湖组成的南四湖。其中，北部南阳、独山两湖形成较早，水系多集中于南阳湖四周，南部的微山湖形成最晚。开通南北运河，引水、蓄水济运，也是促使南四湖形成的重要原因。

淮河流域旱涝灾害概况

本书将 1949 年以前出现的旱涝灾害称为历史旱涝灾害，1949 年以后发生的旱涝灾害称为现代旱涝灾害。本章在收集、整理大量历史文献资料基础上，系统分析淮河流域历史和现代的旱涝灾害，厘清流域旱涝灾害特点，同时对发生大洪水的典型年（1991 年、2003 年和 2007 年）的天气气候、雨情、水情、河道行洪能力、洪水传播时间进行了详细分析，并与其他典型年份的相关情况进行了分析比较。

3.1 旱涝综述

淮河流域地处中国大陆东部，是北亚热带湿润季风气候至暖温带半湿润季风气候的南北气候过渡带，除了降水气候变率大是本区域旱涝灾害频繁发生的主要自然原因之一外，历史上黄河南泛对于淮河的影响也是旱涝灾害加重的一个重要原因。

根据古文献记载，在 4000 多年前大禹治水时期，中原大地就不断有大洪水发生。秦汉以后各朝代的正史、古籍和地方志对淮河流域各地发生的旱涝灾害都有记载。在南宋以前，淮河是一条直接入海的河流，河床深广，尾闾排泄通畅，加上当时人口较少，有关古籍和地方志记载淮河旱涝灾害比较少，民间流传着"走千走万，不如淮河两岸"的谚语。这一时期黄河曾数次侵夺淮河流域，但为时较短，对淮河流域改变不大。随着人类经济活动的发展、自然地理的变化，自然生态平衡发生了变化，河系历经变迁，旱涝灾害不断发生。

据统计，从公元前 246 年到 1949 年，淮河流域共发生旱涝灾害 1894 次（洪涝灾害 979 次、干旱灾害 915 次），自 1194 年黄河夺淮后，灾害更加频繁。

1470—1643 年有特大、大洪涝灾害 14 年，重大干旱灾害 18 年，平均 48 年就有 1 年发生灾害，1644—1855 年发生洪涝灾害 25 年，干旱灾害 15 年。其中，同时发生重大旱涝灾害的年份有 1607 年、1652 年、1664 年、1813 年。

1855 年后虽然黄河的夺淮历史结束，但是"黄河夺淮"给淮河流域造成了水系混乱、出海无路、入江不畅的状况。在 1856—1949 年期间，淮河流域共发生洪涝灾害 85 次，平均 1.1 年发生 1 次洪涝灾害；发生特大、大干旱灾害有 12 年，其中，流域内豫、鲁、苏、皖 4 省同时受灾的有 6 年，1856—1857 年连续 2 年受灾，1927—1929 年连续 3 年受灾，1942 年为特大旱。

1949 年中华人民共和国成立后，经过 60 多年的大规模治淮建设，基本建成了除害兴利的水利工程体系，防洪抗旱减灾效益巨大，旱涝灾害减轻，但是由于黄河夺淮的影响难于短期内彻底消除，加之不利的气候因素和特殊地形，淮河流域旱涝灾害仍然经常发生。1950 年以来，有 1950 年、1954 年、1957 年、1975 年、1991 年、2003 年、2005 年和 2007 年发生较大洪涝灾害，平均约 10 年发生 1 次。发生的干旱灾害的年份有 1959 年、1966 年、1978 年、1988 年、1991 年、1992 年、1994 年和1999—2001 年。在 1949—2000 年期间，淮河流域遭受旱灾而导致成灾面积超过 6000万亩❶的年份有 1992 年、1994 年和 2000 年，平均 13 年出现 1 次，淮河流域旱涝灾害依然严重。

淮河流域不同时期旱涝灾害发生次数统计见表 3.1-1。

表 3.1-1　　　　　　淮河流域不同时期旱涝灾害发生次数统计表　　　　　　单位：次

时 期	大洪涝灾害	黄泛洪涝灾害	其他洪涝灾害	大干旱灾害	干旱灾害、蝗灾	其他干旱灾害
1 世纪	9	0	6	1	0	24
2 世纪	0	0	26	0	1	29
3 世纪	9	0	17	0	0	19
4 世纪	1	0	23	1	3	32
5 世纪	5	0	17	1	2	30
6 世纪	9	0	15	1	0	32
7 世纪	9	0	20	3	0	25
8 世纪	10	0	16	2	3	29
9 世纪	21	0	19	1	2	43
10 世纪	16	0	38	2	4	62
11 世纪	8	0	38	2	2	57
12 世纪	11	1	17	3	4	41
13 世纪	5	10	20	5	3	35
14 世纪	10	17	46	2	4	44
15 世纪	8	15	51	3	1	52

❶　1 亩 $\approx$ 667m^2。

时期	大洪涝灾害	黄泛洪涝灾害	其他洪涝灾害	大干旱灾害	干旱灾害、蝗灾	其他干旱灾害
16 世纪	21	32	40	6	7	54
17 世纪	23	40	31	6	10	52
18 世纪	34	22	40	6	2	50
19 世纪	28	18	41	8	2	43
1901—1949 年	15	4	23	5	6	17
1950—2007 年	12	0	17	11	0	11
合计	264	159	561	69	56	781

3.2 洪涝灾害

淮河流域洪涝灾害发生频繁、影响广泛，既有史书记载的 1593 年大洪涝，也有 1954 年的现代最大洪涝，流域的洪涝灾害给人民生命财产造成了巨大的损失。

3.2.1 历史洪涝灾害

据统计：公元前 246 年至 1949 年前，淮河流域共发生 979 次洪涝灾害，平均 2.24 年发生 1 次，即年均洪涝灾害频率为 0.446 次；而在 1401—1948 年近 550 年的时间里，洪涝灾害竟高达 486 次之多，年均洪涝灾害频率为 0.887 次，发生频率是之前 1646 年时间里（公元前 246 年至 1400 年）的洪涝灾害频率（平均每年 0.30 次洪涝灾害）的近 3 倍，特别是 1501—1800 年的 300 年中几乎年年都有洪涝灾害出现。

在黄河夺淮时期，1194—1855 年淮河流域共发生较大的洪涝灾害 268 次（其中，黄河决溢带来的洪涝灾害 149 次，淮河流域本身洪水造成的洪涝灾害 119 次），平均 2.5 年发生 1 次较大的洪涝灾害，除去黄河决溢灾害，淮河流域本身洪水造成的洪涝灾害平均 5.6 年发生 1 次（图 3.2-1）。

由黄河夺淮引起的洪涝灾害是南宋以来淮河流域最为严重的水文气象灾害，特别是在明永乐元年（1403 年）以后，明代最高统治者一味采取消极的抑黄入淮济运之策，使淮河流域的黄河夺淮之灾日趋严重。明代王士性《广志绎》卷二《两都》载："隆（庆）、万（历）来，黄高势陡，遂闯入淮身入内，淮缩避黄，返侵泗（州）、（洪泽）湖，水遂及祖陵明楼之下，而王公堤一线障河不使南，淮民百万，岌岌鱼鳖。"明末，开封守城官兵为击退包围开封的农民起义军，竟决黄河南堤。《怀远县志》卷一《舆地志·山川》载："以灌开封，水势汹涌，由下历亳、蒙，从涡口入淮，而涡之两岸及民田冲突倾圮者无算。"明末黄河夺淮之灾有增无减。据武同举《淮系

图 3.2-1　淮河流域历史时期（至 1949 年前）每百年旱涝灾害次数

年表》的不完全统计，清初顺治元年至康熙十六年（1644—1677 年）淮河流域的黄河夺淮的次数多达 90 起。在黄河夺淮的同时，流域内由强降水而引发的内涝是清初淮河流域仅次于黄河夺淮之灾的又一严重的自然灾害。每年 7—8 月黄河或江淮气旋、低涡切变线、冷暖气流持续交锋，往往会导致连降暴雨或大暴雨，使流域内发生内涝。

根据资料记载，在 1400—1855 年的 456 年间，淮河流域大范围的洪涝灾年有 45年。其中，豫、鲁、皖、苏 4 省同时遭灾的有 13 年，3 省同时受灾的有 32 年。1400—1855 年淮河流域 4 省洪涝灾害统计情况见表 3.2-1。

表 3.2-1　　　　　　1400—1855 年淮河流域 4 省洪涝灾害统计情况

受 灾 范 围	年数	年　　份
豫、鲁、皖、苏 4 省	13	1453、1478、1489、1565、1569、1593、1631、1649、1667、1750、1761、1798、1855
豫、皖、苏 3 省	14	1403、1437、1457、1570、1601、1642、1648、1666、1739、1753、1787、1799、1813、1843
鲁、皖、苏 3 省	13	1454、1558、1603、1607、1627、1632、1647、1659、1672、1749、1756、1797、1851
豫、鲁、苏 3 省	4	1652、1664、1730、1781
豫、鲁、皖 3 省	1	1448

注　资料来源于王祖烈《淮河流域治理综述》，水利电力部治淮委员会《淮河志》编纂办公室 1987年印。

清末至 1949 年前，淮河流域洪涝灾害更为频繁。1921 年、1931 年和 1938 年分别出现了特大洪涝灾害。据统计，这三年特大洪涝灾害累计受淹耕地 1.5 亿亩，灾民达 3160 多万人，各种财产损失达 13.95 亿银元。

3.2.2　现代洪涝灾害

1949 年中华人民共和国成立后，国家投入巨资，开启了全面系统治理淮河的进程，取得了伟大成就。由于人们认识水平以及经济发展条件等因素制约，加上复杂的气候因素，淮河流域仍发生了多次较为严重的洪涝灾害，截至 2011 年，共出现了 16 次流域性或区域性大洪水。20 世纪 90 年代以来，全球气候变化导致我国夏季降水格局发生变化，多雨带向北推进，淮河流域旱涝交替更为频繁。

1949—1991 年，全流域洪涝灾害的成灾面积为 111317 万亩，其中，成灾面积在 3000 万亩以上的特大和大洪涝灾害发生 13 次。累计造成直接经济损失达 511 亿元，受灾人口达 2.6 亿人次，死亡人数达 3.8 万人，倒塌房屋 1940 万间。流域内河南、安徽、江苏和山东 4 省累计洪涝灾害成灾面积分别占全流域成灾面积的 30.40%、30.55%、22.14% 和 16.61%，其中，安徽省淮河流域洪涝灾害的成灾面积最大，灾害最为严重（表 3.2-2）。淮河流域洪涝灾害成灾面积最大（达 10124 万亩）的年份是 1963 年，第二是 1991 年（6934 万亩），第三是 1956 年（6232 万亩），第四是 1954 年（6124 万亩）。

表 3.2-2　　　1949—1991 年淮河流域洪涝灾害成灾面积统计表　　　单位：万亩

年份	成灾面积				
	全流域	河南省	安徽省	江苏省	山东省
1949	3383	322	604	1987	470
1950	4687	942	2293	1172	280
1951	1631	333	362	368	568
1952	2245	637	1028	471	109
1953	2012	748	116	356	792
1954	6124	1539	2621	1543	421
1955	1918	637	346	615	320
1956	6232	2058	2356	1391	427
1957	5453	1960	473	908	2112
1958	1413	270	357	229	557
1959	313	54	42	0	217
1960	2185	398	447	293	1047
1961	1285	168	374	276	467
1962	4078	489	1242	1487	860

续表

年份	成 灾 面 积				
	全流域	河南省	安徽省	江苏省	山东省
1963	10124	3422	3800	892	2010
1964	5539	2540	1331	236	1432
1965	3809	1279	1172	1010	348
1966	389	304	83	0	2
1967	412	79	196	0	137
1968	810	386	385	0	39
1969	871	246	501	0	124
1970	1635	645	273	277	440
1971	1454	209	472	416	357
1972	1533	282	1001	91	159
1973	765	202	329	18	216
1974	1988	121	480	830	557
1975	2765	1527	921	84	233
1976	740	432	40	36	232
1977	515	272	141	0	102
1978	429	115	43	40	231
1979	3794	1142	1469	911	272
1980	2489	624	1165	557	143
1981	242	25	121	29	67
1982	4811	2695	1365	543	208
1983	2204	460	596	1076	72
1984	4407	2200	1182	522	503
1985	2886	1020	612	520	734
1986	1125	80	219	781	45
1987	1190	304	444	382	60
1988	192	70	21	28	73
1989	2228	472	302	1430	24
1990	2078	76	271	1084	647
1991	6934	2037	2423	2114	360
平均	2589	787	791	581	430

2003 年是淮河洪涝灾害特别严重的年份，据民政部门统计，全流域农作物受灾面积为 5770 万亩，成灾面积为 3886 万亩，绝收 1692 万亩，受灾人口为 3728 万人，因灾死亡 29 人，倒塌房屋 74 万间，直接经济损失为 285 亿元。

典型年份的洪涝详情见附录 B。

3.2.3 洪涝灾害特点

（1）淮河洪水虽有呈递减趋势，但仍频繁发生，洪水发生频率依然较高。

根据历史文献记载统计，1—18世纪发生洪水而导致受灾的次数呈递增趋势，19世纪至今呈递减趋势；18世纪为最高峰，达到100年发生洪水94次。受黄河夺淮的影响，由于黄河洪水和淮河洪水的共同作用，12世纪、13世纪平均每2～3年发生1次洪涝灾害；14—18世纪更是平均1年就会发生1次洪涝灾害；19世纪以来黄河改道后，由于仅受流域内洪水影响，致灾的次数有所下降，1949年以后加快了对淮河的治理，因洪水而致灾的次数则加速减少。从淮河受灾的次数来看，19世纪、20世纪淮河发生洪涝灾害的次数依然处于一个很高的水平（图3.2-2）。21世纪以来已发生了2次流域性大洪水和1次区域性大洪水，洪涝灾害发生的频率依然很高。

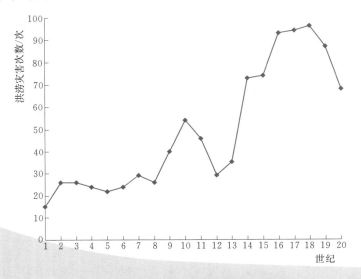

图3.2-2　淮河流域洪涝灾害次数统计图

（2）洪水发生范围广，涉及整个流域。

淮河洪水主要来自淮河干流上游、淮南山区及伏牛山区。淮河干流上游山丘区干支流河道比降大，洪水汇集快，洪峰尖瘦。洪水进入淮河中游后，干流河道比降变缓，沿河又有众多的湖泊、洼地，经调蓄后洪水过程明显变缓。中游左岸诸支流中，只有少数支流上游为山丘区，多数为平原河道，河床泄量小，洪水下泄缓慢。中游右岸诸支流均为山丘区河流，河道短、比降大，洪峰尖瘦。淮河下游洪泽湖中渡站以下，由于洪泽湖下泄量大，入江水道出现持续高水位状态。淮河大面积的洪水往往是由梅雨期长、大范围连续暴雨所造成，其特点是干支流洪水遭遇，淮河上游及中游右岸各支流连续出现多次洪峰，左岸支流洪水又持续汇入干流，从而干流出现历时长达1个月以上的洪水过程，淮河干流沿线长期处于高水位状态，淮北平原出现大片洪涝。上中游洪水对下游平原地区有严重威胁，部分水系出现洪水的机会很多。

20世纪以来大洪水的分析结果表明，洪水发生的范围遍布整个淮河流域，如1921年、1931年、1950年、1954年、1991年、2003年和2007年的全流域性洪水。而其他年份，局部地区强降雨导致发生区域性洪水，如1956年淮河上游浉河、洪汝河及沙颍河地区发生的洪水；1957年沂沭泗河水系和沙颍河地区发生的大洪水；1968年淮河上游出现的特大洪水；1969年淮河淮南山区潢河、史灌河、淠河出现的大洪水；1974年沂沭泗河水系发生的大洪水；1975年淮河中上游沙颍河、洪汝河发生的特大洪水；1982年淮河上游干支流和沙颍河发生的洪水；1983年淮河上中游出现的洪水以及苏北地区发生的严重洪涝；2005年淮河上游发生的较大洪水，这些都是局部地区强降水而导致支流首先发生大洪水，支流洪水汇入干流河道进而导致干流河道发生洪水。通过统计发现，淮河上中游局部支流如洪汝河、史灌河、沙颍河等发生洪水的频率较高，而下游地区基本上以内涝为主。

（3）洪水贯穿于整个汛期，出现多次连续性洪水过程，形成多次洪峰，洪水总历时长。

淮河流域洪水大致可分3类：第一类是由连续一个月左右的大面积暴雨形成的流域性洪水，量大而集中，对中下游威胁最大，如淮河1931年、1954年洪水和沂沭泗河1957年洪水。1954年，淮河干流正阳关站30天洪量达330亿m³，为多年平均值的3.9倍，鲁台子站最大实测洪峰流量为12700m³/s。1957年，沂河临沂站最大实测洪峰流量为15400m³/s，南四湖还原后15天和30天洪量达到106亿m³和114亿m³，为多年平均值的3倍。第二类是由连续两个月以上的长历时降水形成的洪水，整个汛期洪水总量很大但不集中，对淮河干流的影响不如前者严重，如1921年、1991年洪水。1921年，洪泽湖中渡站30天洪量为336亿m³，仅为1954年30天洪量的65.5%，但120天洪量为826亿m³，是1954年120天洪量的125%。第三类是由1~2次大暴雨形成的局部地区洪水，洪水在暴雨中心地区很突出，但全流域洪水总量不算很大，如1968年淮河上游洪水，1975年洪汝河、沙颍河洪水，以及1974年沂沭河洪水。1968年，淮河干流王家坝站实测洪峰流量为17600m³/s。1974年，沂河临沂站实测洪峰流量为10600m³/s，沭河大官庄站实测洪峰流量为5400m³/s（还原值高达11100m³/s）。

受过渡带气候和特殊自然地理的影响，淮河洪水绝大多数发生于汛期（6—9月），在6月、7月首先受江淮梅雨季节影响出现连续不断的暴雨，梅雨结束后，受副高进退的影响，淮河流域也经常发生较大范围的暴雨，至8月又因台风影响而再次产生洪水，因此，淮河洪水基本贯穿于整个汛期，集中在主汛期，如1921年6月开始降水，洪泽湖蒋坝站至9月才出现最高水位16.00m。1931年淮河流域6月、7月连续发生3次大暴雨过程，淮河干流水位从6月中旬起涨，正阳关站和蚌埠（吴家渡）站出现2次洪峰；洪泽湖蒋坝站于8月8日出现最高水位16.25m。1950年6月25日—7月17日发生3场暴雨过程，蒋坝站水位6月27日从9.2m起涨，8月10日出现最高水位13.38m，洪水总历时约为2个月。1954年淮河干流各水文站从7月初起涨后，至 9 月底水位落至汛前水位，洪水历时约 3 个月之久。1956 年 6 月上旬出现大面积暴雨，造成淮河干流最大洪峰；6 月下旬至 7 月初、8 月上旬和下旬出现多次暴雨，造成了淮河的 4 次洪峰；9 月初受台风影响，苏北局部地区出现洪水。1975 年 8 月 4—8 日，受台风影响，洪汝河、沙颍河发生 3 次暴雨过程，致使发生特大洪水，加之 8 月 14 日前后淮南山区史灌河、淠河流域发生降雨，导致淮河干流蚌埠（吴家渡）站在 8 月 25 日出现最高水位。

（4）干支流洪水并发，洪水遭遇明显。

由于淮河中上游河段不长，汇流面积不大，淮河洪水的一个显著特点是淮河干支流往往洪水并发。淮河上游和中游右岸支流多为山丘区，中游左岸诸支流中多数为平原型河道，当发生暴雨时，淮河上游及支流洪水汹涌而下，洪峰很快到达王家坝站，由于中游河道弯曲、平缓，泄洪速度慢，且与下游河道形成倒比降，若再加上中游山丘区支流快速汇入，河道水位迅速抬高，左岸支流河道洪水不断持续汇入，淮河干流沿线长期处于高水位状态，淮北平原将出现大片洪涝。通过统计发现，只有 1969 年和 1975 年仅支流发生了洪水，其他年份的大洪水均为干支流洪水遭遇，山区与平原支流洪水同时发生。

（5）河道下泄不畅，干流河道洪水水位高、高水位持续时间长。

从淮河干流上中游纵剖面上分析，上游坡降较陡，约为 1∶70000；受黄泛影响，中游坡降突然变缓，洪河口到中渡河长 490km，水面落差仅 13m 左右，平均洪水坡降 0.026‰。洪泽湖湖底高程为 10.00～11.00m，形成倒比降，严重制约了洪水的下泄，河道排洪能力极低，河道平槽流量为 1000～3000m³/s，在现有的防洪标准条件下，正阳关站以上流量超过 3000m³/s，正阳关站到蚌埠（吴家渡）站流量超过 5000m³/s，就不得不动用行洪区、蓄洪区。由于河道泄洪能力低，上游来水量大，造成中游滞留的大量洪水长时间聚集在中游，这是导致淮河中游洪水灾害的主要原因。

受特殊地理地形影响，特别是淮河中游河道与下游河道形成倒比降，一旦发生洪水，洪水大量聚集在淮河中游，使得中游河道维持长时间的高水位，对两岸堤防产生重大威胁，也造成淮北平原降水无法及时排泄而形成内涝（俗称"关门淹"）。1921 年淮河干流中游各水文站从 7 月中旬至 9 月下旬持续处于高水位状态。1954 年王家坝站 7 月 6 日水位超过 28.30m，11 日稍有回落后再次起涨，23 日出现最高水位 29.59m；蚌埠（吴家渡）站 7 月 17 日水位涨到 20.65m，8 月 5 日出现洪峰，水位为 22.18m，8 月 24 日水位退至 20.63m。2007 年王家坝站至润河集站河段水位超过保证水位 0.29～0.82m，息县站至汪集站河段水位超过保证水位 0.07～0.37m，淮河干流中游河段、洪泽湖以及入江水道部分河段超警戒水位持续时间在 20～30 天。王家坝站超保证水位 45 小时，超警戒水位 26 天。润河集站超保证水位 74 小时，超警戒水位达 29 天。

（6）淮河流域洪涝灾情地域性差异明显。

受区域自然条件、经济发展和社会历史原因以及承灾体的脆弱性等多方面的影响，淮河流域的洪涝灾情还呈现显著的地域性差异，主要表现如下：

1）历年洪涝灾情最严重的是广大农村地区，一旦遇到大的洪水年，淮河中下游的大部分农村都会受到不同程度的洪涝灾害的影响，农村的经济损失约占直接经济损失总值的70%。农村的损失主要表现为：房屋倒塌，农作物被洪水冲毁或被淹没，农村的水利设施受到损毁，乡镇企业因洪水受损，农村道路和电力管线被损毁；同时，洪涝灾害直接或间接造成农村人畜的伤亡。可见，农村所具有的一些不利因素，决定了洪涝灾害造成的直接经济损失是以农村的损失为主。

2）各支流的灾情也有一定的差异，其中，沂沭泗河水系的损失更为严重。1949—1991年的43年中全流域水灾成灾面积为74.05万km²，其中，沂沭泗河水系成灾面积就达到了21.6万km²，这主要是地形和气候因素造成的。

3）在淮河干流中以安徽省的损失最为严重，淮河干流的洪灾和绝大部分涝灾主要发生在上中游。

根据表3.2-2中的数据，对1949—1991年淮河流域、淮河流域安徽段洪涝灾害成灾面积及相应出现的频率进行了分析，分析结果见表3.2-3。

表3.2-3　1949—1991年淮河流域、淮河流域安徽段洪涝灾害成灾面积及相应出现的频率分析

淮河流域			淮河流域安徽段		
洪涝灾害面积/万亩	年数	频率	洪涝灾害面积/万亩	年数	频率
>6000	4	11年一遇	>2400	3	14年一遇
>5250	6	7年一遇	>1350	7	6年一遇
>3750	12	4年一遇	>1050	12	4年一遇
>1500	16	3年一遇	>750	15	3年一遇

3.2.4　典型洪涝分析

1991年淮河大水后，国务院作出了进一步治理淮河的战略决策，加大了对淮河干流的治理力度。从20世纪90年代末期开始，先后完成了童元、黄郢、建湾和润赵段4个行洪区的废弃；陈族湾、大港口圩区退堤联圩靠岗，蒙洼蓄洪区尾部退建工程；南润段、邱家湖和城西湖退堤工程；寿西淮堤退建工程、峡山口拓宽工程、小蚌埠切滩工程、临北缕堤梅家园段退建工程等。到2007年，怀洪新河续建工程、入江水道巩固工程、分淮入沂续建工程、洪泽湖大堤加固工程、包浍河初步治理工程、淮河入海水道近期工程、临淮岗洪水控制工程等7项工程已通过了竣工验收，大型病险水库除险加固工程、汾泉河初步治理工程、洪汝河近期治理工程、奎濉河近期治理工程、涡河近期治理工程、湖洼及支流治理工程等6项工程已完成或基本完成，淮河干流上中游河道整治及堤防加固工程、防洪水库工程等6项工程正在抓紧实施。这些工程措施有效地改变了淮河干流中游局部河段的束水状况，提高了淮河中游防御大洪水的能力。通过兴建临淮岗洪水控制工程、淮河干流上中游河道整治及堤防加固

工程、部分行蓄洪区的退建工程和淮北大堤及淮南、蚌埠城市圈堤加固工程，扩大了泄洪能力，提高了防洪标准，在淮河干流行蓄洪区充分运用和临淮岗洪水控制工程启用的条件下，淮北大堤保护区和沿淮重要工矿城市的防洪标准由不足 50 年一遇提高到 100 年一遇。1991 年以来发生了 1991 年、2003 年和 2007 年流域性大洪水，本节对 1991 年、2003 年和 2007 年流域性大洪水的天气气候、雨情、水情、河道行洪能力以及洪水传播时间进行详细分析，并与 1593 年、1950 年、1921 年、1931 年、1954 年等年份的大洪水进行比较。

3.2.4.1　1991 年、2003 年和 2007 年洪涝分析

1. 天气气候分析

从 1991 年、2003 年和 2007 年的梅雨期天气分析，这 3 个年份的梅雨期暴雨都从淮河开始，1991 年的梅雨时间最长。从暴雨的中心轴线分布看，1991 年的暴雨中心位置偏南，在江淮和太湖流域；2003 年和 2007 年的暴雨中心位置偏北，在沿淮淮北地区。梅雨期间副高位置有利于淮河降水，且稳定维持时间较长。西南低空急流持续、稳定地将暖湿水汽输送到淮河流域，为持续性暴雨提供了必要条件。江淮切变线在江淮地区南北摆动，决定了强降水的位置和持续时间。北方冷空气以小槽的形式不断东移南下，冷暖空气交汇在淮河流域。中高纬度欧亚地区的阻塞高压（以下简称"阻高"）稳定，高纬度的阻高与低纬度的副高两个大型大气活动中心的稳定控制了江淮梅雨的稳定。但在梅雨期，欧亚中高纬度的阻塞系统稳定性不同，位置不同，冷空气南下的路径不同，副高脊线位置也有差异，因而暴雨区的位置也不同。梅雨期赤道辐合系统不活跃，热带西太平洋地区台风极少。因此，这 3 个年份气候背景、大气环流形势的差异和天气影响系统的强弱不一，暴雨发生的时间、范围、强度也不同。

（1）梅雨时段。随着大气环流的调整和东亚季风的推移，每年的夏初（6 月中旬后期至 7 月上旬）在淮河流域的江淮沿淮地区往往出现一段时间的连续阴雨天气，称之为江淮梅雨。梅雨形成的强弱，与副高、青藏高压、西南季风以及西风带长波等大尺度天气系统的活动相关程度较高。每年这些大尺度天气系统的强度大小、进退迟早和移动速度快慢等都不一样，使得历年梅雨到来的迟早、长短和雨量的多寡差异很大，直接导致淮河干旱或洪涝的形成。

1991 年的淮河梅雨由 3 场降水组成，初梅雨是自 5 月 18 日开始，较常年提前近 1 个月，属于早梅雨，而 6 月 2 日为二段梅雨入梅日，7 月 14 日出梅。梅雨期长达 55 天，比多年平均长 30 天，是淮河入梅早、梅雨期长的一年，主要降水区位于江淮之间。

2003 年的淮河梅雨期从 6 月 20 日开始，7 月 22 日结束，开始时间接近常年，结束时间比常年偏晚约 10 天。2003 年梅雨期虽然比 1991 年短，但降雨强度强于 1991 年，雨带中心位于沿淮一带。

2007 年的淮河梅雨时段为 6 月 19 日—7 月 25 日，梅雨期降水集中程度和降水强度均远大于 2003 年，并且集中在淮河干流。

（2）气候背景与大气环流形势。1991 年、2003 年和 2007 年的前期或同期均出现

ENSO 事件。1991 年 5 月—1992 年 6 月赤道东太平洋出现了一次中等强度的厄尔尼诺事件，2002 年 5 月—2003 年 2 月和 2006 年 8 月—2007 年 2 月分别出现了一次弱的厄尔尼诺事件，2007 年 8 月赤道东太平洋出现了中等强度的拉尼娜事件。

梅雨期间欧亚中高纬环流形势稳定是 3 个大水年的共同特征。1991 年以"两脊一槽"为主，阻高活动异常频繁，基本属于双阻型。2003 年淮河梅雨期间，前期为比较典型的双阻型，后期为典型的单阻型。2007 年梅雨期间则以乌拉尔山阻高为主。

1991 年、2003 年和 2007 年中高纬环流形势在贝加尔湖南侧均为低值区，冷空气活动活跃，冷空气不断南下与副高北侧的暖湿气流在江淮地区交汇，致使降水持续。梅雨期赤道辐合系统均不活跃，热带西太平洋地区热带风暴均比常年明显偏少。

（3）副高。暴雨过程中，副高的南北移动、东进西退的位置和强度的变化直接决定了雨带的位置，是暴雨的重要天气影响系统。3 个大水年份副高均有明显西伸的特点，而且总体上均是 5 月、6 月偏强，脊线位置略偏北，而 7 月、8 月偏弱，脊线位置偏南。

1991 年副高持续偏强，初夏位置偏北，盛夏位置偏南，第一次北跳比常年提早约 3 候，第二次北跳过比常年推迟 5～10 天，脊线平均位于北纬 19°～24°，西伸脊点的位置比常年偏西。

2003 年 5—7 月的副高脊线月平均位置较常年略偏南，但梅雨期间位置比常年略偏北。6 月 20 日淮河流域进入雨季，之后副高脊线位置稳定徘徊在北纬 20°～25°；7 月的第 5 候有一次北跳，7 月 21 日淮河流域梅雨期结束。

2007 年 6 月中旬中期以前，副高脊线位置明显偏南，基本在北纬 15°以南，与常年同期相比，偏南 3～4 个纬距。6 月中旬中期，副高开始增强西伸北抬。梅雨期间，副高脊线相对稳定在北纬 21°～25°，前期略偏强，7 月中旬偏弱，使得副高季节性北跳异常偏迟，是淮河梅雨期偏长降水异常偏多的重要原因。

（4）天气影响系统。

1）江淮切变线。切变线指对流层中低层 700hPa 和 850hPa 上的风场出现的气旋式切变的不连续线，可分为冷式、暖式和准静止式 3 种。由于切变线附近有强烈的辐合区，常诱生低涡，而西南低涡（产生于我国西南地区的低涡）又常常沿着切变线东移，形成低涡切变线（以下简称"涡切变"）。它是淮河流域汛期产生暴雨的重要天气系统。

1991 年江淮梅雨期，切变线稳定维持在北纬 31°～36°，55 天梅雨期共有 42 天存在双层切变线。2003 年 24 天梅雨期中江淮切变线主体都在北纬 32°～35°，其中双层切变线日数为 16 天，在出现单层切变线或无切变线期间，淮河流域降雨相对较弱。2007 年淮河梅雨期间的 6 次降水过程均有切变线伴随。

2）低空急流。低空急流是一种动量、热量和水汽的高度集中带，它是为暴雨提供水汽和动量的最重要的机制，也是淮河流域暴雨过程的主要影响系统之一。

1991 年江淮梅雨期中，850hPa 图上出现不小于 16m/s 的西南风急流 17 次。2003 年暴雨期间，西南低空急流位置和常年同期相差不大，大于 16m/s 的急流出现

10 次。根据逐日 850hPa 图统计分析，2007 年江淮梅雨期间的 6 次降水过程共出现 4 次低空急流过程。

3）西南低涡。西南低涡是引起强降水的重要影响系统，它一般与切变线相伴出现，互相制约。每个低涡的东移过程伴随有强降雨的出现，暴雨大多发生在低涡切变线上。

1991 年江淮梅雨期，四川附近形成西南低涡 29 个，有 8 个东移影响淮河流域。2003 年江淮梅雨期，西南低涡产生的数量较少，但仍然有 9 个低涡东移影响淮河流域。2007 年梅雨期间的 6 次降水过程中，共有 6 个西南低涡东移影响淮河流域。

2. 雨情分析

（1）雨情概况。1991 年汛期降水主要集中在沿淮以南、里下河地区，总降水量超过 800mm。其中，大别山区和里下河局部地区降水量超过 1000mm，南四湖以东地区降水量超过 500mm。汛期最大雨量点为潕河上游花屋站（雨量 1887.8mm）和里下河沈论站（雨量 1608.9mm）。

2003 年汛期降水以大别山区、淮干中下游北部诸支流的中下游及新沂河一带为最大，其总降水量超过 1000mm，局地超过 1300mm。汛期最大雨量点为泉河胡集站（雨量 1413.2mm）、中运河刘老涧闸站（雨量 1338.1mm）和史河马宗岭站（雨量 1313.0mm）。

2007 年汛期淮河水系大部分地区降水量在 600mm 以上，降水量超过 700mm 的区域覆盖了洪泽湖以上的淮河干流沿淮、淮北支流中下游、淮南山区、洪汝河、史灌河、淮河干流中游及洪泽湖北部支流中下游、里下河中西部地区，降水量为 900mm 的区域主要位于洪泽湖区周边及北部支流中下游、淮河上游以南局部地区。最大雨量点为怀洪新河峰山站（雨量 1129.0mm）、淮河上游小潢河涩港店站（雨量 1099.0mm）和谷河宋集站（雨量 982.0mm）。

（2）暴雨时空分布。1991 年淮河水系暴雨主要出现在 5 月、6 月和 7 月，各月的面平均雨量分别为 162mm、232mm 和 264mm，分别较常年偏多 91%、84% 和 29%。2003 年淮河水系暴雨主要集中于 6 月、7 月、8 月，各月的面平均雨量分别为 242mm、307mm 和 224mm，分别较常年偏多 92%、50% 和 54%。2007 年淮河暴雨集中在 6 月下旬和 7 月，先后出现了 4 次暴雨过程，7 月的面平均雨量为 384mm，比常年偏多 86%。

1991 年最大 30 天（6 月 12 日—7 月 11 日）降水主要集中在沿淮以南、里下河地区，其中大别山区局部地区降水量超过 1000mm。降水最大站点为史河马宗岭站（雨量 1338.2mm）。2003 年淮河水系最大 30 天（6 月 22 日—7 月 21 日）主要降水位于大别山区、淮河干流中下游北部诸支流的中下游及新沂河一带。降水的中心点雨量为潕河前畈站（雨量 937.3mm）、颍河关集站（雨量 879.4mm）和里下河宝应站（雨量 756.7mm）。2007 年淮河水系最大 30 天（6 月 26 日—7 月 25 日）主要降水位于洪泽湖区周边及北部支流中下游、淮河上游南部局部地区；降雨的中心点雨量为淮河上游小潢河涩港店站（雨量 919.0mm）和怀洪新河双沟站（雨量 745.0mm）。

（3）暴雨量级。2007 年淮河水系最大 30 天面平均雨量为 425mm，比 1991 年最大 30 天面平均雨量 389mm 偏多近 1 成，但比 2003 最大 30 天面平均雨量 475mm 偏少约 1 成。

（4）暴雨覆盖面积。2007 年淮河水系最大 30 天雨量在 200mm、300mm、400mm、500mm、600mm 以上的雨区面积分别为 18.4 万 km²、15.1 万 km²、12.4 万 km²、5.6 万 km² 和 1.4 万 km²；500mm 以上的雨区在沿淮淮北、淮河上游淮南山区及洪泽湖周边，其中沿淮淮北的雨区面积为 4.1 万 km²，占 500mm 以上雨区面积的 73%；100mm、200mm、300mm 和 400mm 以上的雨区面积比 1991 年最大 30 天雨量相应雨区面积分别大 41%、54%、35% 和 27%；500mm 以上各量级雨区面积均比 1991 年的小，200mm 以上雨区面积比 2003 年的略大，300mm 及以上各量级雨区面积均比 2003 年的小。

3. 水情分析

（1）水情概况。1991 年，淮河水系发生自 1954 年后的又一次流域性大洪水，淮河干流连续出现多次洪水过程，个别支流出现历史最大洪水，淮河干流全线超过警戒水位，淮滨站至正阳关站河段超过保证水位，里下河地区水位超过历史最高水位。沂沭泗河水系的沂河、泗河出现自 1957 年以来的最大洪水。

2003 年，淮河发生了与 1991 年相当的流域性大洪水，淮河干流水位全线超过警戒水位，王家坝站至鲁台子站河段水位超过保证水位，部分河段水位超过历史最高水位。与此同时，沂沭泗河水系也发生洪水，导致淮河流域出现继 1991 年以来的第二次淮沂洪水遭遇。

2007 年洪水过程中，淮河干流全线以及洪河等支流、苏北里下河地区部分河流出现超警戒水位洪水，淮河干流王家坝站至润河集站河段以及部分支流超保证水位。

（2）洪水特征值。1991 年王家坝站和润河集站的最高水位分别为 29.56m 和 27.61m，分别居历史第 3 位和第 5 位，正阳关站和蚌埠（吴家渡）站的最高水位分别为 26.52m 和 21.98m，均居历史第 3 位。王家坝站、润河集站、正阳关站和蚌埠（吴家渡）站的最大流量分别为 7610m³/s、6760m³/s、7480m³/s 和 7840m³/s，分别居历史第 8 位、第 5 位、第 7 位和第 4 位。

2003 年王家坝站、润河集站、正阳关站和蚌埠（吴家渡）站的最高水位分别为 29.42m、27.66m、26.80m 和 22.05m，分别居历史第 6 位、第 3 位、第 1 位和第 2 位。王家坝站、润河集站、正阳关站和蚌埠（吴家渡）站的最大流量分别为 7610m³/s、7170m³/s、7890m³/s 和 8620m³/s，分别居历史第 8 位、第 7 位、第 5 位和第 3 位。

2007 年王家坝站、润河集站、正阳关站和蚌埠（吴家渡）站的最高水位分别为 29.59m、27.82m、26.40m 和 21.38m，分别居历史第 2 位、第 1 位、第 6 位和第 4 位。王家坝站、润河集站、正阳关站和蚌埠（吴家渡）站的最大流量分别为 8020m³/s、7520m³/s、7970m³/s 和 7520m³/s，分别居历史第 5 位、第 4 位、第 4 位和第 5 位。

（3）洪量。2007 年淮河干流王家坝站、润河集站、正阳关站、蚌埠（吴家渡）站、洪泽湖中渡站最大 30 天理想洪量分别为 103.5 亿 m³、133.4 亿 m³、206.6 亿 m³、

279.6 亿 m³ 和 399.2 亿 m³（表 3.2-4），重现期分别为 17 年、13 年、13 年、17 年和 22 年；2003 年最大 30 天理想洪量分别为 87.2 亿 m³、134.1 亿 m³、221.0 亿 m³、305.3 亿 m³ 和 420.0 亿 m³，重现期分别为 11 年、13 年、15 年、21 年和 26 年；1991 年最大 30 天理想洪量分别为 80.3 亿 m³、131.0 亿 m³、202.0 亿 m³、253.5 亿 m³ 和 349.2 亿 m³，重现期分别为 9 年、13 年、12 年、13 年和 15 年。

表 3.2-4　　淮河干流 2007 年、2003 年、1991 年洪水主要控制站
最大 30 天洪量比较表

站名	年份	最大 30 天实测洪量 /亿 m³	最大 30 天理想洪量	
			洪量 /亿 m³	重现期/年
王家坝	2007	97.1	103.5	17
	2003	80.6	87.2	11
	1991	74.7	80.3	9
润河集	2007	110.4	133.4	13
	2003	116.2	134.1	13
	1991	98.4	131.0	13
正阳关	2007	142.6	206.6	13
	2003	151.0	221.0	15
	1991	129.9	202.0	12
蚌埠（吴家渡）	2007	168.9	279.6	17
	2003	197.1	305.3	21
	1991	153.5	253.5	13
洪泽湖中渡	2007	255.8	399.2	22
	2003	286.5	420.0	26
	1991	219.8	349.2	15

　　淮河干流最大 30 天理想洪量，王家坝站以 2007 年的为最大，润河集站 3 年基本相同，正阳关站、蚌埠（吴家渡）站和洪泽中渡站均以 2003 年的为最大。

　　4. 河道行洪能力分析

　　淮河干流王家坝站以下河道比降较小，洪水附加比降的影响相对较大。控制站的水位流量关系受洪水涨落和回水顶托的影响非常明显，洪水涨落时相同流量的水位差别变化幅度较大。王家坝站相同流量的水位差别，最大可达 1m 以上，而润河集站可达近 2m。为了分析淮河干流在 1991 年后的行洪能力，对控制站洪水涨落时的水位流量关系进行概化平均，采用拐点或中轴线作为消除洪水波影响、处于稳定流情况下的水位流量关系。

　　（1）王家坝站。王家坝站总流量是由淮河王家坝站（淮河干流）、官沙湖分洪道钐岗站、濛洼蓄洪区王家坝进水闸和洪河分洪道地理城站 4 个断面流量组成。图 3.2-3 为淮

河干流王家坝站实测断面图，由图 3.2-3 可知，2007 年和 2003 年王家坝站实测断面基本一致，与 1991 年相比，主槽断面略有变化。

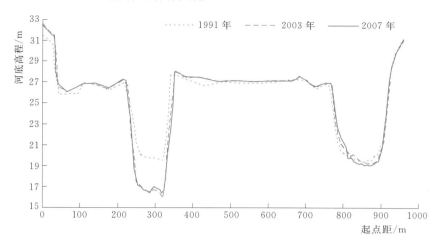

图 3.2-3　淮河干流王家坝站实测断面图

受童元、黄郢、建湾行洪区废弃和濛洼蓄洪区尾部退建等工程影响，王家坝站下游河段变宽，水面比降变陡，河道行洪能力加大。从王家坝站洪峰流量与相应的水位关系曲线看：2007 年与 1991 年相比，关系曲线明显右移，水位在 27.50m（警戒水位）以下时，相同水位条件下，流量增加 $300 \sim 450 \text{m}^3/\text{s}$；水位在 27.50m 以上时，相同水位条件下，流量增加 $500 \sim 1200 \text{m}^3/\text{s}$；流量在 $1500 \sim 6000 \text{m}^3/\text{s}$ 时，相同流量条件下水位降低 $0.2 \sim 0.6 \text{m}$（图 3.2-4 和表 3.2-5）。

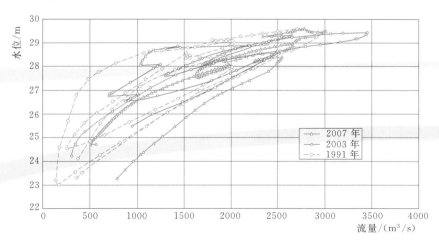

图 3.2-4　王家坝站水位流量关系

（2）润河集站。王家坝站至润河集站区间的行蓄洪区有濛洼蓄洪区、城西湖蓄洪区、南润段行洪区。在润河集站下游有邱家湖、姜家湖、唐垛湖行洪区和城东湖蓄洪区。润河集河段顺直，河床较稳定，淮河干流润河集站实测断面图如图 3.2-5 所示。

表 3.2－5　　王家坝站 2003 年、2007 年与 1991 年的水位和流量变化对比分析表

相同水位条件下的流量						相同流量条件下的水位					
水位/m	流量/(m³/s)					流量/(m³/s)	水位/m				
	1991 年	2003 年	2007 年	2003 年与1991 年的差值	2007 年与1991 年的差值		1991 年	2003 年	2007 年	2003 年与1991 年的差值	2007 年与1991 年的差值
26.50	1400	1530	1700	130	300	1500	26.79	26.56	26.25	−0.23	−0.54
27.00	1690	1980	2080	290	390	2000	27.29	27.03	26.90	−0.26	−0.39
27.50	2250	2680	2700	430	450	2500	27.67	27.40	27.36	−0.27	−0.31
28.00	3030	3530	3560	500	530	3000	27.98	27.71	27.70	−0.27	−0.28
28.40	3810	4350	4330	540	520	3500	28.25	27.99	27.98	−0.26	−0.27
28.60	4230	4770	4780	540	550	4000	28.48	28.23	28.22	−0.25	−0.26
28.80	4660	5180	5220	520	560	4500	28.72	28.47	28.48	−0.25	−0.24
29.00	5100	5620	5780	520	680	5000	28.95	28.71	28.70	−0.24	−0.25
29.20	5560	6080	6400	520	840	5500	29.17	28.95	28.92	−0.22	−0.25
29.40	6020	6520	7150	500	1130	6000	29.40	29.17	29.08	−0.23	−0.32

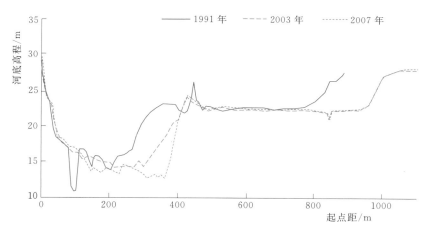

图 3.2-5　淮河干流润河集站实测断面图

由于润河集站上下游的工程变化较大，受洪水特性及工程不同运用影响，近几年洪峰流量与相应水位的关系比较零乱，因此，本章仅从 2007 年与 1991 年涨水、落水的平均值（代表中轴线）对比来大致分析河道行洪能力的变化。从对比分析中可看出：2007 年的水位流量关系明显向右偏移，相同水位条件下的流量大大增加。水位在 24.30m（润河集站警戒水位）以下时流量增加 200～900m³/s；水位在 24.30m 以上时，流量增加 700～1100m³/s。对 1999 年以来洪水的分析结果显示，润河集（鹦歌窝）站与润河集（陈郢）站大洪水期实测水位比较，两断面水位差为 0.10m 左右，在润河集（陈郢）站相同流量情况下，水位降低 0.1～0.5m（图 3.2-6 和表 3.2-6）。

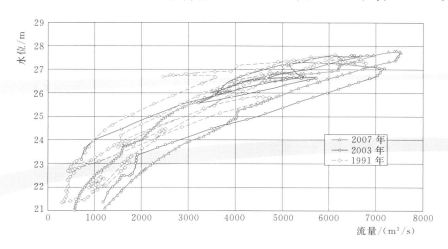

图 3.2-6　润河集站水位流量关系

（3）鲁台子站。鲁台子站位于润河集站以下 71km 处。1991 年淮河大水后，寿西湖淮堤于 1998 年实施退建，2001 年汛前竣工，2003 年鲁台子站断面比 1991 年拓宽近500m，断面面积增加了 2560m²。淮河干流鲁台子站断面图如图 3.2-7 所示。

表 3.2－6　润河集站 2003 年、2007 年与 1991 年的水位和流量变化对比分析表

相同水位条件下的流量

水位/m	涨水段流量/(m³/s)					退水段流量/(m³/s)					2003 年与 1991 年的平均差值/(m³/s)	2007 年与 1991 年的平均差值/(m³/s)
	1991 年	2003 年	2007 年	2003 年与 1991 年的差值	2007 年与 1991 年的差值	1991 年	2003 年	2007 年	2003 年与 1991 年的差值	2007 年与 1991 年的差值		
24.00	2350	2830	3300	480	950	1000	1040	1880	40	880	260	915
24.50	2700	3460	3500	760	800	1300	1620	2200	320	900	540	850
25.00	3100	4280	3900	1180	800	1800	2210	2580	410	780	795	790
25.50	3600	5180	4420	1580	820	2300	2740	3000	440	700	1010	760
26.00	4300	5920	5120	1620	820	2900	3310	3430	410	530	1015	675
26.50	5000	6670	5880	1670	880	3400	3880	4300	480	900	1075	890
27.00	5800	7460	6670	1660	870	4100	4570	5400	470	1300	1065	1085

相同流量条件下的水位

流量/(m³/s)	涨水段水位/m					退水段水位/m					2003 年与 1991 年的平均差值/m	2007 年与 1991 年的平均差值/m
	1991 年	2003 年	2007 年	2003 年与 1991 年的差值	2007 年与 1991 年的差值	1991 年	2003 年	2007 年	2003 年与 1991 年的差值	2007 年与 1991 年的差值		
3000	24.49	24.14	23.98	−0.35	−0.51	26.08	25.74	25.60	−0.34	−0.48	−0.35	−0.50
3500	24.94	24.52	24.52	−0.42	−0.42	26.40	26.16	26.05	−0.34	−0.35	−0.38	−0.39
4000	25.24	24.65	25.10	−0.59	−0.14	26.76	26.62	26.35	−0.24	−0.41	−0.42	−0.28
4500	25.54	25.02	25.80	−0.52	0.26	27.02	26.96	26.60	−0.16	−0.42	−0.34	−0.08
5000	25.85	25.36	25.90	−0.49	0.05	27.24	27.18	26.82	−0.16	−0.42	−0.33	−0.19
5500	26.19	25.72	26.08	−0.47	−0.11	27.46	27.45	27.02	−0.01	−0.44	−0.24	−0.28

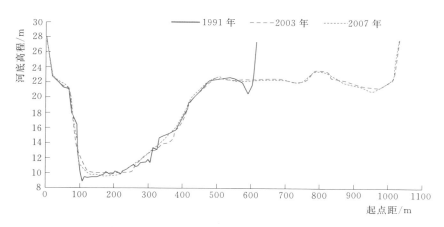

图 3.2-7 淮河干流鲁台子站实测断面图

鲁台子站控制的流域面积大，干支流来水组合不一。润河集站至鲁台子站河段有邱家湖、姜家湖、唐垛湖行洪区，城东湖蓄洪区和寿西湖行洪区及下游有董峰湖行洪区，大水时运用情况复杂，导致大洪水时鲁台子站的水位流量关系呈复杂多变的绳套曲线。

从 1991 年和 2007 年鲁台子站水位流量关系对比可看出：2007 年的水位流量关系线的中轴线较 1991 年明显偏右，水位在 23.80m（警戒水位）以下时，相同水位时其流量比 1991 年增加了 400～800m³/s；水位在 23.80m 以上时，流量比 1991 年增加了 200～500m³/s；同一流量条件下，水位比 1991 年降低了 0.2～0.7m（图 3.2-8 和表 3.2-7）。

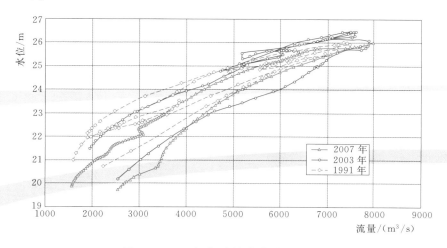

图 3.2-8 鲁台子站水位流量关系

（4）蚌埠（吴家渡）站。鲁台子站至蚌埠（吴家渡）站区间左岸有茨淮新河、涡河等支流汇入，在蚌埠（吴家渡）站的上游涡河口有用于分泄淮河洪水入洪泽湖的怀洪新河，董峰湖、上下六坊堤、石姚段、汤渔湖、洛河洼、荆山湖行洪区处于鲁台子站至蚌埠（吴家渡）站之间。淮河干流蚌埠（吴家渡）站实测断面图如图 3.2-9 所示。

表 3.2-7　鲁台子站 2003 年、2007 年与 1991 年水位和流量变化对比分析表

相同水位条件下的流量

水位/m	涨水段流量/(m³/s)					退水段流量/(m³/s)						
	1991年	2003年	2007年	2003年与1991年的差值	2007年与1991年的差值	1991年	2003年	2007年	2003年与1991年的差值/(m³/s)	2007年与1991年的差值/(m³/s)	2003年与1991年的平均差值/(m³/s)	2007年与1991年的平均差值/(m³/s)
22.5	3740	4100	4080	360	340	2120	2480	3150	360	1030	360	685
23.0	4200	4540	4400	340	200	2200	2920	3580	720	1380	530	790
23.5	4640	5250	4920	610	280	2880	3220	3920	340	1040	475	660
24.0	5100	5900	5190	800	90	3500	4150	4350	650	850	725	470
24.5	5680	6200	5700	520	20	4220	4720	4900	500	680	510	350
25.0	6040	6800	6320	760	280	5000	5000	5590	0	590	380	435
25.5	6600	7120	7050	520	450	5840	5640	6320	-200	480	160	465
25.8	7140	7660	7140	520	0	6520	6040	7000	-480	480	20	240

相同流量条件下的水位

流量/(m³/s)	涨水段水位/m					退水段水位/m					2003年与1991年的平均差值/m	2007年与1991年的平均差值/m
	1991年	2003年	2007年	2003年与1991年的差值	2007年与1991年的差值	1991年	2003年	2007年	2003年与1991年的差值	2007年与1991年的差值		
4000	22.78	22.38	22.38	-0.40	-0.40	24.36	23.92	23.49	-0.44	-0.87	-0.42	-0.635
4500	23.34	22.94	23.14	-0.40	-0.20	24.70	24.26	24.18	-0.44	-0.52	-0.42	-0.360
5000	23.90	23.32	23.80	-0.58	-0.10	25.02	24.82	24.60	-0.20	-0.42	-0.39	-0.260
5500	24.42	23.72	24.32	-0.70	-0.10	25.30	25.48	24.93	0.18	-0.37	-0.26	-0.235
6000	24.96	24.08	24.75	-0.88	-0.21	25.56	25.76	25.26	0.20	-0.30	-0.34	-0.255
6500	25.24	24.64	25.10	-0.60	-0.14	25.80	25.98	25.58	0.18	-0.22	-0.21	-0.180
7000	25.72	25.32	25.43	-0.40	-0.29	25.94	26.16	25.80	0.22	-0.14	-0.09	-0.215

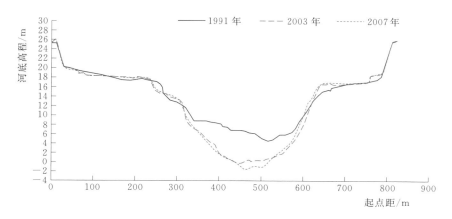

图 3.2-9　淮河干流蚌埠（吴家渡）站实测断面图

从 2007 年与 1991 年蚌埠（吴家渡）站水位流量关系曲线对比可看出：2007 年洪水水位流量关系中轴线较 1991 年略偏右。蚌埠（吴家渡）站在警戒水位（20.3m）以下时，相同水位条件下的流量增加 $400 \sim 800 m^3/s$；水位在警戒水位以上时，相同水位条件下的流量增加 $400 m^3/s$ 左右；相同流量条件下的水位，2007 年比 1991 年降低 $0.30 \sim 0.90 m$（图 3.2-10 和表 3.2-8）。

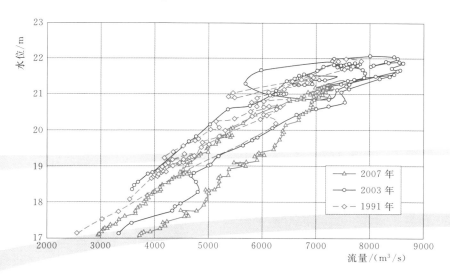

图 3.2-10　蚌埠（吴家渡）站水位流量关系

通过对淮河干流主要控制站 2007 年、2003 年与 1991 年实测洪水的对比分析可知，淮河干流 1991 年大水后进行了大规模的治理，由于控制站附近断面扩大和河道下泄畅通，各个河段的行洪能力有明显提高。从总体上看，王家坝站至蚌埠（吴家渡）站河段在中高水期间，相同水位条件下的流量较工程治理前一般增加 $300 \sim 800 m^3/s$，相同流量条件下的水位降低 $0.2 \sim 0.5 m$。

表 3.2-8　　蚌埠（吴家渡）站 2003 年、2007 年与 1991 年水位和流量变化对比分析表

相同水位条件下的流量

水位/m	涨水段流量/(m³/s)					退水段流量/(m³/s)					2003年与1991年的平均差值/(m³/s)	2007年与1991年的平均差值/(m³/s)
	1991年	2003年	2007年	2003年与1991年的差值	2007年与1991年的差值	1991年	2003年	2007年	2003年与1991年的差值	2007年与1991年的差值		
18.0	3580	4200	4700	620	1120	3440	3220	3800	-220	360	200	740
18.5	4140	4800	5120	660	980	3840	3680	4200	-160	360	250	670
19.0	4760	5040	5610	280	850	4080	4100	4600	20	520	150	685
19.5	5440	5600	6090	160	650	4500	4600	5030	100	530	130	590
20.0	6090	6160	6460	70	370	5000	5100	5500	100	500	85	435
20.5	6220	6800	6830	580	610	5770	5600	6060	-170	290	205	450
21.0	7040	7500	7220	460	180	6160	6220	6790	60	630	260	405
21.5	7500	8380		880		6840	6800		-40		420	

相同流量条件下的水位

流量/(m³/s)	涨水段水位/m					退水段水位/m					2003年与1991年的平均差值/m	2007年与1991年的平均差值/m
	1991年	2003年	2007年	2003年与1991年的差值	2007年与1991年的差值	1991年	2003年	2007年	2003年与1991年的差值	2007年与1991年的差值		
4000	18.26	17.90	17.20	-0.36	-1.06	18.84	19.00	18.25	0.16	-0.59	-0.10	-0.83
4500	18.80	18.56	17.80	-0.24	-1.00	19.49	19.45	18.88	-0.04	-0.61	-0.14	-0.81
5000	19.18	18.97	18.38	-0.21	-0.80	19.94	19.94	19.45	0	-0.49	-0.11	-0.65
5500	19.54	19.44	18.88	-0.10	-0.66	20.31	20.38	20.00	0.07	-0.31	-0.02	-0.48
6000	19.93	19.82	19.41	-0.11	-0.52	20.94	20.78	20.45	-0.16	-0.49	-0.14	-0.51
6500	20.48	20.32	20.08	-0.16	-0.40	21.32	21.30	20.80	-0.02	-0.52	-0.09	-0.46
7000	20.92	20.62	20.70	-0.30	-0.22	21.64	21.60	21.25	-0.04	-0.39	-0.17	-0.31
7500	21.36	20.94		-0.42		22.00	21.82		-0.18		-0.30	

5. 淮河干流洪水传播时间分析

河道行洪能力的加大，必然也会影响到洪水的传播时间。1991年淮河大水后，国家加大了对淮河干流的治理，拓宽了行洪通道，加快了洪水波的传播速度，因而缩短了洪水传播时间。由于洪水波的运动受洪水特性、河道边界条件等诸多因素的影响，在分析时对1996年、1998年、2000年、2002年及2003年淮河干流洪水传播时间采用平均统计方法。从分析结果来看，王家坝站至润河集站的洪水传播时间为20～30小时；润河集站至鲁台子站的洪水传播时间为20～30小时；鲁台子站至淮南站的洪水传播时间为12～24小时；淮南站至蚌埠（吴家渡）站的洪水传播时间为12～24小时。其各河段平均洪水传播时间分别比河道治理前缩短11小时、11小时、16小时、8小时。淮河治理前后河段的洪水传播时间见表3.2－9。

表3.2－9　　　　　　　　淮河治理前后河段的洪水传播时间　　　　　　　　单位：小时

河　　　段	治理前平均传播时间	治理后传播时间	治理前后缩短时间
王家坝站至润河集站	36	20～30	6～16
润河集站至鲁台子站	36	20～30	6～16
鲁台子站至淮南站	34	12～24	10～22
淮南站至蚌埠（吴家渡）站	26	12～24	2～14

3.2.4.2　1991年、2003年和2007年与其他年份洪涝对比分析

1. 暴雨特征

（1）暴雨成因。1991年、2003年和2007年暴雨类型属于全流域性暴雨，持续时间长，雨区范围广，总雨量大，与历史上1593年、1950年、1921年、1931年、1954年暴雨洪水相似，暴雨成因均由江淮梅雨所致。

（2）降水历时与集中时段。就降水历时来看，1593年从4月开始连续降水，1931年、1954年和1991年从5月开始，1921年、2003年和2007年均从6月开始，各典型年降水均贯穿整个汛期，其中2003年直至10月连续降水才结束。

就暴雨集中时段来看，2007年与1931年、1954年、1991年、2003年均集中于7月，而1593年、1921年集中于7月和8月。

（3）雨区范围及暴雨强度。1593年，大雨区范围约为27万 km²，暴雨区范围为11.8万 km²，暴雨中心为洪汝河、沙颍河和淮南山区；**暴雨强度大**，为1470年以来最为严重的一次。1921年，7月雨区集中于整个淮河流域，8月雨区集中于淮河中下游，淮河各地**降水量均超过多年月平均降水量100～300mm**。1931年，流域内月降水量超过300mm的面积约为13万 km²，超过500mm的面积约为5.1万 km²，超过700mm的面积约为1.3万km²；暴雨中心主要分布在淮河干流上游、淮南山区及苏北地区，如息县日降水量为228.6mm，信阳日降水量185mm、泰县日降水量205.4mm。1954年，连云港、徐州和许昌一线以南7月降水量均超过300mm，700mm以上雨区超过4万 km²；暴雨中心位于浉河上游、沙颍河中下游、淮河以北地区、王家坝站至正阳关站一带，最大日降水量为422.6mm（7月11日史河吴店站），3天降水量最大为448.6mm（史河吴店站）。1991年，暴雨主要分布在淮南山区、沿淮淮南、里下河地区，次雨量最大达到1200.3mm（唐子镇

站），日降水量最大为 315.9mm（7 月 16 日颍河鸡冢站），3 天降水量为 579.1mm（溮河天河站）。2003 年，淮河水系 30 天降水量都超过 400mm，其中大别山区、史灌河、洪汝河、沙颍河和涡河中下游、洪泽湖周边及里下河大部分地区的降水量为 600mm 以上，大别山区和颍河中游局部地区降水量超过 800mm，暴雨中心，暴雨中心最大 1 天降水量为 236.4mm（7 月 3 日茨河关集站）；最大 3 天降水量为 415.6mm（溮河前畈站），安徽金寨前畈站最大 30 天降水量达 946mm。2007 年，降雨主要集中在淮河水系，淮河水系绝大部分地区降水量超过 300mm，淮南山区、洪汝河、淮河中游沿淮、洪泽湖周边及北部支流的中下游地区降水量超过 500mm；沿淮上、中、下游均出现了降水量为 600mm 以上的暴雨中心，石山口水库上游涩港店站降水量达到 919mm。

2. 洪水特征

（1）洪水持续时间。1593 年，洪汝河从 4 月开始发生洪水，7 月下旬淮南山区开始发生洪水，8 月上旬沙颍河发生洪水，洪水迟至 9 月仍未完全退去；1921 年 6 月开始涨水，至 11 月底才退去；1931 年、1954 年、2003 年和 2007 年洪水历时分别为约 140 天、100 天、130 天和 100 天。

（2）干支流组合。1921 年在整个淮河水系均发生大洪水；1931 年大洪水主要发生在淮河上游干流、淮南山区各支流、洪泽湖南部以及里下河地区；1968 年在淮河上游发生特大洪水，支流浉河、竹竿河、潢河出现大洪水；1975 年在沙颍河发生洪水；1991 年大洪水主要在淮南潢河、史灌河、溮河、池河及淮北洪汝河；2003 年淮河干流和淮南竹竿河、潢河、史灌河、溮河以及淮北洪汝河、沙颍河、涡河和洪泽湖周边地区等大小支流均发生洪水，上游洪水与支流洪水、区间来水遭遇，洪水组成恶劣；2007 年发生的干支流洪水与 2003 年的相似。

（3）洪量。受资料所限，仅对 1921 年、1931 年、1954 年、1991 年、2003 年和 2007 年淮河主要控制站以上地区及各站区间理想洪量进行比较。由图 3.2-11 可以

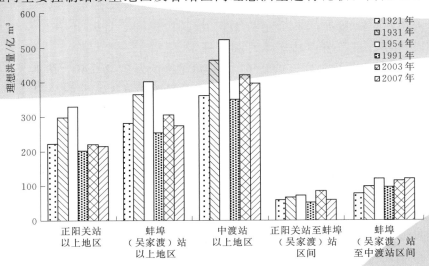

图 3.2-11　淮河主要控制站以上地区及各站区间各年份理想洪量

看出，1954 年的理想洪量最大；2007 年的理想洪量比 1991 年的理想洪量大，在蚌埠以上地区与 1921 年的理想洪量接近。

3.3 干旱灾害

干旱灾害一般指在一段较长时间内，降水量严重不足，导致土壤因蒸发而水分亏损，河川流量减少，湖泊、水库蓄水不足，破坏正常的作物生长和影响人类活动的灾害性天气现象。干旱根据属性分为气象干旱、农业干旱、水文干旱和社会经济干旱。气象干旱是指某时段内，由于蒸发量和降水量的收支不平衡，水分支出大于水分收入而造成的水分短缺现象。气象干旱通常以降水的短缺作为指标。水文干旱是指在一段时期内，河川径流持续低于其正常值或含水层水位降低的现象。社会经济干旱指由于经济、社会的发展需水量日益增加，以水分影响生产、消费活动等来描述的干旱。本书所说的干旱灾害主要是指农业干旱，是指土壤含水量过小、植物耗水量多于吸水量导致植物内水分过度亏缺，影响作物生长，造成农作物枯萎或减产的现象。降水量持续性偏少引发干旱，干旱导致水资源短缺，造成城市供水紧张，影响工业生产和城市人民生活用水，也造成农村人畜饮水困难等。

3.3.1 历史旱灾

据各种文献和地方志记载，淮河流域历史上的旱灾不仅频率高，受灾范围大，而且灾情惨重。明末崇祯年间（1637—1641 年），河南、山东两省连续 4 年大旱。据河南省水利厅史志办统计资料，河南全省约有 70 个县的县志上有"人相食，饿殍载道"等记载，淮河流域的县占多数。在淮河中下游安徽、江苏两省的灾情也相当严重。明末连年大旱，导致农业歉收绝产，大量的人畜死亡。

淮河流域历史上各年代记载的旱灾资料很多，但是时代越久远，资料记载越少，资料的系统性和完整性越差。

1952 年，历史地理学者陈桥驿在《淮河流域》一书中对淮河流域各个历史时期的水旱灾害做过分析和统计：从公元前 246 年至 1949 年前共计 2194 年，淮河流域共发生旱灾 915 次，据此计算，平均每世纪发生旱灾约为 42 次，平均 2.4 年就有一次旱灾。其中以 10 世纪和 17 世纪旱灾年数最多，达 68 次，平均 3 年有 2 年旱灾；10—11 世纪、15—19 世纪的旱灾发生率均超过 50%，平均不到 2 年就出现 1 次旱灾。由此可见淮河流域历史旱灾之频繁。旱灾是淮河流域发生的仅次于洪涝灾害的第二大类气象灾害。

据《淮河流域》一书统计，在 1300 年以前淮河流域每百年旱灾次数多于洪涝灾害次数，而 1300 年之后洪涝灾害明显多于旱灾（图 3.2－1）。公元前 246 年至 1948 年淮河流域共出现旱灾 910 次，平均 2.41 年就有 1 次旱灾发生；而 1401—1948 年，旱灾共出现 325 次，年均旱灾频率为 0.593 次，旱灾发生频率为前 1646 年时间里的旱灾频率（平均每年 0.355 次）的 1.67 倍，其中以 17—18 世纪最多。

据统计，1470—1949 年发生大旱灾和特大旱灾 45 年，平均 11 年发生一次。其中，4 省同年受旱的有 13 年，3 省同年受旱的有 8 年，2 省同年受旱的有 3 年，有 11 年只有 1 省受旱。从各省受灾的年数看，在 45 年大旱中，以山东省受灾为最多，达 36 年；其次为河南省，受灾 32 年；江苏省与安徽省均为 21 年。在 45 年大旱中，连续 2～3 年受灾的有 6 次，其中，1588 年和 1589 年、1664 年和 1665 年、1856 年和 1857 年以及 1876 年和 1877 年为连续 2 年受灾；1639—1641 年和 1927—1929 年为连续 3 年受灾。

3.3.2　现代旱灾

1949 年中华人民共和国成立后发生的典型旱灾年份有 1959 年、1966 年、1978 年、1988 年、1991 年、1992 年、1994 年和 1999—2001 年。1949—2000 年，淮河流域每年遭受旱灾成灾面积在 2000 万亩以上的年份有 21 年，占统计年数的 40.4%，年成灾面积在 3000 万亩、4000 万亩和 5000 万亩以上的年份分别有 14 年、11 年和 6 年，分别占统计年数的 26.9%、21.2% 和 11.5%；年成灾面积超过 6000 万亩的有 1992 年、1994 年和 2000 年，平均 13 年出现 1 次；年平均成灾面积达到 2293 万亩，平均成灾率接近 12%，淮河流域旱灾依然严重。

20 世纪 90 年代旱灾最重，80 年代次之。1949—2000 年的平均成灾率达 11.8%，其中 90 年代的成灾率最高，达 22.5%；其次为 80 年代，为 13.0%；1949—1960 年的成灾率最低，为 6.3%。全流域成灾率最高的年份为 1994 年，达到 40.4%。流域内安徽省的旱灾成灾率最高，1949—2000 年的平均成灾率达 13.6%，其中 90 年代的成灾率达 26.8%，1994 年达 64%；其次为山东省，1949—2000 年的平均成灾率达 13.3%。典型年份的旱灾详细见附录 B。

1971—1990 年淮河流域农作物年平均受灾率、成灾率和绝收率分别为 14.4%、6.6% 和 0.5%，3 项灾害指标均高于 1949—1990 年的年平均值，说明 20 世纪 70—80 年代农作物受旱情况较 50—60 年代严重。1981—1990 年累计旱灾成灾面积为 2.5 亿亩，平均每年成灾 2766 万亩，农作物年平均受灾率、成灾率和绝收率分别达到 15.0%、7.9% 和 0.8%，表明 20 世纪 80 年代的农作物受旱程度又较 70 年代严重，其中 1978 年的受灾率最大，达 33.9%；而 1988 年的成灾率最大，高达 22.8%（表 3.3-1）。

据统计，1991—1998 年流域旱灾年均农作物成灾面积为 3097 万亩，占全流域耕地面积的 16%。1991 年是淮河流域典型的旱涝交替年，淮河先涝后旱，5 月上旬至 7 月中旬，降雨偏多，出现流域性大洪涝，而自 7 月中旬起，又连续 110 多天无降雨，导致农田受旱面积达到 8700 万亩，造成当年秋种困难，导致 1992 年小麦减产。1992 年，淮河又出现了严重大旱，山区水库蓄水位在死水位以下，淮河断流，洪泽湖、南四湖、骆马湖基本干涸，平原库塘水源枯竭，地下水位大幅下降，受灾面积为 5700

表 3.3-1　　　　　　　　　　　淮河流域农作物因旱受灾率

时段	项目	数值	时段	项目	数值
1949—1990 年	平均受灾率/%	10.7	1981—1990 年	平均受灾率/%	15
	平均成灾率/%	5.6		平均成灾率/%	7.9
	平均绝收率/%	0.3		平均绝收率/%	0.8
1971—1990 年	平均受灾率/%	14.4	1949—1990 年	最大受灾率/%	33.9
	平均成灾率/%	6.6		相应年份	1978
	平均绝收率/%	0.5	1949—1990 年	最大成灾率/%	22.8
				相应年份	1988

万亩。1994 年，淮河出现了汛期无汛情，春夏秋三季连续严重干旱，受灾面积超过 1 亿亩，成灾面积为 7552 万亩，部分地区人畜饮水严重困难，直接经济损失超过 160 亿元。1997 年，全流域自 8 月中旬开始连续 90 多天无降雨，发生了严重秋旱，有 1001 万亩小麦未能及时播种。由以上分析可见，淮河流域旱灾频繁，受旱程度总体呈现加重趋势，干旱灾害已成为制约当地工农业生产和经济发展的重要因素。

对旱灾严重的安徽省淮河流域 1949—1994 年农作物干旱灾害面积进行统计，结果见表 3.3-2。

表 3.3-2　　　安徽省淮河流域 1949—1994 年农作物干旱灾害面积　　　单位：万亩

年份	受灾面积	成灾面积	年份	受灾面积	成灾面积	年份	受灾面积	成灾面积
1949	74	74	1965	375	220	1981	589	303
1950	96	96	1966	2410	2001	1982	274	166
1951	175	175	1967	567	367	1983	93	54
1952	368	368	1968	197	145	1984	456	241
1953	1373	1373	1969	116	78	1985	1461	554
1954	264	264	1970	116	69	1986	1225	531
1955	64	64	1971	124	75	1987	483	251
1956	20	20	1972	174	112	1988	1811	818
1957	229	229	1973	731	507	1989	934	290
1858	3089	1001	1974	524	348	1990	717	303
1959	3789	2645	1975	129	69	1991	2002	862
1960	831	534	1976	1607	981	1992	2567	996
1961	2317	1038	1977	1590	1071	1993	923	207
1962	1287	1128	1978	2931	1799	1994	4099	2774
1963	161	161	1979	1202	600	累计	46059	26603
1964	1421	608	1980	74	33	平均	1001	578

对表 3.3 - 2 中安徽省淮河流域 1949—1994 年的受灾、成灾面积及其出现的频率进行分析,见表 3.3 - 3。

表 3.3 - 3　安徽省淮河流域 1949—1994 年的受灾、成灾面积及其出现的频率分析

名　称	面积/万亩	年　数	频率
受灾面积	>2250	7	7 年一遇
	>1500	11	4 年一遇
	>1200	17	3 年一遇
	>750	20	2 年一遇
受灾面积	>2250	2	23 年一遇
	>1500	4	12 年一遇
	>1200	5	9 年一遇
	>750	13	4 年一遇

旱灾造成的损失是多方面的,但是 1949 年中华人民共和国成立以来的统计资料中缺乏各类旱灾损失专项统计资料,难以进行较完整的损失统计分析。在各种旱灾损失中,粮食减产和受灾人口数最为严重。统计表明,1949—1990 年淮河流域年平均粮食受旱减产率和受灾人口率分别为 3.4% 和 9.5%,其中,1959 年粮食受旱减产率 1959 年最高,达 16.4%;1988 年受灾人口率最高,达 39.6%(表 3.3 - 4)。

表 3.3 - 4　　　　　　　　　淮河流域粮食受旱减产率和受灾人口率

时　段	项　目	数　值
1949—1990 年	平均粮食受旱减产率/%	3.4
	平均受灾人口率/%	9.5
1971—1990 年	平均粮食受旱减产率/%	3.5
	平均受灾人口率/%	10.3
1981—1990 年	平均粮食受旱减产率/%	3.9
	平均受灾人口率/%	12.7
1949—1990 年	最大粮食受旱减产率/%	16.4
	相应年份	1959
1949—1990 年	最大受灾人口率/%	39.6
	相应年份	1988

以旱灾粮食减产较为严重的安徽省淮河流域为研究对象,对 1949 年以来的 23 个旱灾年份粮食减产情况进行统计,结果见表 3.3 - 5。

表 3.3 - 5　　　　　　安徽省淮河流域旱灾粮食减产情况统计　　　　　　单位：万 t

年份	夏粮	秋粮	年份	夏粮	秋粮	年份	夏粮	秋粮
1953	56.30	11.38	1967	11.19	18.12	1980	1.20	0.15
1958	35.68	68.26	1972	12.49	1.55	1985	0.00	6.45
1959	72.73	140.96	1973	19.75	0.00	1986	11.32	4.15
1960	6.82	11.33	1974	7.85	10.93	1988	104.35	33.76
1961	47.50	4.11	1975	0.00	2.08	1989	34.08	11.18
1962	13.13	9.17	1976	5.71	17.05	1990	60.12	2.18
1964	4.41	2.17	1977	78.92	18.01	1994	0.00	189.00
1966	13.36	49.85	1978	6.66	122.88	合计	603.57	734.72

　　23 个旱灾年份中，安徽省淮河流域累计旱灾粮食减产 1338.29 万 t，占全省减产总量的 68.5%，其中，夏粮减产 603.57 万 t，占全省夏粮减产的 94.9%；秋粮减产 734.72 万 t，占全省秋粮减产的 56.3%。

　　安徽省淮河流域旱灾粮食减产总量达 100 万 t 以上的有 5 年（1959 年、1994 年、1988 年、1978 年和 1958 年），有的年份是一季减产（如 1978 年仅秋粮严重减产）；有的年份是夏粮和秋粮都严重减产（如 1959 年）。统计以上 23 个年份，有 11 年秋粮减产多于夏粮，说明秋粮减产总体比夏粮减产严重。

4

淮河流域旱涝灾害的历史演变

本章详细分析了淮河流域千年以来的主要气候特征以及与旱涝相关的降水特征、规律。通过对气候、水文气象和旱涝灾害资料的收集、整理、归类及分析，描述了淮河流域历史时期气候变化基本特征，研究了极端旱涝事件的时空演变规律以及淮河流域气候时空演变与旱涝事件的关系。

4.1 淮河流域历史时期气候变化

本章在收集和整理历史资料，检索考古、历史、地理、气象、气候、水文、洪涝灾害、历史大洪水等文献和前人研究成果的基础上，结合气候模拟结果分析了淮河流域历史时期气候变化特征。收集整理的资料主要分为 4 类：原始数据资料（DWI、PDSI）、文献描述资料、前人的部分成果和仪器观测资料。时间上可分为历史资料和现代资料，获得方法上可分为重建资料和仪器观测资料，使用了气候模式为 ECHO - G 和 MPM - 2 的过去 1000 年气候的模拟结果。

4.1.1 历史时期气候变化基本特征

以历史重建资料、代用指标和模式模拟结果对过去 500 年的气候背景演变特征的初步定量分析表明，过去的 1000 年和过去的 500 年，淮河流域和全球一样都经历了显著的气候变化和旱涝时空演变。

4.1.1.1 淮河区域温度距平

1380—1990 年淮河流域相关区域的温度距平变化特征如图 4.1 - 1 所示，1400—1910 年该区域基本处于小冰期寒冷期，其间有明显的 3 个冷期，最冷位置分别在 1510 年、1650 年和 1840 年，并伴有冷暖波动；1910 年后进入现代变暖期，特别是 20 世纪 40 年代的增温和 80 年代后期开始的增暖。

4.1.1.2 重建和模拟的过去 1000 年温度距平

根据 Jones、Mann 的重建温度变化序列和 ECHO - G、MPM - 2 模式的模拟结果所得出的全球和区域历史气候变化的时间序列，可以从资料和模拟结果两个方面了解气候背景的变化特征，通过资料和模拟结果的对比，为认识气候背景演变的机制和控制

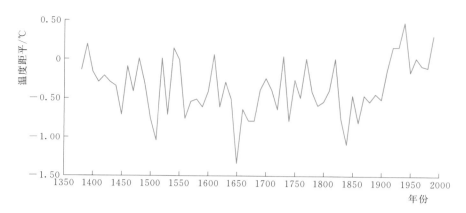

图 4.1-1 1380—1990 年淮河流域相关区域的温度距平变化特征

注：资料来源于王绍武等《近千年中国温度序列的建立》，科学通报，2007 年第 8 期。

因子、分析气候背景与区域旱涝的可能关系提供依据。

图 4.1-2 为 Jones 重建资料得出的 120 年来华东地区的温度距平时间序列，与王绍武等的研究结果进行比较，两者对近代温度变化趋势的描述是相当一致的；图 4.1-3 是全球背景条件下的气候变化趋势。为了研究气候变化机制，这里使用了两个温度重建资料和两个模式模拟 1000 年气候变化尺度下的温度距平序列。比较发现，气候模式可以准确地模拟出近 1000 年来的全球温度变化趋势，除在中世纪暖期外，模拟结果与重建资料结果非常吻合。这说明，所使用的气候模式可以反映出控制过去近 1000 年气候变化的主要因子，能够用于气候变化机制的分析，对于分析气候背景与旱涝发生的关系具有参考意义。

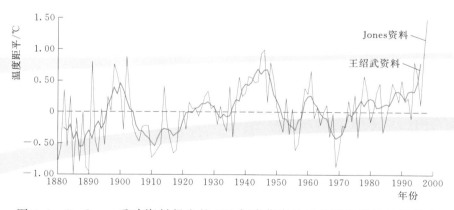

图 4.1-2 Jones 重建资料得出的 120 年来华东地区的温度距平时间序列

4.1.2 现代气象资料

现代气象资料的收集范围包括河南、山东、江苏、安徽 4 省。在淮河流域 170 个气象站点资料中，由于各站点资料的起止时间不同且个别站点存在缺测，最后选用了有连续观测记录的 154 个站点（图 4.1-4），站点分布基本均匀，时间范围为

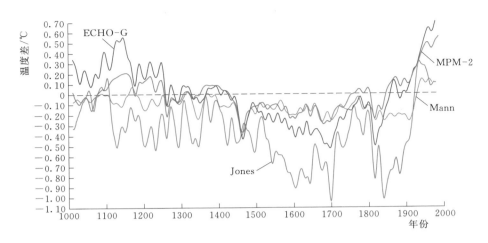

图 4.1-3　全球背景条件下的气候变化趋势

1971—2004 年（山东大部分站点的资料是从 1971 年开始）。

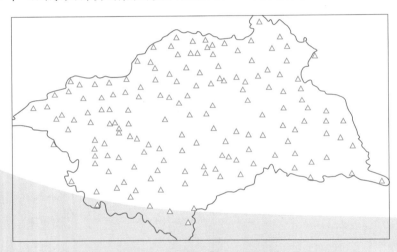

图 4.1-4　淮河流域 154 个气象站点分布图

4.2　淮河流域旱涝灾害的历史起源

4.2.1　基本资料来源与分析

4.2.1.1　水文资料的定量整理与分析

　　本章根据水利部淮河水利委员会编制的《淮河流域防汛资料汇编》（1983 年）、《淮河流域防汛水情手册》（2007 年）和《淮河流域防汛抗旱水情手册》（2010 年）等资料，整理提取了有关流域水文数据，建立了流域水文水情文本文件，并对主要测站的水文信息进行了归类和统计分析，为进一步开展水文定量分析和水文与气候关系的分析建立了基础。根据《中国水旱灾害》《淮河流域片水旱灾害分析》《中国气象灾害大典》《淮河流域》《中国江河防洪丛书（淮河卷）》《20世纪中国水旱灾害警示录》《中国历史大洪水》《全民防洪减灾手册》《淮河水利简史》《清代淮河流域洪涝档案史料》《2003年淮河暴雨洪水》《河南水旱灾害》《安徽水旱灾害》《安徽典型水旱灾害》《近554年安徽省旱涝变化规律和突变现象的研究》《山东省自然灾害史》《山东水旱灾害》《山东省近531年旱涝变化气候诊断分析》以及各类县志等，确定历史上淮河流域重大的旱涝年，对旱涝年的灾害范围、影响程度及分布规律进行了初步分析。

历史文献对旱涝记载只是文字描述，并且随着距今时间的远近，史料记载的多寡、详细程度等差别较大。1450年以前记录较少，1450—1650年记录逐渐增多，1650—1949年记录较多，且各个区域内的史料情况也不相同。清代以前，各个分区内只要有一个参考站点有旱涝记录（经考证合理的）即认为代表整个区域内发生了旱涝事件；之后，随着记录的增加，区域内只有单个站点的记录视周围区域及整个流域的情况进行处理。晚清、民国及中华人民共和国成立后的记录，一个区域内至少有两个或两个以上代表站点同时发生旱涝灾害，才作为灾害事件处理。流域面积大的分区（如沙颍河流域）适量加大站点数。

一年内旱涝灾害都有发生的，先旱后涝或先涝后旱，按严重程度记录为旱或涝，旱涝都很严重的一并记录。记录中一般性的旱涝灾害记载（如某地有旱灾发生，但没有受灾的情况介绍）视周围情况及流域整体情况定义为灾害与否。另外，区域内不同时间不同单个站点受灾、但是时间间隔在旬之内的仍记录为灾害；而连年干旱的事件，记录所有年份的所有干旱区。

4.2.1.2 旱涝指数

（1）1000多年来旱涝指数的变化。张德二（1997）对历史文献和500年旱涝资料得出的区域干湿气候序列进行了综合分析，得出了近1000年各区域的旱涝变化情况（图4.2-1和图4.2-2），其中V区代表淮河流域所在的江淮区。这一结果可以从

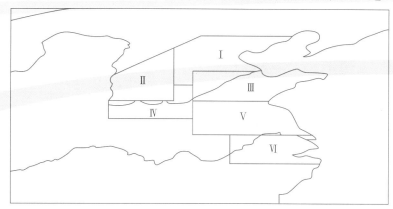

图 4.2-1　近 1000 年各区域干湿气候序列的区域划分示意图

Ⅰ—河北区；Ⅱ—山西区；Ⅲ—黄河下游区；Ⅳ—河南区；

Ⅴ—江淮区；Ⅵ—苏杭区

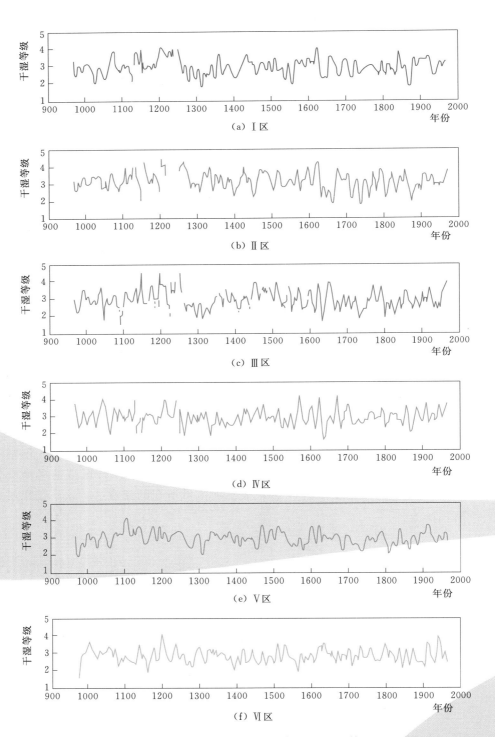

图 4.2-2　各区域干湿气候序列的干湿等级

更长的时间尺度上了解淮河流域旱涝变化的背景，是对过去 500 年旱涝指数的一个延长。

中国近 500 年旱涝等级序列资料，共含 120 个代表站点，起止时间为 1470—1992 年。序列值为每个站点每年的旱涝等级值，共分 5 级，用数字 1、2、3、4、5 表示：1 级为涝、2 级为偏涝、3 级为正常、4 级为偏旱、5 级为旱。

旱涝数据来源为《中国近五百年旱涝分布图集》（地图出版社，1981 年）的资料表（1470—1979 年）和张德二等（1993）的资料表合并而成。根据淮河流域 1993—2007 年的降水资料将其扩展到 2007 年，并插值到 0.5°×0.5°的网格格点上。因此，现在可用于淮河流域研究的 DWI 时间序列长度为 1470—2007 年，时间长达 538 年。在没有仪器观测资料的情况下，各地每年旱涝等级值主要依据史料记载评定，但在有降水量记录时，则主要依据实测降水量确定。依据史料记载评定旱涝等级时，主要考虑春、夏、秋三季旱情以及雨情的出现时间、范围、严重程度，同时也兼顾各等级值的出现频率，使 1 级、5 级各约占总年数的 10%，2 级、4 级各约占 20%～30%，3 级约占 30%～40%。

（2）帕尔默干旱强度指数（PDSI）。PDSI 是由帕尔默提出的一种干旱严重程度指数，原始资料为 1870—2005 年 PDSI 指数 2.5°×2.5°格点资料，范围为 60°S～77.5°N，由 Dai（2004）等计算得出；可以根据现代观测资料计算得到现在的格点资料，对于过去的 PDSI 值，可以通过重建方法获得，如美国已将 PDSI 恢复到 1700 年。目前淮河区 PDSI 较完整的有 55 年以上，部分地区接近 100 年。

（3）历史文献等结果。根据前述将整个淮河流域按照水系分为 17 个区（把淮河干流作为一个单独的分区，是为了方便讨论淮河干支流关系），各区具体划分见表 4.2－1 和图 4.2－3。

表 4.2－1　　　　　　　　　　淮河流域水系分区表

水 系	分 区	参 考 站 点
淮河水系	（1）池河	定远
	（2）淠河，包括淠河、东淝河、沣河等河流	**霍山、六安、霍邱**
	（3）史灌河	商城、固始
	（4）上游区，淮滨以上为淮河上游地区，包括游河、竹竿河、清水河、浉河、小潢河、白露河等	罗山、光山、潢川、桐柏、信阳、息县
	（5）淮河干流	桐柏、息县、寿县、凤台、蚌埠、凤阳、五河、盱眙
	（6）洪汝河	舞阳、西平、上蔡、遂平、汝阳、确山、正阳、新蔡

续表

水 系	分 区	参 考 站 点
淮河水系	（7）沙颍河，包括北汝河、澧河、沙河、颍水、贾鲁河、洪茨河、汾河、泉河等	汝州、宝丰、郏县、鲁山、叶县、襄城、郾城、登封、禹州、许州、临颍、密县、新郑、长葛、洧川、鄢陵、荥阳、郑州、中牟、尉氏、扶沟、西华、淮阳、商水、项城、沈丘、阜阳、颍上
	（8）涡淝河，包括涡河、西淝河、北淝河等	通许、太康、杞县、睢县、柘城、宁陵、鹿邑、涡阳、蒙城、怀远、开封、亳州
	（9）濉潼河，包括沱河、唐河、汴河等	夏邑、永城、宿县、泗县、灵璧
	（10）濉安河，包括濉河、安河等	萧县、淮北、濉溪、泗洪、铜山、睢宁
	（11）里下河区，指通扬运河以北，废黄河以南，串场河（通榆运河）以西，入江水道以东地区	淮安、宝应、建湖、盐都、兴化、高邮
	（12）滨海平原，指通扬运河以北，废黄河以南，通榆运河以东地区	滨海、阜宁、射阳、盐城、大丰、东台、海安、如皋、如东
沂沭泗河水系	（13）六塘河，包括骆马湖以南的中运河段、六塘河等	宿迁、宿豫、泗阳、涟水、灌南、响水
	（14）微骆运河，指微山湖和骆马湖之间的中运河，包括东泇河、西泇河、房亭河等	驿县、邳州
	（15）日照濒海河道，包括绣针河、傅疃河、巨峰河等	日照、赣榆
	（16）沂沭河	沂源、沂水、蒙阴、沂南、费县、莒县、临沭、郯城、东海、海州、沭阳
	（17）南四湖区，包括南阳湖、独山湖、昭阳湖、微山湖、泗河、梁济运河、南清河、柳林河、大沙河等	单县、曹县、成武、定陶、金乡、鱼台、东明、菏泽、鄄城、郓城、巨野、嘉祥、梁山、汶上、宁阳、泗水、曲阜、兖州、邹城、滕州、微山、枣庄

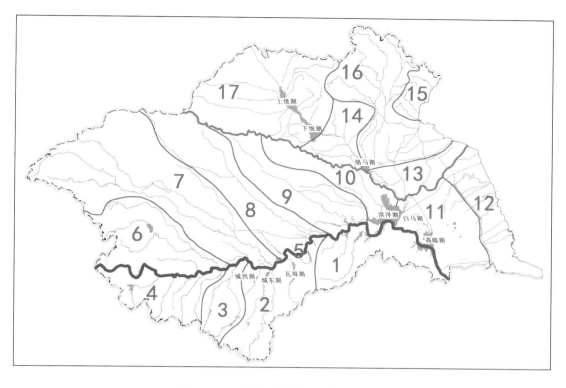

图 4.2-3 淮河流域水系分区示意图

注：图中红色线为废黄河，代表淮河水系和沂沭泗河水系的分界；深蓝色线代表淮河干流，
灰色线代表各个子流域的分界，子流域内数字对应各个分区。

选择文献记载的典型水旱年份，按流域分别进行旱涝统计。若史料中有"水灾""大水""淫雨成灾""大雨伤禾""大水蛟泛""山洪暴发""河溢""平地水深数尺""尽成泽国"等表述的定为洪涝，有"雨泽稀少""旱灾""亢旱""久旱""四至八月不雨""麦禾旱枯""旱魃为灾""地赤泉涸""赤地千里"等描述的定为干旱事件。研究共选择 1593 年、1730 年、1855 年、1911 年、1921 年、1931 年、1950 年、1954 年、1956 年、1957 年、1963 年、1965 年、1968 年、1974 年、1975 年、1991 年和 2003 年 17 个洪涝年份，1640 年、1679 年、1785 年、1877 年、1928 年、1935 年、1942 年、1959 年、1966 年、1978 年、1988 年、1994 年、1999 年和 2001 年 14 个干旱年份。图 4.2-4 和图 4.2-5 分别为典型年的洪涝灾害、干旱事件示意图，图中纵轴为各分区，横轴为事件的年份，涂满颜色的方框表示对应的区域和年份发生事件，白色区域为正常或者没有记载。从图中可以看出洪涝灾害、干旱事件在时间上的延续和空间上的扩展范围。

图 4.2-6 和图 4.2-7 所示分别为黄河夺淮后（1855—1949 年）发生的洪涝灾害和干旱事件。

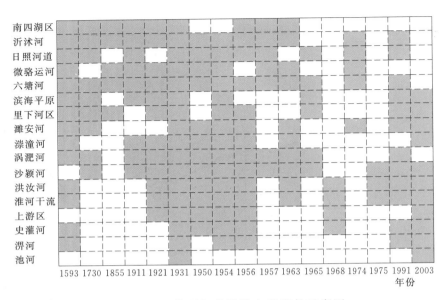

图 4.2-4　典型年的洪涝灾害事件示意图

注：涂满颜色的方框表示对应的区域和年份发生事件，白色区域为正常或者没有记载。

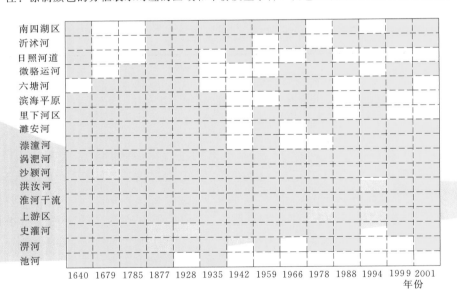

图 4.2-5　典型年的干旱事件示意图

注：涂满颜色的方框表示对应的区域和年份发生事件，白色区域为正常或者没有记载。

4.2.2　淮河流域旱涝演变

淮河流域旱涝变化既有自身的变化特点，也与我国东部旱涝变化密不可分。

1. 淮河流域旱涝指数特点

根据全国 740 站日降水资料，将 120 站的旱涝年资料（1470—1992 年）在淮河

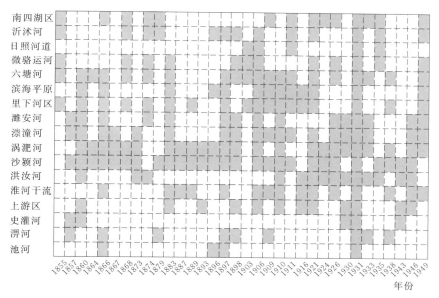

图 4.2-6 黄河夺淮后（1855—1949 年）发生的洪涝灾害事件示意图

注：涂满颜色的方框表示对应的区域和年份发生事件，白色区域为正常或者没有记载。

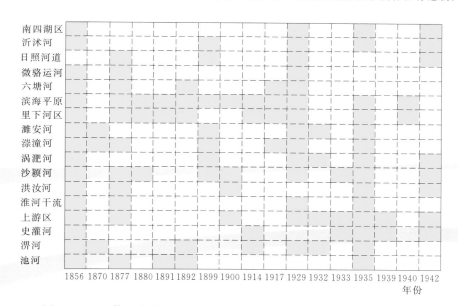

图 4.2-7 黄河夺淮后（1855—1949 年）发生的干旱事件示意图

注：涂满颜色的方框表示对应的区域和年份发生事件，白色区域为正常或者没有记载。

流域扩展到 2007 年。采用 EOF 和 REOF 方法进行时空变化分析，用 REOF 方法截取前 K 个空间型，累计解释场的总方差已达到一定要求，将这 K 个空间型再作调整，使得调整后的 K 个空间型累计解释原场的总方差百分率保持不变，而单个空间型尽量反映场的局部相关结构。

将淮河流域旱涝等级资料延长至 2007 年，对标准化距平序列进行 EOF 分析，只有前两个模态通过了取样误差检验，解释方差贡献分别为 29% 和 13%。淮河流域 47年（1960—2007 年）旱涝等级标准化距平序列 EOF 分析结果如图 4.2-8 所示，图中第 1、第 2 模态空间分布型与 47 年 EOF 分析结果类似，第 1、第 2 模态对应的时间系数从 21 世纪初开始有明显的下降趋势，表明涝的趋势明显。从图 4.2-8（a）可以看出，淮河流域为主要偏涝区；从图 4.2-8（c）则发现，淮河以南地区、淮河以北地区旱涝呈南北反相分布；对照图 4.2-8（b）和图 4.2-8（d）可以看出，在 2003 年、2005 年和 2007 年 3 个偏涝年中，2003 年主要在沿淮淮北偏涝，而 2005 年和 2007 年在淮河以南地区偏涝。总体来看 21 世纪初淮河以南地区以偏涝居多。

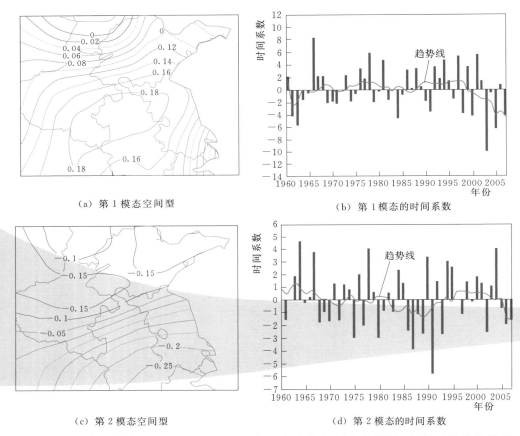

（a）第 1 模态空间型　　　　　　　　（b）第 1 模态的时间系数

（c）第 2 模态空间型　　　　　　　　（d）第 2 模态的时间系数

图 4.2-8　淮河流域 47 年（1960—2007 年）旱涝等级标准化距平序列 EOF 分析结果

2. 中国东部历史旱涝变化分析

将历史资料 1470—1992 年中国 118 站（不含台湾省两站）旱涝等级延长到 2003 年（共 534 年），东北、华北区域站点取 6—9 月降水量计算旱涝等级，插值到东经 105°~122°，北纬 22°~42°（1°×1°）区域。

选取我国东部历史年代旱涝等级标准化距平序列 EOF 分析的前 7 个模态（解释总方差为 50.4%）作 REOF 分析（图 4.2-9），旋转后的解释方差贡献较旋转前分布

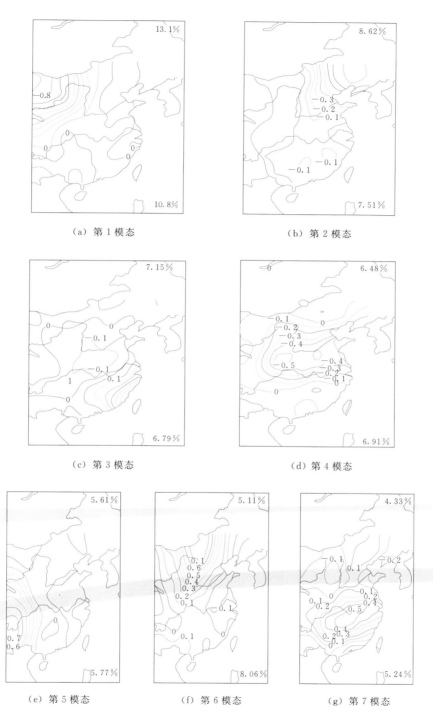

（a）第 1 模态　　　　　（b）第 2 模态

（c）第 3 模态　　　　　（d）第 4 模态

（e）第 5 模态　　　　（f）第 6 模态　　　　（g）第 7 模态

图 4.2 - 9　我国东部历史年代旱涝等级标准化距平序列 REOF 分析结果

注：各分图中右上角数据为旋转前的解释方差贡献率；右下角数据为旋转后的解释方差贡献率。

更为均匀，等值线密集地区表示旱涝等级变率显著。第 1 模态的方差贡献率由旋转前的 13.1％降为旋转后的 10.8％，绝对值较大的区域在西北黄河河套地区，包括陕西北部、内蒙古中南部和宁夏等地的西北地区，这一地区的降水较少，年际变率也较大。第 1 模态空间型的负高载荷区在东北的南部，降水集中在 7 月和 8 月。第 3 模态空间型的正高载荷区位于华南地区。第 4 模态空间型的负高载荷区在黄淮地区，当夏季风控制该地区时，降水较多，有时还会出现洪涝，该地区雨量的季节分配也十分不均匀，降水过分集中，容易产生洪涝。第 5 模态空间型正高载荷区位于西南地区，最大值达 0.7，这一地区受青藏高原高大地形影响，降水较多。第 6、第 7 模态空间型的正高载荷区分别位于华北北部地区和长江中下游，长江中下游地区是我国东部旱涝灾害多发区，梅雨锋在此地徘徊，导致持续性降水，台风对这一区域的降水也有很大影响。依据上述分析，将我国东部地区划分为 7 个旱涝异常区域（图 4.2-10），分别是西北区（A）、东北区（B）、华南区（C）、黄淮区（D）、西南区（E）、华北区（F）和长江中下游区（G）。

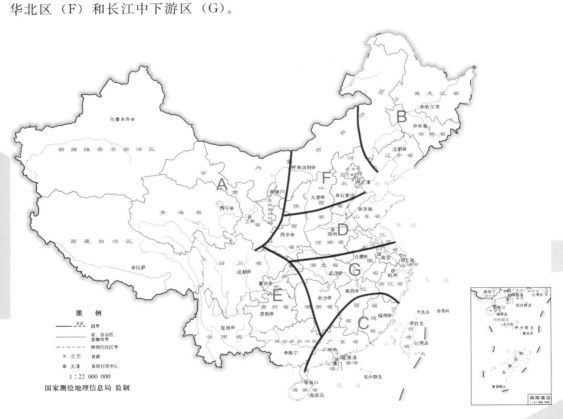

图 4.2-10　我国东部地区旱涝异常区域分区图

3. 我国东部各区旱涝演变趋势

我国东部地区旱涝的时间系数变化有明显的区域差异（图 4.2-11）。西北区（A区）从 1470 年到 19 世纪中后期旱涝变化较为频繁，之后较为平稳，16 世纪和 19 世纪后

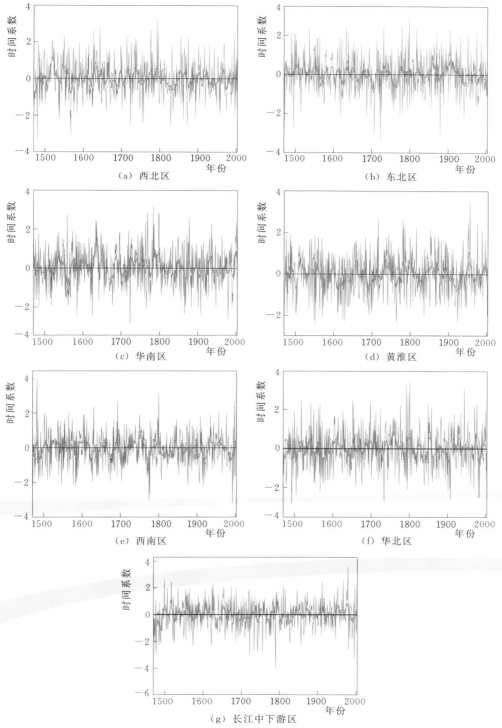

图 4.2－11 我国东部地区旱涝的时间系数变化分布

注：图中蓝色细线为空间场对应的时间系数，红色粗线为 9 年滑动平均。

期有极涝和极旱出现。东北区（B区）从18世纪中后期到20世纪初旱涝变化时间尺度较大，且变化幅度也较强，20世纪初极涝较为明显。华南区（C区）从18世纪初旱涝变化的周期性越来越明显。黄淮区（D区）在17世纪前偏涝逐渐转为偏旱，之后有很好的旱涝周期，20世纪上半叶旱涝变化较大，之后又较为平稳，到2002年又转为偏旱，极旱和极涝频繁出现。对应黄淮区时间系数的功率谱分析（图4.2-12），可以看出黄淮区（D区）存在明显的10年和20年左右的年代际变化。西南区（E区）在18世纪中后期出现较强的涝年，之前旱涝变化较大，之后呈现准周期性的变化。华北区（F区）整体周期性较明显。长江中下游区（G区）较其他区域旱涝变化幅度不明显，也呈现较好的周期性特征，20世纪下半叶开始旱涝变化有增强的趋势。

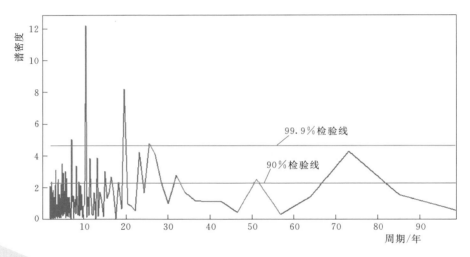

图4.2-12　黄淮区时间系数的功率谱分析

　　从上述分析可以看到，利用旱涝指数对我国东部地区534年旱涝等级作REOF分析，可以看出：我国东部各区域的旱涝变化有较大差异，北方各区易发生极涝和极旱，黄淮地区是极端事件多发区。淮河流域的旱涝有明显的南北反相的特征，特大洪涝或干旱的区域差异也较为明显，存在10年和20年左右的年代际周期。

4.3　淮河流域的旱涝灾害特点

4.3.1　旱涝灾害的时空分布

　　淮河流域的旱涝灾害时空分布不均，且其组合复杂，常常是年内交替出现，流域面上共存。根据《近五百年我国旱涝史料的分析》《中国近五百年旱涝分布图集》等文献的旱涝资料以及实际观测资料，划分5个旱涝等级：涝、偏涝、正常、偏旱、旱。5个等级的划分标准是依据不同降水频率来确定的，其中涝的频率小于12.5%、偏涝的频率为12.5%～37.5%、正常的频率为37.5%～62.5%、偏旱的频率为62.5%～

87.5％、旱的频率大于 87.5％。根据资料统计分析，1470—2000 年中，较大的旱涝年内交替出现和流域内旱涝并存的年份有 124 年，占统计年份的 23.4％，平均约 4 年就发生 1 次；局部旱涝不到 2 年就有 1 次。夏涝秋旱和流域东北部旱、西南洪涝为最常见的组合形式，淮北的中部、东部多涝，涝和偏涝年占 65％左右；淮北的西部和淮南丘陵区多旱，旱和偏旱年占 55％以上，其中夏秋多洪涝，夏秋两季洪涝占 88％，夏略多于秋；春夏多干旱，春夏两季干旱占 56％。流域南部和下游地区多伏旱。淮北平原多春旱，且是流域内旱涝灾害频发地区，平均 10 年发生 9 次春旱、7 次夏旱和 5 次冬秋旱。淮河流域水资源分区不同季节的旱涝分布统计见表 4.3－1。

表 4.3－1　　　　淮河流域水资源分区不同季节的旱涝分布统计　　　　单位：次

水资源分区	旱涝级别	春	夏	秋	冬	小计
王家坝以北	涝	7	4	5	6	22
	偏涝	6	8	11	11	36
	正常	11	12	5	8	36
	偏旱	15	14	18	10	57
	旱	3	4	3	7	17
王家坝以南	涝	6	6	6	5	23
	偏涝	8	7	7	11	33
	正常	7	10	14	11	42
	偏旱	18	15	12	8	53
	旱	3	4	3	7	17
王蚌区间以北	涝	5	5	6	7	23
	偏涝	7	9	7	9	32
	正常	15	10	11	8	44
	偏旱	12	13	16	12	53
	旱	3	5	2	6	16
王蚌区间以南	涝	6	5	8	7	26
	偏涝	7	10	5	9	31
	正常	12	9	13	11	45
	偏旱	13	13	11	8	45
	旱	4	5	5	7	21
蚌洪区间以北	涝	5	4	4	5	18
	偏涝	7	9	9	9	34
	正常	12	11	12	12	47
	偏旱	14	15	12	9	50
	旱	4	3	5	7	19

续表

水资源分区	旱涝级别	春	夏	秋	冬	小计
蚌洪区间以南	涝	5	5	7	6	23
	偏涝	9	13	5	8	35
	正常	12	7	13	12	44
	偏旱	11	11	12	11	45
	旱	5	6	5	5	21
高天区	涝	6	5	4	5	20
	偏涝	5	8	6	10	29
	正常	14	11	13	9	47
	偏旱	14	14	16	13	57
	旱	3	4	3	5	15
里下河地区	涝	6	3	6	6	21
	偏涝	7	10	7	8	32
	正常	13	11	11	12	47
	偏旱	10	14	15	11	50
	旱	6	4	3	5	18
中运河地区	涝	6	6	4	6	22
	偏涝	8	8	12	9	37
	正常	8	9	7	11	35
	偏旱	16	17	14	9	56
	旱	4	2	5	7	18
湖西区	涝	6	4	7	6	23
	偏涝	6	11	8	7	32
	正常	13	9	10	11	43
	偏旱	13	14	13	15	55
	旱	4	4	4	3	15
湖东区	涝	7	6	7	5	25
	偏涝	7	8	9	9	33
	正常	9	11	8	11	39
	偏旱	16	13	11	15	55
	旱	3	4	7	2	16
沂沭河区	涝	5	7	5	5	22
	偏涝	10	5	12	8	35
	正常	8	12	6	12	38
	偏旱	15	16	14	14	59
	旱	4	2	5	3	14

4.3.2 旱涝灾害的年际变化

淮河流域旱涝灾害年际变化的主要特点表现在两方面：一是洪涝旱灾交替变化，连旱、连涝出现的频率高、持续时间长；二是旱涝存在着周期性变化。

旱涝周期性变化的主要影响因素是降水量。用时序分析方法对淮河流域年份和汛期降水量进行分析，总体上表现出 11～12 年、6～7 年和 22～24 年的周期；从历史上大的旱涝主要集中期分析，大约有 20～22 年的交替周期。这种周期性与影响大气环流的太阳活动关系密切，而且与太阳黑子的 22 年磁周期相吻合，丰枯水段的周期也与太阳黑子 11 年主周期相一致。

4.3.3 旱涝灾害的基本特征

（1）淮河流域旱涝灾害频繁发生，受灾范围广、灾情重。过去 2000 多年里，旱涝灾害频数随时间的增加而有明显的波动：洪涝灾害频数在 10 世纪、16—19 世纪为相对高值，旱灾频数在 10—11 世纪、16—17 世纪较高；大洪涝灾害、大旱灾年数同样呈逐步增加的趋势，洪涝灾害年数在 9 世纪、18 世纪相对较多，大旱灾年数在 20 世纪增多较快。不同历史时期淮河流域旱涝灾害统计如图 4.3-1 所示。

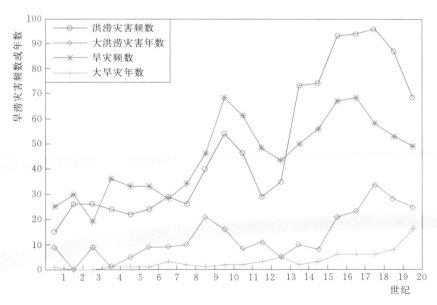

图 4.3-1　不同历史时期淮河流域旱涝灾害统计图

（2）洪涝灾害重于旱灾，有显著的集中期。公元前 246—2000 年，洪涝灾害的发生率为 44.75%，平均 2.2 年发生 1 次，大洪涝灾害发生率为 11.8%，平均 8.4 年发生 1 次；旱灾的发生率为 41.7%，平均 2.4 年发生 1 次，大旱灾发生率为 3.1%，平均 32 年发生 1 次。总体上是洪涝灾害多于旱灾，但不同历史阶段旱涝灾害发生的频率差异较大，且有显著的集中期。

（3）旱涝交替变化，连旱连涝发生的机会较多，且持续时间长。1635—1679 年旱灾频发，流域性大旱、旱和蝗灾 13 年，特大干旱 3 年；1725—1764 年是涝灾高频期，流域性大涝 22 年，其中 1740—1757 年，大涝占了 13 年；1815—1851 年是涝灾集中时期，大涝 16 年；1918—1962 年是一个明显的干旱期。旱、涝相连发生的机会较多，流域性大涝如 1577—1581 年、1593—1595 年、1601—1603 年、1740—1743 年、1745—1747 年、1753—1757 年、1815—1817 年、1819—1821 年、1831—1833 年、1954—1957 年、1989—1991 年；大旱如 1508—1509 年、1652—1654 年、1639—1641 年、1927—1929 年、1934—1936 年、1941—1943 年、1959—1962 年、1986—1989 年、1991—1992 年和 1999—2001 年。流域性大涝持续时间可以达到 3～5 年，大旱持续时间可达 2～4 年。

除以上 3 个主要特点外，旱涝灾害对城市的威胁已逐渐成为淮河流域片旱涝灾害的明显特征。在 2000 多年的史料中，有 268 条城市洪涝灾害记载，涉及 157 年，其中，由降水直接引起的有 56 条记载，由山洪暴发引起的有 105 条，由河溢、河决、堤溃、海溢等引起的有 107 条。16 世纪 90 年代，有 19 条城市洪水记载，其中，1593 年江苏邳州，安徽凤阳、五河、颍上、怀远、泗县，山东曹县，河南汝阳、固始 9 县城都惨遭洪水袭击。20 世纪 90 年代，干旱缺水与水污染已经成为制约城市规模和经济发展的主要因素，如 1994 年，因干旱与水污染，淮南、蚌埠、盱眙等城市饮用水发生危机。

旱涝灾害的另一个特点是"旱涝交替"，或先旱后涝，或涝后再旱。如 1975 年 8 月特大暴雨出现之前，流域正在进行紧张抗旱，8 月初却发生了罕见的（台风）暴雨洪水。先大旱后大涝的事例历史上就更多，这种季节性旱涝剧变，时常出现在江淮梅雨较弱、秋后台风频繁的年份，带有一定规律性。1991 年，继夏季特大洪涝灾害之后，又遇到持续 3 个多月的干旱少雨天气，发生严重的干旱，先涝后旱，出现典型的旱涝交替年份。

4.4　淮河流域径流特征

1. 区域分布

受降水和下垫面条件的影响，淮河流域径流量地区分布与降雨在区域上的分布相似，而在下垫面条件变化急剧的地区，又主要取决于地形的变化。年径流地区分布总的趋势呈现南部大、北部小，同纬度山区大于平原，以及平原地区沿海大、内陆小的规律。淮河流域年径流深总变幅在 50～1100mm，径流深最高值与最低值相差 20 倍以上。南部大别山径流深最大达 1100mm，北部沿黄河一带径流深仅为 50～100mm，西部伏牛山区径流深为 400mm，东部滨海地区径流深为 300mm。

年径流深高值、低值中心分布与地形高低相一致。最高值区位于大别山白马尖的东南坡，达 1100mm；次高值区位于伏牛山区石人山的东南坡，径流深为 400mm，其中沙河上游中汤站年径流深为 473mm；山东省苍山县会宝岭水库上游的浅山丘陵区、蒙山龟蒙顶东南坡、五莲山东南坡和淮河以南盱眙山丘区径流深均为 300mm；年径流深的低值区位于平原地带，豫东平原北部、南四湖湖西平原地区，径流深仅为 50～100mm。淮河王家坝以下沿淮平原圩区、淮北平原、淮河下游平原和津浦线以西平原径流深为 100～350mm，其中，池河、洛河上游河谷平原区径流深为 250mm，是相对低值区。

2. 径流量年内分配

径流量主要集中在 6—9 月，约占全年径流量的 52%～83%，呈现自南向北递增的规律。淮河以南地区各河流的集中程度最低，一般为 58%；淮河以北地区各河流略高，一般为 65%；沂沭泗河水系集中程度最高，均约为 80%。

连续最大 4 个月径流量占年径流量的比例大于 6—9 月所占的比例，流域内地区分布为淮河以北地区大于淮河以南地区，沂沭泗河水系大于淮河水系。连续最大 4 个月径流量占年径流量的比例，淮河以北地区达到 60%～72%；淮河以南地区达到 58%～70%；沂沭泗河水系在 86% 左右。最大连续 4 个月径流量出现的月份，淮南大多为 5—8 月；淮河流域中部，包括淮河两岸、淮北平原、豫东平原、淮河下游平原以及沂沭泗河水系，出现时间常为 6—9 月，沙颍河上游、南四湖湖西各河上游最迟，多数出现 7—10 月。

最大、最小月径流量相差悬殊。最大月径流量占年径流量的比例一般为 17%～42%，自南向北递增；淮河以南地区约为 22%，淮河以北地区约为 24%，沂沭泗河水系约为 33%。最大月径流量出现时间，淮河以南地区与沂沭泗河水系一般在 7 月，淮河以北地区一般在 8 月。最小月径流量占年径流量的比例一般为 0.1%～3.5%，地区上变化很小，最小月径流量出现时间，淮河以南地区一般在 12 月，其他地区在 1—4 月。

淮河流域径流特征值见表 4.4-1。

表 4.4-1　　　　　　　　　　　淮河流域径流特征值

站名	多年平均值/亿 m³	最 大			最 小			连续最大 4 个月			6—9 月	
		径流量/亿 m³	所占比例/%	出现月份	径流量/亿 m³	所占比例/%	出现月份	径流量/亿 m³	所占比例/%	出现月份	径流量/亿 m³	所占比例/%
息县	42.89	9.52	22.2	7	0.67	1.6	1	27.26	64	5—8	26.50	62
淮滨	62.37	14.46	23.2	7	0.96	1.5	1	39.06	63	5—8	38.52	62
王家坝	101.83	23.98	23.6	7	1.53	1.5	1	65.52	64	6—9	65.52	64
鲁台子	255.07	56.78	22.3	7	4.57	1.8	1	156.73	61	6—9	156.73	61
蚌埠	304.93	69.44	22.8	7	5.13	1.7	1	190.62	63	6—9	190.62	63
中渡	367.10	85.46	23.3	7	6.17	1.7	1	231.25	63	6—9	231.25	63

续表

站名	多年平均值/亿 m³	最 大			最 小			连续最大4个月			6—9月	
		径流量/亿 m³	所占比例/%	出现月份	径流量/亿 m³	所占比例/%	出现月份	径流量/亿 m³	所占比例/%	出现月份	径流量/亿 m³	所占比例/%
班台	27.57	6.75	24.5	8	0.37	1.3	1	19.45	71	6—9	19.45	71
昭平台水库	5.55	1.36	24.5	8	0.07	1.3	1	3.80	68	6—9	3.80	68
沈丘	4.34	1.05	24.2	7	0.08	1.9	2	2.85	66	6—9	2.85	66
周口	38.03	8.51	22.4	8	0.87	2.3	2	24.61	65	7—10	23.87	63
阜阳	51.80	11.59	22.4	8	1.11	2.1	2	34.02	66	7—10	33.46	65
永城	1.55	0.42	26.7	7	0.03	2.0	1	1.05	67	7—10	1.03	67
蒙城	13.23	4.11	31.0	7	0.18	1.4	1	9.28	70	7—10	9.26	70
南湾水库	5.41	0.94	17.4	7	0.08	1.5	12	3.18	59	5—8	2.83	52
梅山水库	13.76	3.34	24.3	7	0.23	1.7	12	8.63	63	5—8	7.80	57
蒋家集	31.44	8.29	26.4	7	0.53	1.7	1	20.09	64	5—8	18.58	59
横排头	33.92	6.27	18.5	7	0.67	2.0	1	20.79	61	5—8	18.29	54
明光	8.56	2.33	27.2	7	0.10	1.2	1	5.90	69		5.90	69
蒙阴	0.91	0.33	36.6	7	0.01	1.4	2	0.76	83	6—9	0.76	83
跋山水库	4.43	1.44	32.5	7	0.07	1.5	3	3.55	80	6—9	3.55	80
临沂	27.01	9.03	33.4	7	0.34	1.3	3	22.16	82	6—9	22.16	82
大官庄	12.00	4.04	33.7	7	0.13	1.1	2	9.94	83	6—9	9.94	83
岩马水库	0.91	0.28	31.1	7	0.01	1.1	2	0.71	78	6—9	0.71	78

3. 径流量年际变化

径流量的多年变化较降水变化情况更为剧烈，主要表现为最大年径流量与最小年径流量倍比悬殊、年径流变差系数 C_V 较大的特点。

淮河流域最大年径流量与最小年径流量的极值相差悬殊，呈现南部小于北部、平原大于山区的规律。淮河以南区域的最大年径流量与最小年径流量倍比一般在10倍以下，淮河以北区域的倍比为11～38倍，沂沭泗河水系的倍比为10～35倍。淮河以北区域较淮河以南区域剧烈，沂沭泗河水系较淮河水系剧烈，淮河流域径流极值比见表4.4-2。

年径流变差系数变化较大，年径流变差系数值在地区分布上的变幅为 0.30～1.00，并呈现自南向北递增、平原大于山区的规律。淮南大别山区磨子潭 C_V 仅为0.35；豫东平原地区年径流变差系数变化较大，C_V 为 0.90～1.00；同纬度的平原地区则相对较高，C_V 均大于 0.60。

表 4.4-2 淮河流域径流极值比

站名	最大		最小		倍比/倍
	径流量/亿 m³	年份	径流量/亿 m³	年份	
大坡岭	12.40	1989	1.5	1986	8.3
长台关	27.4	1956	2.2	1961	12.5
息县	95.7	1956	10.4	1999	9.2
淮滨	133.6	1956	17.7	1966	7.5
王家坝	238.8	1956	22.7	1966	10.5
鲁台子	526.3	1956	77.7	1966	6.8
蚌埠	649.0	1956	68.2	1978	9.5
中渡	829.3	1956	66.5	1978	12.5
宿鸭湖水库	38.0	1975	1.4	1966	27.1
班台	81.8	1975	2.7	1966	30.3
昭平台水库	12.8	1964	1.0	1966	12.8
白龟山水库	22.8	1964	1.3	1966	17.5
周口	119.8	1964	9.0	1966	13.3
永城	9.0	1963	0.3	1966	30.0
沈丘	15.4	1984	0.5	1966	30.8
阜阳	138.6	1964	12.0	1966	11.6
蒙城	61.4	1963	3.1	1966	19.8
南湾水库	12.7	1956	1.6	1985	7.9
鲇鱼山水库	12.4	1987	2.0	1966	6.2
梅山水库	29.6	1991	3.9	1978	7.6
蒋家集	65.9	1991	7.9	1978	8.3
响洪甸水库	22.7	1991	3.5	1978	6.5
横排头	67.2	1991	12.5	1978	5.4
明光	30.3	1991	2.2	1967	13.8
田庄水库	3.5	1964	0.1	1989	35.0
许家崖水库	4.8	1963	0.4	1981	12.0
临沂	62.2	1964	5.5	1989	11.3
岸堤水库	11.4	1964	0.8	1989	14.3
大官庄	24.4	1974	2.4	1989	10.2
岩马水库	3.0	1957	0.2	1968	15.0
会宝岭水库	4.6	1963	0.3	1988	15.3
日照水库	3.6	1962	0.2	1989	18.0

4.5 黄河夺淮与淮河流域旱涝的关系

淮河流域洪涝灾害主要包括洪水灾害和涝渍灾害两种类型。洪水灾害可分为由黄河泛滥致洪水灾害和本水系内强降水致洪水灾害。1194年黄河夺淮，在1194—1855年的黄河夺淮期间，洪水灾害多以黄河洪水造成为主。1855年后水灾以本水系洪水为主，水系内洪水灾害主要为干支流上游遭遇暴雨后，地表径流汇入河网形成洪水，峰高量大，洪水宣泄不及，导致河道决口或漫溢成灾。另外，局部地区产生特大暴雨也会导致山洪暴发，水库大坝冲毁，农田受淹，如1975年洪汝河、沙颍河洪水。

涝渍灾害主要是由于当地降水量过大，雨量渗入土壤，土壤含水量超过土壤适宜的含水量，因无法及时排除，形成地面积水，影响作物正常生长，造成农作物减产或绝产。淮河流域涝灾总是与洪水灾害密不可分，尤其是在流域性的大水年份里，两者的关系较为密切。淮河流域独特的地形致使上游洪水快速汇集至中游，而中游河道比降小、排泄不畅，导致河道水位较高，造成两岸农田内积水无法及时排泄，形成淮河特有的"关门淹"现象，流域内淮北平原为涝灾极易发生地区。

4.5.1 1195—1400年

经统计，1195—1400年淮河流域发生洪涝灾害共计83年，主要是黄泛洪水灾害。1195—1279年共发生洪涝灾害12年，都是淮河本水系的洪涝灾害。1280—1368年共发生洪涝灾害57年，其中，黄泛洪水灾害有40年，本水系自身洪涝灾害有17年；受灾3省以上的有11年，其中，黄泛洪水灾害有9年；两省受灾的有12年，都是黄泛洪水所致。1369—1400年共发生洪涝灾害14年，其中，黄泛洪水灾害有13年，本水系自身洪涝灾害有1年；受灾3省以上的有2年，两省受灾的有3年，全部由黄泛洪水所致。

4.5.2 1401—1855年

1401—1855年，淮河流域发生大洪涝和特大洪涝灾害45年，其中，4省同时受灾的特大洪水有13年，3省同时受灾的大洪水有32年。在4省同时受灾的13年中，1401—1644年中有7年，分别为1453年、1478年、1489年、1565年、1569年、1593年和1631年，其中，1478年、1489年和1565年水灾系黄河洪水所致，其余4年水灾为黄河洪水与淮河洪涝共同所致；1645—1855年中有6年，分别为1649年、1667年、1750年、1761年、1798年和1855年，其中，1649年洪涝灾害为淮河本水系的洪涝灾害，1761年洪涝灾害为黄河洪水所致，其余4年洪涝灾害为黄河洪水与淮河洪涝共同所致。3省同时受灾的32年中，1401—1644年中有13年，分别为1403年、1437年、1448年、1454年、1457年、1588年、1570年、1601年、1603年、1607年、1627年、1632年和1642年，其中，1403年和1454年洪涝灾害为淮河本水系的洪涝灾害，1448年洪涝灾害为黄河洪水所致，其余10年洪涝灾害为黄河洪水与淮河洪涝共同所致；1645—1855 年中有 19 年，分别为 1647 年、1648 年、1652 年、1659 年、1664 年、1666 年、1672 年、1730 年、1739 年、1749 年、1753 年、1756 年、1781 年、1787 年、1797 年、1799 年、1813 年、1843 年和 1851 年，其中，1659 年、1739 年和 1749 年洪涝灾害为淮河本水系的洪涝灾害，1781 年、1787 年、1797 年、1813 年和 1843 年洪涝灾害为黄河洪水所致，其余 11 年洪涝灾害为黄河洪水与淮河洪涝共同所致。

4.5.3　1856—1948 年洪涝灾害

清咸丰五年（1855 年），黄河北徙经山东流入渤海，结束了长达六个半世纪的黄河夺淮局面，但黄河夺淮期间洪水泥沙使得淮河水系发生了巨大的变化，黄河夺淮留下的故道把淮河流域分割成淮河和沂沭泗河两大水系，黄河故道成为两大水系的分水岭。淮河支流河床淤垫，有的湮没或改道为新河；良田沃野变成湖泊、洼地；黄泛区土地变为沙荒、盐碱地。农田抗御水旱灾害能力非常脆弱，人们用"大雨大灾，小雨小灾，无雨旱灾"来描述淮河流域的灾害。淮河下游入海故道淤塞，淮河洪水汇聚洪泽湖被迫改道入江时，高宝湖漫溢入运河，与运河连成一片。若遇江潮顶托运河，归海五坝漫溢，造成里下河地区一片汪洋。洪泽湖湖底淤高以后，淮河中游河底成为倒比降，中游洪水下泄缓慢，一遇大水就滞蓄在中游，造成沿淮中游地区严重洪涝灾害。

沂沭泗河水系的泗水原为淮河支流，是鲁西南、苏北、皖东北地区排泄洪涝的重要河道。黄河夺淮期间，泗水水系发生巨大变化，徐州以下的河道变为黄河夺泗河道，并全部湮废而消失；徐州至济宁的泗水中段，形成了南四湖；济宁以上的泗水上游段，仅存山东鲁桥以上河段。泗水的这一变化，使鲁西南、苏北、皖东地区失去了排泄洪涝河道而成为严重洪涝地区。泗水和淮河下游河道被黄河袭夺后，致使沂河排泄入泗河、沭河排洪入淮的泄水河道萎缩。沂河、沭河中下游地区失去排洪河道，超 8 万 km^2 的洪涝水仅靠窄小的蔷薇河、六塘河、灌河排泄，而总泄量不足 1000 m^3/s，洪涝灾害非常严重。

从清朝末年至 1949 年中华人民共和国成立前，黄河虽然北徙，结束了黄河夺淮的历史，但是黄河夺淮给淮河流域造成了水系混乱、出海无路、入江不畅等后果，旱涝灾害频发的状况仍未改变。据统计，这个时期全流域共发生洪涝灾害 85 次，平均 1.1 年发生 1 次洪涝灾害，几乎是年年有灾；发生较大的洪涝灾害为 47 次，其中，淮河水系发生较大的洪涝灾害 30 次，沂沭泗河水系发生较大的洪涝灾害 8 次，黄河泛淮洪涝灾害 9 次，平均 2 年发生 1 次较大的洪涝灾害。每次洪灾，冲坏房舍，淹毁庄稼，灾民漂溺，淹死人畜无数。水灾过后，灾民背井离乡，四处逃荒。

在这个时期，淮河水系发生特大洪涝灾害的年份有 1866 年、1887 年、1889 年、1898 年、1906 年、1916 年、1921 年、1931 年和 1938 年；沂沭泗河水系有 1890 年、1909 年、1911 年、1914 年和 1947 年。

5

气候过渡带与淮河流域暴雨特征

观测资料和科学研究都表明，近百年来全球平均气温呈上升趋势，平均增加约0.7℃（IPCC，2007）。在全球气候变暖的背景下，我国区域气候的响应也逐渐引起了关注。沙万英等（2002）研究了全球变暖对我国气候带变化的影响，在对约50年的资料进行分析后，发现我国东部中亚热带、北亚热带、暖温带、中温带和寒温带普遍北移，北亚热带和暖温带北移明显，南亚热带和边缘热带变化不大。叶笃正等（2003）对整个中国气候带的变化进行了更详细的研究，指出在过去50年里中国东部（东经105°以东）温带、暖温带以及北亚热带显著北移，而中亚热带和南亚热带则无明显北移。

淮河是我国气候的一个重要分界线，是所谓的南北气候过渡带，淮河以北属暖温带，淮河以南属北亚热带。不同气候带表现出的气候特征有显著差异，气候过渡带中两种气候分界线位置有明显的年际变化。淮河流域作为气候过渡带的关键区，暖温带和北亚热带气候分界线位置的南北变动对淮河流域的气候要素（如降水）可能产生显著的影响。淮河流域地处中国大陆东部，北接黄河，南临长江，从淮河入海水道开始，沿淮河干流至秦岭一线，形成我国自然的北亚热带与暖温带的南北气候分界线，其北面为典型的半湿润半干旱的气候，而淮河以南呈现湿润的亚热带气候特点，空气湿度大，降雨丰沛，气候温和。淮河流域气候基本特点是：受东亚季风影响，夏季炎热多雨，冬季寒冷干燥，春季天气多变，秋季天高气爽。

过去50多年来，淮河流域气候过渡带中气候分界线的平均位置约在北纬32.6°，基本位于入海水道—淮河—秦岭一线，南北移动范围为北纬31.2°～34°。从总体趋势上看，过去50多年来，淮河流域气候过渡带南界略有南移，北界显著北移，气候分界线位置南北移动范围增大（Ye Duzheng等，2003）。

淮河流域的夏季降水以季风雨、台风降水为主要特征。一些学者利用数值模式模拟了江淮流域的夏季降水。中国科学院大气物理研究所一直在开展灾害天气机理研究及预测试验，对每年江淮流域的夏季降水提供数值预报并对模拟结果作进一步的分析和总结（孙建华 等，2004；卫捷 等，2006）；柳艳香等（2005）利用GOALS耦合模式预测出了2003年夏季淮河流域的降水正异常。有关我国东部和淮河流域夏季降水的特征和原因已有很多研究，叶笃正等（1996）的研究表明江淮地区的旱涝灾害主要发生在6—8月，而台风活动和梅雨异常是旱涝灾害的主要原因，其中，6—7月的旱涝灾害大部分是由梅雨异常引起的。丁一汇等（2003）指出：夏季风爆发的早晚、进退的快慢以及强弱的大小使得主要季节雨带的时空分布和雨量大小很不相同，从而会导致中国旱涝的发生。黄荣辉等（2005）的研究表明南海夏季风爆发早能引起江淮流域和长江中下游夏季风降水偏少，并往往发生干旱，南海夏季风爆发晚则能引起江淮流域和长江中下游夏季风降水偏多并往往发生洪涝。王慧等（2002）发现北太平洋大范围持续的海温异常引起的次年夏季大气环流异常会导致淮河流域夏季降水异常。胡娅敏等（2008）研究发现江淮梅雨有显著的年际和年代际变化特征，并从季风气流的水汽输送、副高的稳定维持及阻高的稳定维持3个方面讨论了丰梅年和弱梅年大气环流的异常特征。钱永甫等（2007）总结了其他学者的若干研究，系统地介绍了江淮流域旱涝的背景、典型年旱涝的空间分布以及江淮流域旱涝的影响因子等。对气候过渡带范围的变化和气候分界线位置移动与该流域降水和旱涝关系的研究尚不多见。

本章通过分析淮河流域降水和气候分界线位置变化的关系，详细论述在全球气候变化背景下，气候分界线位置的南北变动对淮河流域夏季降水和旱涝异常的可能影响。同时，通过对暴雨及相关强降水过程的分析，讨论了淮河流域的暴雨气候特征和强降水过程的高低层环流背景特征。

5.1 气候过渡带及其变化特点

叶笃正等（2003）关于气候过渡带的研究表明，不同气候带所覆盖的区域是变化的，不同气候带之间的交界线是随着气候变化而移动的。作为我国重要的气候分界线之一的北亚热带和暖温带之间的界线在过去几十年中发生了很大的变化，淮河流域所处的北亚热带有明显的向北移动的趋势，而且变化范围扩大（图5.1-1）。20世纪50年代，北亚热带的北界仍在淮河流域，而90年代已到达华北地区，但其南界的变化不大。因此，淮河流域处于北亚热带和暖温带的气候过渡带，其气候变化幅度增大。特别是随着气候背景的变化和气候带的移动，该地区的气候特征和降水特征往往出现异常，是旱涝灾害频发地区。气候带的南北移动对气候过渡区可能降水的影响及预测具有理论和实际指导意义。

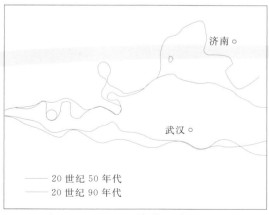

图5.1-1　北亚热带界线的变化

（叶笃正 等，2003）

气候带的划分主要依据湿度（降水）和热量（温度）两类指标。为简单起见，采用热量指标来表示气候带的变化。使用全国31个省（自治区、直辖市）的温度资料，选取相关省份站点从各个站建站时间起至2001年的日平均温度，根据淮河流域的范围，适当扩大了站点的选择范围，选取的站点分布在东经105°~125°、北纬27°~38°的范围内，包括236个站点的1950—2000年共50年资料。降水资料选择分布在东经110°~120°、北纬27°~38°范围内共35个站的月平均降水资料，并参照陈咸吉（1982）所使用的气候区划标准，在确定北亚热带和暖温带气候分界线时仅使用温度指标，以突出反映气候变暖的特点，即用不低于10℃的积温达到5000℃的位置线来定义北亚热带和暖温带气候分界线，简称气候分界线。在计算时，首先计算出各站点每年不低于10℃的积温数值，然后将不规则站点上的数据插值到矩形区域的格点上，将5000℃的等值线定义为逐年分界线的位置，然后以东经112°~120°范围内的纬度平均值作为气候分界线的平均位置，计算出50年逐年界线位置后，得出其年变化曲线，气候分界线（不低于10℃的积温达到5000℃位置）逐年的南北变动如图5.1-2所示。可以看出，位于淮河流域的北亚热带和暖温带的分界线有明显的年际变化，这种变化反映了每年热量状况和温度的差异，即冷暖空气强度和活跃程度的变化。分界线位置较低说明该年份冷空气活动频繁，温度偏低；反之，温度偏高。在过去约50年中，分界线南北变化范围平均在北纬31°和北纬34°之间，变化幅度达3°以上（图5.1-2中蓝色曲线），其平均位置在北纬32.6°左右（图5.1-2中红色直线）。总体而言，分界线有微弱的北移趋势，50年中平均位置北移约0.6°，表明在过去50年淮河流域平均气候趋暖。可以看出，在50年间，淮河流域的气候分界线有显著的南北移动。在20世纪50—70年代，气候分界线南北振荡明显，最南在北纬31.2°附近，最北达北纬33.9°；在80年代，气候分界线偏南且较为稳定，平均位置在北纬32.1°附近；进入90年代以后，气候分界线南北振幅加大，平均位置北移，最北超过北纬34°。总体而言，过去50

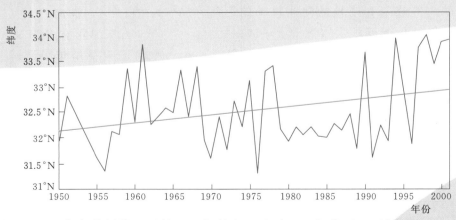

图 5.1-2　气候分界线（不低于10℃的积温达到5000℃位置）逐年的南北变动

注：图中蓝色曲线为气候分界线的变化曲线；红色直线为气候分界线的趋势线。

年气候分界线变化的位置最南端在淮河流域的南部边缘，最北端在淮河以北、淮河流域的中部偏北，气候过渡带南北变动范围增大。受全球气候变暖影响，过去 50年中的后 10 年淮河流域气候分界线平均位置有向北移动的趋势。

5.2　气候过渡带特征与淮河流域降水

　　气候过渡带位置的南北变动对淮河流域的降水有显著的影响。本章利用 1952—2001 年的温度和降水资料，分析了气候过渡带位置的变化和淮河流域降水与旱涝气候的关系，发现气候分界线位置的南北移动与淮河流域夏季降水呈显著负相关，即气候分界线北移夏季降水减少、气候偏旱；气候分界线南移则夏季降水增加、气候偏涝。气候分界线与淮河流域夏季降水的这一对应关系反映了春季冷空气活动的强度和时间对淮河流域夏季和梅雨降水有重要影响，即春季冷空气南下活动较强年份的夏季降水可能异常偏多。

5.2.1　气候分界线位置与淮河流域降水量的关系

　　1. 气候分界线位置与年降水量

　　首先选择分布在东经 110°～120°、北纬 27°～38°范围内共 35 个站的月降水资料，计算各站年降水量序列与气候分界线位置的相关系数。计算结果表明，在整个淮河流域，气候分界线位置变化与年降水量呈明显的负相关，多数站点的负相关系数达到了 0.05 的显著性水平。而在淮河流域以北的黄河流域和以南的长江流域，相关并不明显。这说明，气候分界线位置的南北变动确实与淮河流域的降水密切相关：气候分界线向北移动，淮河流域的年降水量减少；气候分界线向南移动，则淮河流域的年降水量增多。

　　对淮河流域旱涝年与气候分界线位置的关系进行分析，选出淮河流域典型的涝年和旱年，与 50 年分界线的平均位置作比较。1950—2002 年，淮河流域发生的典型涝年有 1954 年、1956 年、1963 年和 1991 年共 4 年；典型旱年有 1959 年、1966年、1978 年、1988 年、1999 年和 2001 年共 6 年。**这些典型旱涝年与气候分界线位置的对应关系如图 5.2－1 所示，图 5.2－1 中的三角形代表淮河流域的典型旱年，圆圈代表典型涝年。**可以看出，除 1963 年、1988 年两个年份外，淮河流域典型旱年对应着气候分界线的明显北跳，而典型涝年都发生在分界线位置偏南的时候。这些典型旱涝年与气候分界线的对应关系与年降水量和气候分界线的负相关是比较一致的。

　　2. 气候分界线位置与夏季降水量

　　淮河流域的降水主要集中在夏季，包括梅雨季节。因此，气候分界线位置的移动对该地区夏季降水的影响是否明显具有重要意义。通过对气候分界线位置与流域各站夏季降水量相关系数的计算发现，淮河流域是明显的负相关区，而在黄河流域

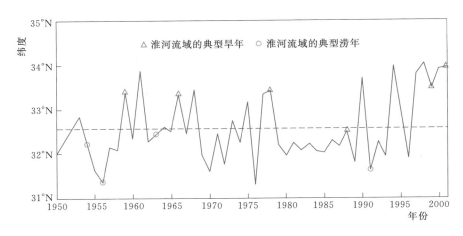

图 5.2-1　典型旱涝年与气候分界线位置的对应关系

注：图中蓝色曲线为气候分界线的变化曲线。

和长江流域相关则不显著。为了更细致地分析淮河流域夏季降水与气候分界线位置的关系，对淮河流域各站夏季降水进行 EOF 分析，得出夏季降水主要分布类型，进而分析其与气候分界线南北移动的关系。EOF 分析用到了上述 35 个站点的降水资料，每个站点有 50 年的降水资料，保证了 EOF 结果的稳定性。计算结果表明在东经 110°~120°、北纬 27°~38° 范围内，夏季降水的 EOF 第 1 模态代表了区域总的降水趋势，即以夏季降水量最大的长江下游为主的降水分布型，而第 2 模态则代表淮河流域的夏季降水分布型。表 5.2-1 是江淮流域夏季降水 EOF 分析的前 6 个模态方差贡献及其时间系数与气候分界线位置的相关系数。可以看出，代表长江流域和淮河水系的前两个模态的解释方差分别为 29.7% 和 15.5%，其中代表淮河水系降水的第 2 模态所对应的时间系数与气候分界线位置的相关系数达到 -0.479。

表 5.2-1　　江淮流域夏季降水 EOF 分析的前 6 个模态方差贡献及其时间系数与气候分界线位置的相关系数

模态	1	2	3	4	5	6
解释方差	29.7%	15.5%	9.1%	7.7%	5.3%	4.4%
相关系数	0.070	-0.479	-0.215	0.010	0.011	0.145

　　如图 5.2-2 所示，夏季降水 EOF 分析的第 1 模态空间分布主要覆盖了淮河流域以南北纬 27°~32° 之间的长江下游地区，其对应的时间系数反映了这一区域夏季降水的年际变化。可以看出该空间型的区域特征十分明显，但其时间系数与气候分界线位置没有显著相关性，相关系数仅为 0.070（表 5.2-1）。这说明长江下游的夏季降水多少对气候分界线的南北移动不敏感，气候的冷暖变化对长江下游夏季降水量变化没有显著影响。

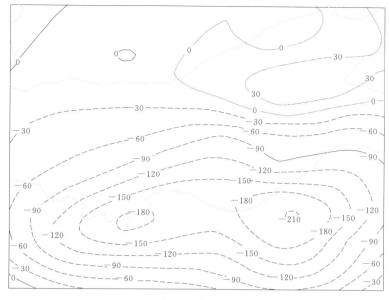

（a）空间型（解释方差 29.7%）

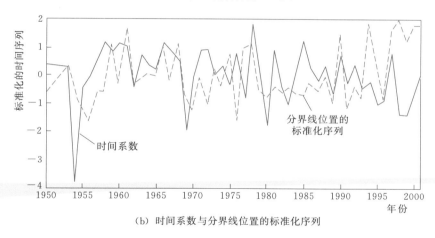

（b）时间系数与分界线位置的标准化序列

图 5.2-2　夏季降水的 EOF 分析（第 1 模态）

在图 5.2-3 中，夏季降水 EOF 第 2 模态异常主要集中在北纬 31°～34°的淮河干流区域，代表了淮河流域的夏季降水空间分布和变化特征，对应的第 2 模态的时间系数代表该区域夏季降水的年际变化。第 2 模态的时间系数与气候分界线位置的相关系数达到−0.479（表 5.2-1），为显著的负相关，与前面计算出的气候分界线位置与降水的相关系数在淮河流域的显著负相关一致。从图 5.2-3（b）中夏季降水 EOF 第 2 模态对应的时间系数与气候分界线位置的时间变化可以看出，淮河流域的夏季强降水年几乎都对应气候分界线偏南的年份，从气候和大气环流背景上分析，这一特征反映了气候分界线偏南时北方冷空气较强且南压，有利于在该区域与北上的暖湿气流交汇而形成降水；而气候分界线偏北时则表示冷空气较弱，不利于在淮河流域形成冷暖空气的对峙而形成降水。因此，江淮流域夏季降水 EOF 第 2 模态时间系数和气候分界线位置的显著负相关反映了该地区夏季梅雨锋活动、冷暖空气强度对比在空间和时间上的变化，以及这种变化对淮河流域主要区域降水的影响。作为气候过渡带，北亚热带和暖温带气候分界线在淮河流域的南北移动直接导致了该地区夏季降水剧烈的年际变化，这也正是该流域旱涝气候异常的主要气候背景。

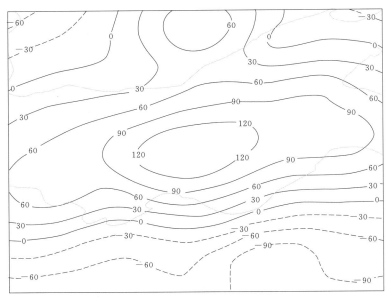

（a）空间型（解释方差 15.5%）

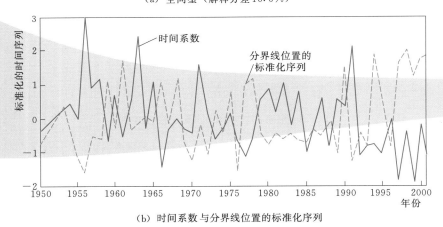

（b）时间系数与分界线位置的标准化序列

图 5.2-3　夏季降水的 EOF 分析（第 2 模态）

对江淮流域夏季降水前 4 个模态的空间型和时间系数分析表明，第 1 模态代表该流域的主降水型（解释方差 29.7%），即淮河流域与长江下游地区的降水有密切关系，该型降水主要位于淮河以南地区及长江下游，以受长江流域降水的大气环流背景影响为主，属江淮降水区，与淮河以北地区的降水呈负相关（图 5.2-2）；其时间系数与气候分界线变化没有显著相关，可以认为该型降水与气候带的移动没有显著相关性。第 2 模态（图 5.2-3）代表淮河水系的降水特征（解释方差 15.5%），有特定的大气环流背景，反映了淮河流域降水的特殊性和复杂性以及与江淮地区降水的差异性。如图 5.2-3（b）所示，其时间系数与气候分界线为显著的负相关，相关系数达−0.479。可以看出，第 2 模态表示淮河水系的主降水型，与 5000℃积温线位置有很好的负相关，即气候分界线向北移动，淮河流域夏季降水减少；气候分界线向南移动，则夏季降水增多。这种关系可能和北方冷空气活动有关，即北方冷空气活动频繁，当年降水增多；反之则降水减少。上述两个模态结果表明，江淮流域的主要降水型以长江流域为主，其次是淮河流域；而淮河流域的夏季降水与 5000℃积温线的位置变化有密切关系。

5.2.2　春季冷空气活动与气候分界线及夏季旱涝的关系

1. 温度不低于 10℃的起讫时间变化特征

决定气候分界线平均位置的直接因子之一是温度不低于 10℃的起讫时间。利用全国范围内的 236 个站点的日平均温度资料，统计了各站点 1952—2001 年逐年温度稳定不低于 10℃的开始时间和结束时间。在统计时对各站点的日平均温度做 5 点滑动平均，以保证"稳定超过 10℃"，即连续 5 天温度超过 10℃。这样得出的起讫时间比较稳定，剔除了个别天气过程的影响，能够准确地反映季节尺度上冷空气活动的规律。然后分别计算气候分界线位置与各空间点温度不低于 10℃的起讫时间和持续天数的相关，图 5.2-4 是气候分界线位置与温度不低于 10℃的开始时间、温度不低于 10℃的结束时间和温度不低于 10℃的总天数的相关系数分布图。

对比气候分界线与开始时间和结束时间的相关系数［图 5.2-4（a）和图 5.2-4（b）］可以发现，在淮河流域气候分界线与结束时间的相关系数较小，只有 0.2～0.4，而与温度不低于 10℃开始时间的相关系数达到−0.5～−0.6，这说明每年不低于 10℃的积温主要受 10℃的开始时间即春季冷空气活动的影响。由图 5.2-4（c）可以看出，气候分界线位置与温度不低于 10℃的总天数的相关系数最大，在淮河流域达到 0.6 以上，说明不低于 10℃的总天数越多，分界线位置越偏北。实际上，气候分界线是用积温定义的，这说明不低于 10℃的总天数对积温的决定性影响。结合前面的分析可知，淮河流域春季冷空气活动的早晚和强弱能显著地影响该流域的夏季降水。春季冷空气活动频繁，不低于 10℃的开始时间推后，全年不低于 10℃的总天数减少，积温随之减小，用 5000℃积温定义的气候分界线位置南移，淮河流域降水增多；反之亦然。这说明淮河流域冷空气活动对降水的影响具有重要作用，汛期前冷空气活动的时间和全年平均强度对夏季雨季的开始、降水量都起着控制作用。作为指示因子，每年春季温度稳定不低于 10℃的开始时间对淮河流域夏季和汛期降水预测有潜在的指示意义。

2. 典型旱涝年温度不低于 10℃的起讫时间和持续天数的比较

根据淮河流域夏季降水，选择具有代表性的典型旱涝年各 9 个年份进行合成分

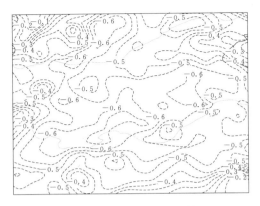

（a）开始时间的相关系数

（b）结束时间的相关系数

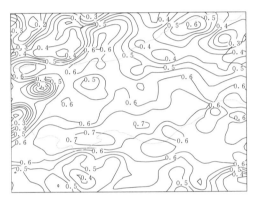

（c）总天数的相关系数

图 5.2－4 气候分界线位置与温度不低于 10℃的时间
相关系数分布

析，涝年有 1954 年、1956 年、1963 年、1965 年、1971 年、1982 年、1991 年、1998 年、2000 年；旱年有 1959 年、1961 年、1966 年、1978 年、1985 年、1988 年、1997 年、1999 年、2001 年。对上述旱涝年其温度不低于 10℃的起讫时间和持续天数的比较发现，涝年和旱年温度不低于 10℃的结束时间几乎没有差别，但是开始时间在淮河流域有大约 5 天的差别，即涝年温度不低于 10℃的开始时间要比旱年迟 5 天左右，这和前面的分析结果一致。以每年的 1 月 1 日为第一天，图 5.2－5 给出了旱涝年温度不低于 10℃的开始时间（即每年的第几天）。从图 5.2－5 可以看出，淮河流域主要区域典型涝年温度不低于 10℃的开始时间在第 80～第 85 天（3 月 20—25 日），而旱年则在第 70～第 80 天（3 月 10—20 日），比涝年早 5～10 天。图 5.2－6 给出了旱涝年温度不低于 10℃的结束时间分布，反映了一年中淮河流域春季冷空气活动强度和时间，即温度稳定高于 10℃的时间对夏季降水气候背景有重要影响。

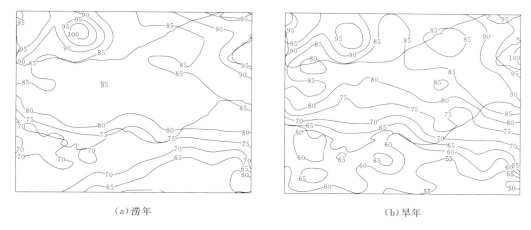

（a）涝年　　　　　　　　　　　　（b）旱年

图 5.2-5　典型旱涝年温度不低于 10℃ 的开始时间

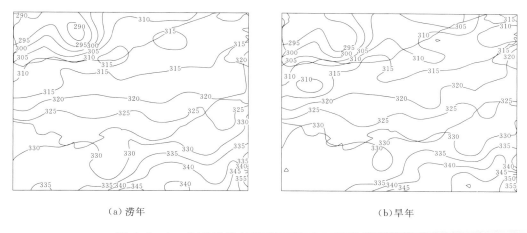

（a）涝年　　　　　　　　　　　　（b）旱年

图 5.2-6　典型旱涝年温度不低于 10℃ 的结束时间

5.2.3　典型旱涝年汛期降水、温度和环流特征的合成分析

选择的典型旱涝年份同上节，涝年和旱年各 9 个年份。图 5.2-7 是淮河流域旱涝年夏季（6—8 月）降水量分布，涝年在淮河流域夏季 3 个月的总降水量能达到 600mm 以上，而旱年 3 个月的总降水量为 250～300mm。

利用 NCEP 再分析资料，分别计算了淮河流域涝年和旱年 3 月 1000hPa、500hPa 的温度场差异，如图 5.2-8 所示。可以看出淮河流域涝年 3 月 1000hPa 和 500hPa 的温度都比旱年偏低 0.4～0.8℃，这与前面所分析的涝年过渡带偏南是一致的，因为导致过渡带偏南的主要原因是 3 月日平均温度大于 10℃ 的开始时间较晚，所以淮河流域 3 月的平均温度偏低。

为了比较涝年和旱年的大气环流特征，分别计算了涝年、旱年 3 月和夏季（6—8

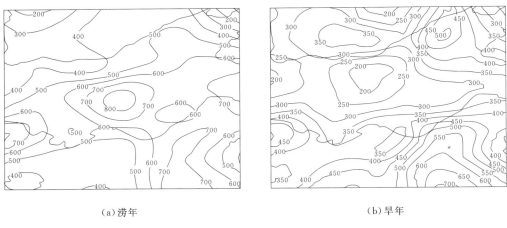

(a) 涝年　　　　　　　　　　　　　　　　(b) 旱年

图 5.2-7　淮河流域旱涝年夏季（6—8 月）降水量分布（单位：mm）

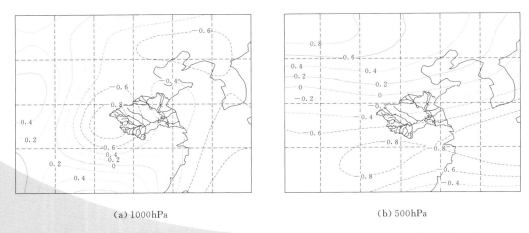

(a) 1000hPa　　　　　　　　　　　　　　(b) 500hPa

图 5.2-8　淮河流域旱涝年 3 月的 1000hPa、500hPa 温度场差异（单位：℃）

月）500hPa 高度场和风场的差异（图 5.2-9 和图 5.2-10）。涝年夏季副高增强，淮河以北的高度场有负异常，导致淮河流域有明显的西南风异常，淮河以北的黄河流域则有东北风异常，增强的西南风加强了来自西南的水汽输送，与来自东北方向的异常持续冷空气交汇，导致梅雨雨带持续位于江淮地区，夏季降水偏多。从 3 月的旱涝年流场差异可以看出，涝年整个中国的大陆高压增强，东部海上高度场有负异常，淮河流域以及我国东部都对应着北风异常，说明涝年初春北方冷空气活动更为频繁。

亚洲大气环流异常引起淮河流域旱涝变化，涝年夏季西北太平洋副高增强，副高北面有高度场负异常，与高度场异常对应的淮河流域西南风异常将暖湿气流源源不断地输送至淮河流域，致使夏季降水增多。大气环流的调整是一个持续的过程，在环流不断调整演化的过程中出现各种异常情况，异常并不仅仅在夏季或某一个时刻出现。从前面的分析可以看出，旱涝年的大气环流异常在春季（3 月）就已经表现出来了，涝年春季大陆上的高压增强，中国东部有北风异常，淮河流域冷空气活动

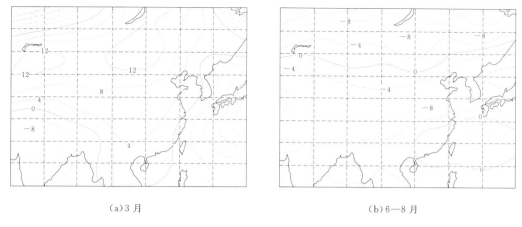

（a）3月   （b）6—8月

图 5.2 - 9 旱涝年 3 月和夏季（6—8 月）500hPa 高度场差异

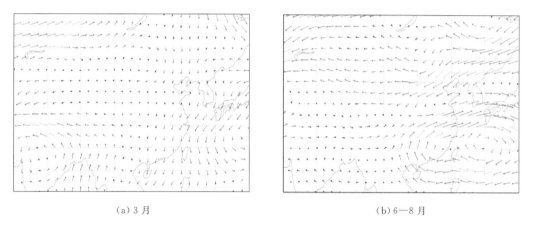

（a）3月   （b）6—8月

图 5.2 - 10 旱涝年 3 月和夏季（6—8 月）500hPa 风场差异

频繁，导致 3 月平均气温偏低，温度不低于 10℃ 的开始时间推迟，以积温为指标的过渡带位置随之南移。此异常进一步演变，出现涝年夏季环流的异常形态，即副高增强，淮河流域有西南风异常，水汽输送增强，淮河以北的黄河流域有东北风异常，来自西南的暖湿气流与来自东北的异常持续冷空气交汇，导致夏季降水增多。

5.3 淮河流域暴雨量的时空特征

如前所述，淮河流域是我国最易发生洪涝灾害的地区之一，暴雨是引发洪涝灾害的直接原因。洪涝与强降水过程有着密切的关系，虽然强降水过程的雨情特征，强降水发生的成因和大尺度环流背景，不同纬度天气系统（如阻高、副高、热带环流系统）对暴雨发生和持续的影响，高低空急流与暴雨的关系，以及暴雨过程的水汽通道和水汽源地等已有不少研究，但是已有的淮河流域暴雨研究大多关注暴雨个例和单个大水年份，从气候学的角度宏观分析揭示淮河流域暴雨特征的研究还很少。本节着重分析近 50 年淮河流域暴雨的气候统计特征，给出了淮河流域暴雨量时空特征，引进新的统计方法——DEOF 分析暴雨的气候特征，并与传统方法的分析结果进行比较。

5.3.1 淮河流域暴雨量的常年空间分布

图 5.3-1 是计算得到的淮河流域年暴雨量（1961—2009 年）平均分布情况，如图 5.3-1 所示，在河南的南部和江苏的北部各有一个极值中心，多年平均年暴雨量超过 300mm，在山东西部存在一个相对弱一些的极值中心，暴雨量超过 250mm；在江苏其他地区以及安徽地区暴雨量均超过 200mm；河南的西北部暴雨量较小，不足 200mm。

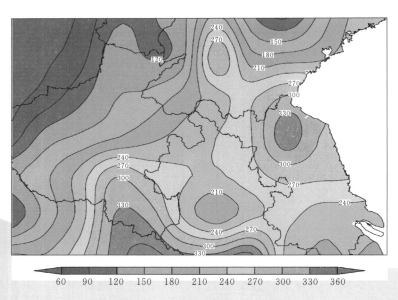

图 5.3-1 淮河流域年暴雨量（1961—2009 年）平均分布情况（单位：mm）

5.3.2 淮河流域暴雨量的时间变化

图 5.3-2 是淮河流域年暴雨量区域平均值的逐年变化曲线。从图 5.3-2 可见，1961—2009 年期间，暴雨量最多的年份是 1991 年，接近 400mm；其次是 2000 年，达到 350mm；2003 年、2005 年和 2007 年也较多，均超过 300mm，但不足 350mm。值得注意的是，自 2000 年以来，陆续有 4 个年份的年暴雨量明显偏多，可能表明淮河流域进入了暴雨增加期。这 49 年中暴雨量最少的是 1966 年，不足 100mm，其次是 1978 年，暴雨量区域均值为 100～125mm，其他的年份如 1976 年、1981 年、1986年和 2001 年暴雨量也明显偏少，均不足 150mm。对该序列作线性回归分析，发现淮

河流域的暴雨量呈上升趋势，但是并不显著。从年代际角度看，从20世纪60年代后期开始直到90年代前期，淮河流域的暴雨量均偏少；90年代后期暴雨量开始偏多，淮河流域的洪涝灾害也变得频繁。

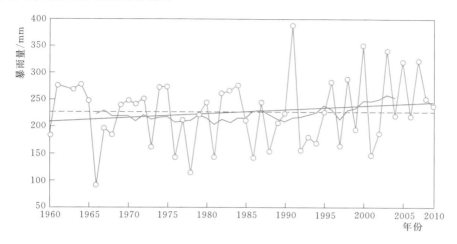

图 5.3-2　淮河流域年暴雨量区域平均值的逐年变化曲线

注：图中虚线表示平均值，蓝色直线表示线性趋势，红色曲线表示11年滑动平均。

　　图 5.3-3 是淮河流域各测站年暴雨量序列的线性趋势系数分布图。由图 5.3-3 可见，淮河流域暴雨量大部分区域都呈上升趋势，尤其是淮河上游北侧地区，增长速度超过 35mm/(10a)，流域的东北部和西北部少部分地区呈下降趋势。但是淮河流域所选的 39 个测站中仅有 2 个站通过 0.05 的显著性检验，其他 37 个站线性趋势均不显著，通过检验的地区如图 5.3-3 中红色区域所示。

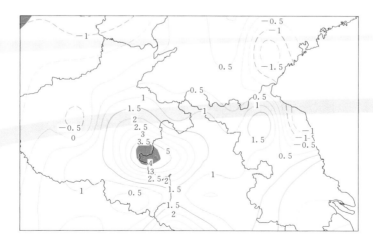

图 5.3-3　淮河流域各测站年暴雨量序列的线性趋势系数分布图

注：图中红色区域表示通过 0.05 的显著性检验。

5.3.3　淮河流域年暴雨量的 EOF 分析

对淮河流域年暴雨量标准化距平场进行 EOF 分解。应用 North（1982）提出的检验特征值误差的方法，对特征值逐一进行检验，结果发现前 3 个模态是显著的。图 5.3－4 为淮河流域年暴雨量标准化距平场 EOF 分析图，是前 3 个模态特征向量乘以相应特征值的平方根，以及前 3 个模态的标准化时间系数。

第 1 模态特征向量方差贡献为 19.6％。整个淮河流域，除了西北部，表现出一致的正值，如图 5.3－4（a）所示，这说明淮河流域的暴雨一般受相同的天气系统影响，暴雨量的变化是一致的，是淮河流域暴雨的主要分布型态。图 5.3－4（d）是第 1 模态的时间系数，序列有微弱上升趋势，但不显著。

第 2 模态特征向量方差贡献为 13.1％。由图 5.3－4（b）可见，零值线与淮河干流流经方向基本一致，将淮河流域分成东南、西北两块呈反位相变化的区域，这是因为当雨带长时间滞留于淮河以南地区时，淮河以南地区暴雨量相对增多，而淮河以北地区暴雨量相对减少；反之亦然。第 2 模态时间系数序列有微弱的下降趋势，但不显著。序列还存在明显的年代际变化，20 世纪 70 年代前半段和 1985—1995 年淮河以南地区暴雨量偏多、淮河以北地区偏少，而 1995—2005 年则相反，如图 5.3－4（e）所示。

第 3 模态特征向量方差贡献为 8.3％。如图 5.3－4（c）所示，第 3 模态的空间型表现出淮河流域的东部和西部的反位相变化关系，即东部（流域下游）暴雨降水量偏多（偏少），西部（流域中上游）暴雨降水量偏少（偏多）。图 5.3－4（f）是第 3 模态的时间系数，序列无明显趋势，1975—1990 年流域西南部暴雨量异常偏多，东北部异常偏少。

5.3.4　淮河流域年暴雨量的 REOF 分析

以上讨论了淮河流域暴雨异常的空间分布，可以看出，暴雨分布有一致的方面，也存在明显的南北或东西差异。为了突出淮河流域暴雨的区域特征，在 EOF 分析的基础上，对前 10 个模态的特征向量及其对应的主成分进行旋转。图 5.3－5 是淮河流域年暴雨量标准化距平场 REOF 分析图，图中显示了旋转后前 4 个模态的载荷向量分布图，解释方差分别为 16.7％、8.5％、7.7％和 5.9％。

图 5.3－5（a）是第 1 模态的载荷向量，载荷大值区位于淮河以南地区，载荷值基本都大于 0.5，因此称之为江淮型。第 1 模态时间系数有微弱上升趋势但不显著，年代际变化较明显，时间系数在 20 世纪 60 年代以负值为主，说明江淮地区暴雨量异常偏少，1980—1991 年以正值为主，1992—2001 年几乎全为负值，2001 年以后又以正值为主，如图 5.3－5（e）所示。

图 5.3－5（b）是第 2 模态的载荷向量，在鲁、豫、皖、苏 4 省交界处是一个绝对值达到 0.7 的载荷中心，淮河流域的其他地区量值很小，因此称之为中部型。图

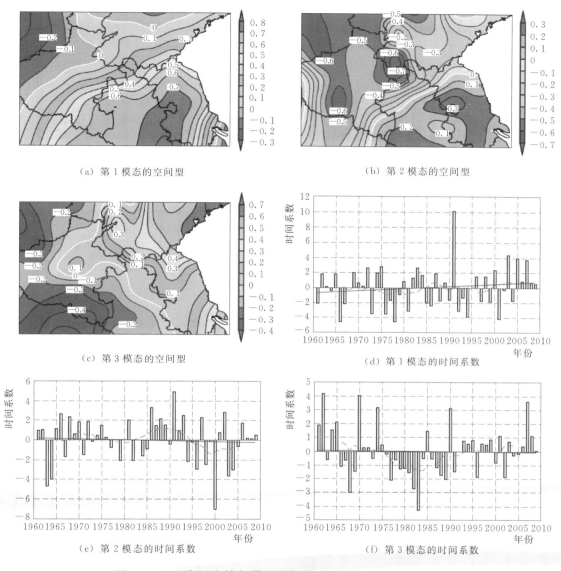

图 5.3-4　淮河流域年暴雨量标准化距平场 EOF 分析图

注：图中绿色柱状表示标准化的时间系数，蓝色直线表示线性趋势，

红色曲线表示 11 年滑动平均。

5.3-5（f）是第 2 模态的时间系数，序列有微弱下降趋势但不显著，20 世纪 70 年代和 1986—1995 年时间系数以正值为主，表明流域中部暴雨量偏少，而 1998 年以来则有偏多的趋势。

图 5.3-5（c）是第 3 模态的载荷向量，载荷大值区位于山东南部和江苏东北部，处于淮河流域的东北，称之为东北型。图 5.3-5（g）是第 3 模态的载荷向量对应的时间系数，序列有下降趋势但不显著，1960—1975 年时间系数以正值为主，表示流

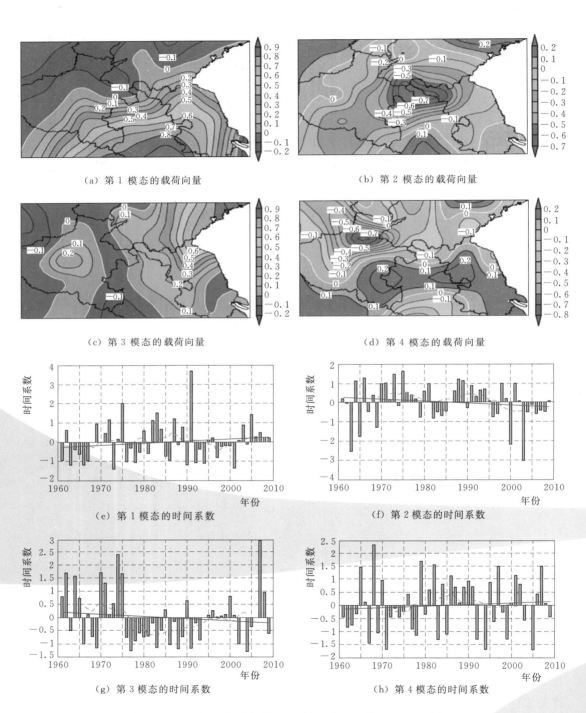

（a）第 1 模态的载荷向量　　　　　　　　　（b）第 2 模态的载荷向量

（c）第 3 模态的载荷向量　　　　　　　　　（d）第 4 模态的载荷向量

（e）第 1 模态的时间系数　　　　　　　　　（f）第 2 模态的时间系数

（g）第 3 模态的时间系数　　　　　　　　　（h）第 4 模态的时间系数

图 5.3-5　淮河流域年暴雨量标准化距平场 REOF 分析图

注：图中绿色柱状表示标准化的时间系数，蓝色直线表示线性趋势，红色曲线表示 11 年滑动平均。

域东北部暴雨量偏多，1975—1994 年时间系数以负值为主，流域东北部暴雨量偏少。

图 5.3-5（d）是第 4 模态的载荷向量，高载荷区位于河南的北部，处于淮河流域的西北，称之为西北型。图 5.3-5（h）是第 4 模态的时间系数，序列有微弱的上升趋势但不显著，还存在明显的年代际变化，20 世纪 80 年代的时间系数以正值为主，表示暴雨量偏多。

5.3.5　淮河流域年暴雨量的 DEOF 分析

在不同资料场的 EOF 分析中，主要的特征向量常常呈现相似的特征，即第 1 模态表现出全区一致的变化，其后是不同方向的偶极子分布型。在淮河流域年暴雨量的 EOF 分析中，空间型也是同样的情况，得到的分布型态难以分辨是与方法本身有关，还是资料场中确实包含这样的分布型。这里尝试一种新的方法——DEOF，详细介绍见附录 A。

首先拟合零假设，即淮河流域年暴雨量的背景状态符合各向同性扩散过程的特征，属于空间上的一阶自回归过程，该过程的 EOF 分析的主要模态如图 5.3-6 所示。可以看到，图 5.3-6（a）所示的第 1 模态的空间型是以淮河流域中部为中心的单极子分布，但分布形状不是标准的圆形，因为淮河流域每个站点的标准差和解相关长度是一致的，所以零假设的结果就只取决于区域的形状，淮河流域是由所选的 39 个站点来表示的，因此空间型的分布形状也有些不规则。图 5.3-6（b）所示为第 2 模态的空间型，呈纬向的偶极子分布；图 5.3-6（c）所示为第 3 模态的空间型，呈经向偶极子分布，依此类推。需要说明的是，零假设的空间型并不表示任何的空间相关关系，只表示不同的空间尺度。

图 5.3-7 是淮河流域年暴雨量标准化距平场 EOF 分析解释方差，分析了主要的 EOF 模态前 13 个模态的解释方差和对零假设过程的解释方差，图中蓝色折线表示主要的 EOF 模态的解释方差，前 13 个模态累计解释方差达到 80%，灰色区域表示 EOF 分析特征值误差，红色折线表示主要 EOF 模态对零假设过程的解释方差。对比 EOF 模态对原场的解释方差和对零假设的解释方差，发现 EOF 分析前 3 个模态与各向同性的扩散过程比较相似，但是从第 4 个模态开始，EOF 模态与扩散过程有较大差异。

取 EOF 分析的前 13 个模态进行正交旋转，直到旋转后的模态对原场的解释方差与对零假设的解释方差差异最大，最终得到两个较显著的空间分布型态 DEOF-1 和 DEOF-2，如图 5.3-8 所示。DEOF 第 1 模态对原场的解释方差为 14.4%，对零假设过程的解释方差为 7.4%，信噪比大约为 1∶1，空间型呈现淮河以南地区与淮河以北地区的反位相变化。DEOF 第 2 模态对原场的解释方差为 6.5%，对零假设过程的解释方差为 1.8%，空间型图中淮河流域内北纬 32.5°～34°的区域是明显的正距平，流域的西北部、北部和南部均为明显的负距平，从北向南这 3 个区域呈现"一、+、一"的分布形态，可能表示淮河流域有些年份暴雨落区位于流域中部淮河干流一线，使得该地区暴雨量偏多，同时该地区南北两侧暴雨量偏少。

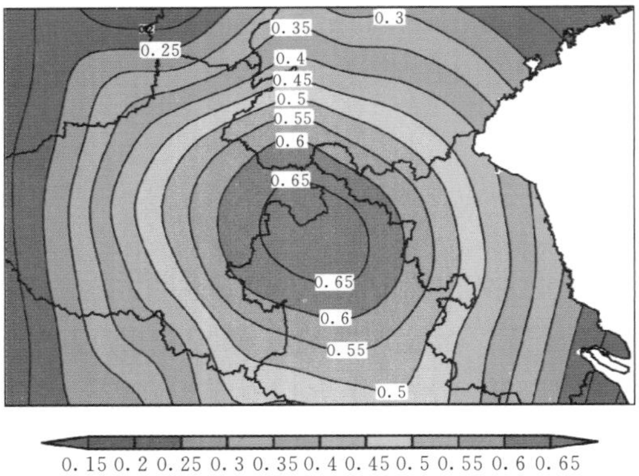

（a）第 1 模态的空间型 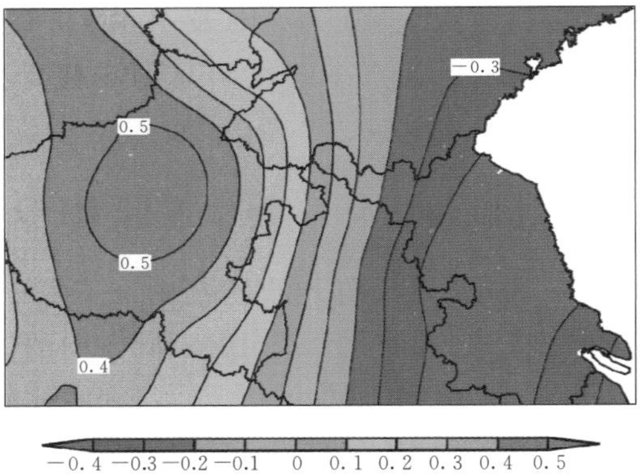　　　　　　　　　　（b）第 2 模态的空间型

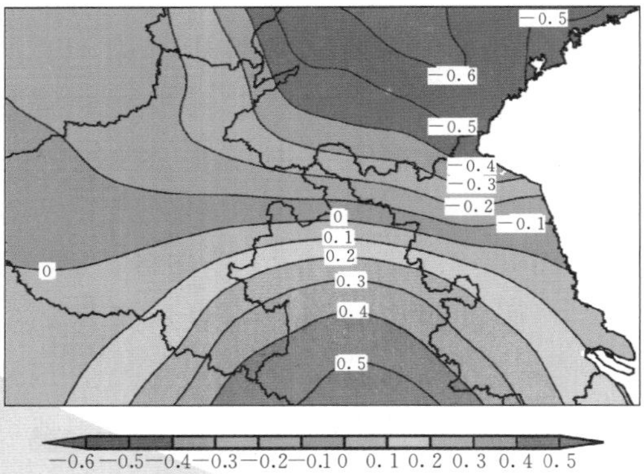

（c）第 3 模态的空间型 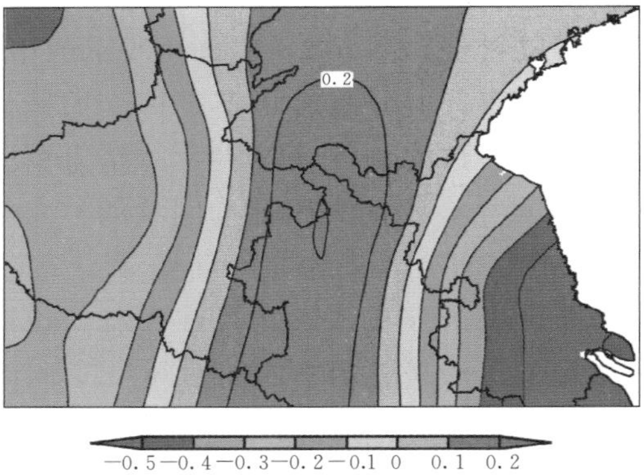　　　　　　　　　　（d）第 4 模态的空间型

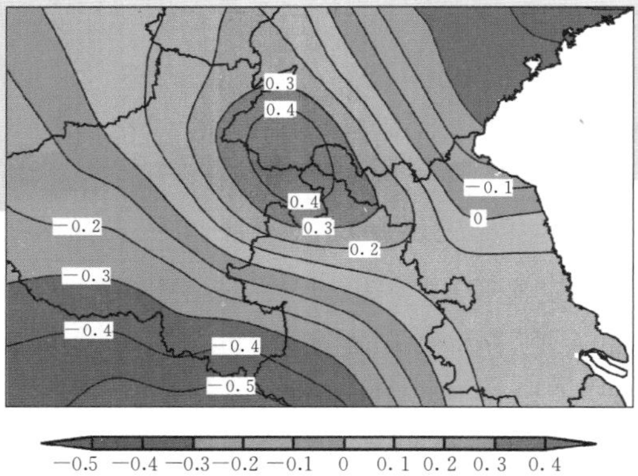

（e）第 5 模态的空间型 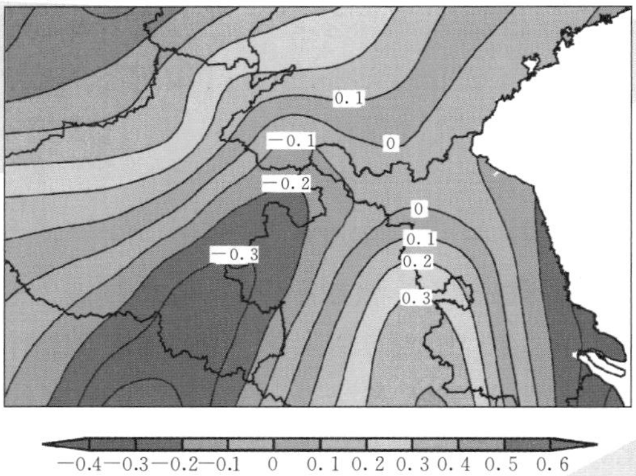　　　　　　　　　　（f）第 6 模态的空间型

图 5.3 - 6　淮河流域年暴雨量零假设过程的 EOF 分析图

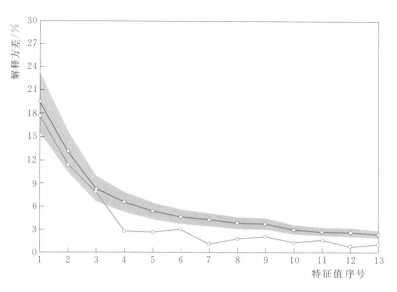

图 5.3 - 7 淮河流域年暴雨量标准化距平场 EOF 分析解释方差

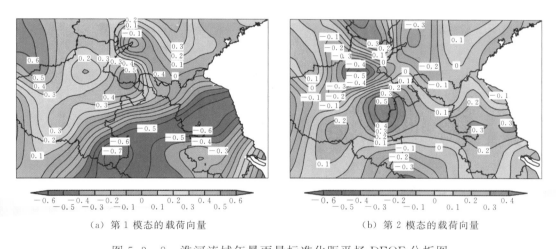

（a）第 1 模态的载荷向量　　　　　　　　（b）第 2 模态的载荷向量

图 5.3 - 8 淮河流域年暴雨量标准化距平场 DEOF 分析图

对比 DEOF 分析结果和 EOF 分析结果，发现用 DEOF 方法找出的两个模态，与 EOF 分析的第 2 模态和第 4 模态较为相似。EOF - 2 和 DEOF - 1 均表示淮河以南地区和淮河以北地区暴雨量的变化趋势相反，这是淮河流域暴雨量重要且有意义的特征，但是由于大多数变量场的 EOF 分解都能得到南北反相变化的模态，要分辨得到的模态是否具有物理意义，需要考察变量场的空间分布情况，而 DEOF 方法则直接呈现有物理意义的模态。DEOF - 2 与 EOF - 4 非常相似，均表示暴雨集中在沿淮河干流一带的分布状况，但是该信号较弱，EOF - 4 不能通过 North 方法的检验，运用 EOF 方法分析时有可能忽略有意义的模态。另外可以看到，DEOF 方法"忽视"了 EOF 分析中的第 1 模态（解释方差 19.6%）和第 3 模态（解释方差

8.3%），这是因为 EOF 方法的原理是尽可能地解释最多的方差，而 DEOF 方法的原理是尽可能地减少噪声影响，找出有物理意义的模态。综合以上分析，可以发现 DEOF 方法能找出有物理意义的模态，能从强噪声中找出弱的信号，突出分布型的特点；也可以看出 DEOF 方法的使用效果与零假设的好坏有密切关系，在该个例中运用一阶自回归过程拟合暴雨量的背景状态，拟合结果与真实的背景相比有一定的差异，DEOF 分析的结果必然会受到影响。

5.4　淮河流域暴雨日数的时空特征

5.4.1　淮河流域暴雨日数的常年空间分布

　　图 5.4-1 是淮河流域年暴雨日数 1961—2009 年平均值分布情况。在河南南部和江苏北部有两个极值中心，多年平均的年暴雨日数超过 4 天；在山东西部有一个相对弱一些的极值中心，达到 3.5 天；在江苏的其他地区和安徽地区暴雨日数均超过 2.5 天，河南西北部较少，均不足 2 天。

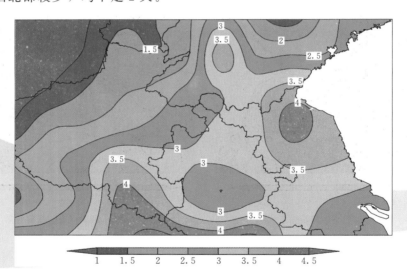

图 5.4-1　淮河流域年暴雨日数 1961—2009 年平均值分布情况（单位：天）

5.4.2　淮河流域暴雨日数的时间变化

　　图 5.4-2 是淮河流域年暴雨日数区域平均的逐年变化曲线。1961—2009 年期间，暴雨日数最多的年份是 1991 年，超过 4.5 天；其次是 2003 年，接近 4.5 天；其他年份如 1998 年、2000 年、2005 年和 2007 年暴雨日数也较多。暴雨日数最少的年份是 1966 年，略高于 1 天；其次是 1978 年，大约为 1.5 天；1976 年、1981 年、1988 年、1997 年和 2001 年暴雨日数均不足 2 天，也属于明显偏少的年份。对该序列

做线性回归分析，发现淮河流域年暴雨日数有上升趋势，但是并不显著。从年代际角度看，20 世纪 60 年代后期到 90 年代前期暴雨日数均偏少，90 年代后期至今暴雨日数明显偏多。

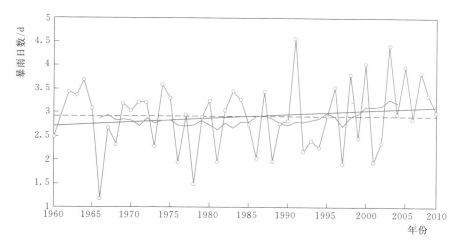

图 5.4-2　淮河流域年暴雨日数区域平均的逐年变化曲线

注：图中虚线表示平均值，蓝线表示线性趋势，红线表示 11 年滑动平均。

图 5.4-3 是淮河流域各测站年暴雨日数逐年序列的线性趋势系数分布图。流域内大部分地区均呈上升趋势，趋势系数的极大值位于淮河上游沿淮北侧地区，增长速度超过 0.4d/(10a)，流域的东北部和西北部少部分地区呈下降趋势。淮河流域 39 个站中仅有 1 个站通过 0.05 的显著性检验，通过检验的区域如图 5.4-3 中的红色区域所示。由此可见，淮河流域的暴雨日数并未呈现出显著增长的长期趋势。

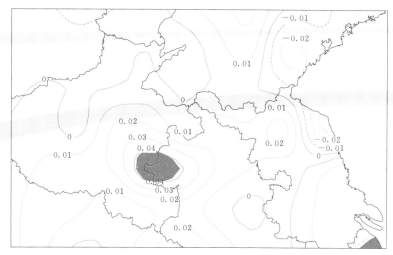

图 5.4-3　淮河流域各测站年暴雨日数逐年序列的
线性趋势系数分布

5.4.3 淮河流域年暴雨日数的 EOF 分析

淮河流域暴雨日数标准化距平场的 EOF 分析结果如图 5.4-4 所示。经检验 EOF 分解的前 3 个模态是显著的。图 5.4-4 中空间点上的数值是归一化的特征向量乘以相应特征值的平方根，时间序列中的数值是原时间系数除以相应特征值的平方根，即相当于将原时间系数序列标准化处理。

第 1 模态的解释方差为 18.6%。图 5.4-4（a）是第 1 模态的空间型，可以看到，整个流域内是一致的正距平，表示全区是变化一致的分布。另外，第 1 模态的空间型还呈现南高北低的纬向带状分布。该模态是淮河流域暴雨日数的主要分布形态，

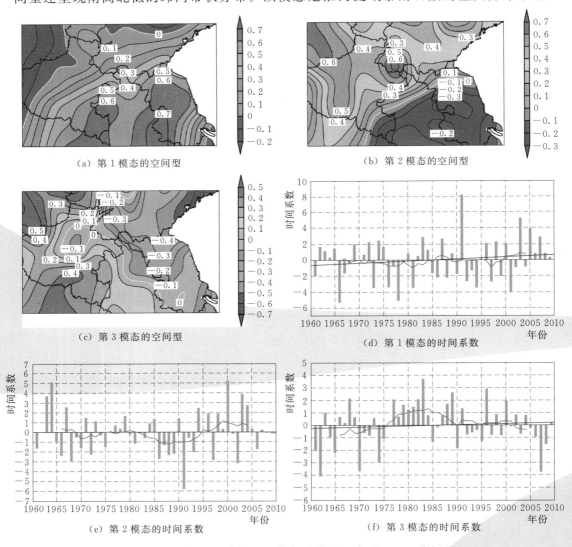

（a）第 1 模态的空间型　　　　　　（b）第 2 模态的空间型

（c）第 3 模态的空间型　　　　　　（d）第 1 模态的时间系数

（e）第 2 模态的时间系数　　　　　　（f）第 3 模态的时间系数

图 5.4-4　淮河流域暴雨日数标准化距平场的 EOF 分析图

注：图中绿色柱表示标准化的时间系数，蓝色直线表示线性趋势，红色曲线表示 11 年滑动平均。

表示从整个流域的尺度来说，淮河流域一般受相同的天气系统影响，暴雨日数的变化是一致的，从流域内不同区域来看，淮河以南地区的暴雨日数相对淮北地区变化更大。图 5.4 - 4（d）是第 1 模态的时间系数，序列存在明显的年际变化，还存在微弱的上升趋势，但并不显著，11 年滑动平均曲线显示 20 世纪 70 年代后期至 80 年代前期淮河流域的暴雨日数呈北多南少的趋势，20 世纪 80 年代后期和 2000 年以来则恰好相反。

第 2 模态的解释方差为 12.4%。图 5.4 - 4（b）是第 2 模态的空间型，可以看到淮河以北是正距平，淮河以南是负距平，淮河以南和以北地区呈相反的变化趋势。这是因为产生暴雨的天气系统停滞于淮河以南地区时，淮河以南地区的暴雨日数增加，当天气系统偏北时，淮河以北地区的暴雨日数增加。第 2 模态的时间系数如图 5.4 - 4（e）所示，序列几乎不存在任何线性倾向，但年际变化和年代际变化较明显，20 世纪 60 年代淮河以北地区暴雨日数有增多趋势，70 年代前期淮河以南地区暴雨日数有增多趋势，80—90 年代前期淮河以南地区暴雨日数有明显的增加趋势，1995 年至今淮河以北地区暴雨日数又有了明显的增多趋势。

第 3 模态的解释方差为 7.7%。图 5.4 - 4（c）是第 3 模态的空间型，可以看到淮河流域的西部和东北部呈相反的变化趋势，即西部地区的暴雨日数增加，东北地区的暴雨日数变少；反之亦然。第 3 模态的时间系数如图 5.4 - 4（f）所示，有微弱的上升趋势但并不显著，1975 年之前流域的东北部暴雨日数有增加趋势，20 世纪 70 年代后期至 90 年代流域西部的暴雨日数有增加趋势，序列有明显的年代际变化。

5.4.4　淮河流域年暴雨日数的 REOF 分析

为了详细了解淮河流域暴雨日数的变化特征，对淮河流域进行区域分型是十分必要的。REOF 作为一种有效的分型方法已经得到了广泛认可。这里在 EOF 分析的基础上，选取了前 4 个模态进行了 REOF 分析，分析结果如图 5.4 - 5 所示。

REOF 分析第 1 模态的解释方差为 16.2%。第 1 模态的载荷向量图如图 5.4 - 5（a）所示，淮河以南地区是高载荷区域，绝对值基本都超过 0.5，称之为江淮型。第 1 模态的时间系数如图 5.4 - 5（e）所示，1991 年是江淮型最显著的年份，序列存在微弱的上升趋势但不显著，20 世纪 70 年代前期和 80 年代后期时间系数以正距平为主，表示淮河以南地区暴雨日数偏多，1995—2005 年时间段内序列以负距平为主，表示淮河以南地区暴雨日数偏少，年代际变化明显。

第 2 模态的解释方差为 8.1%。第 2 模态的载荷向量图如图 5.4 - 5（b）所示，载荷中心位于河南省的西部和南部，处于淮河流域的西部，称之为西部型。第 2 模态的时间系数如图 5.4 - 5（f）所示，可以看出西部型的年际变化，其中 20 世纪 90 年代后期西部型最显著，如 1996 年、1998 年、2000 年，序列还存在微弱的上升趋势但不显著，从序列的 11 年滑动平均曲线看出 20 世纪 60—70 年代前期淮河流域西部暴雨日数偏少，70 年代后期至 80 年代前期西部的暴雨日数偏多，其后 10 年再次变为

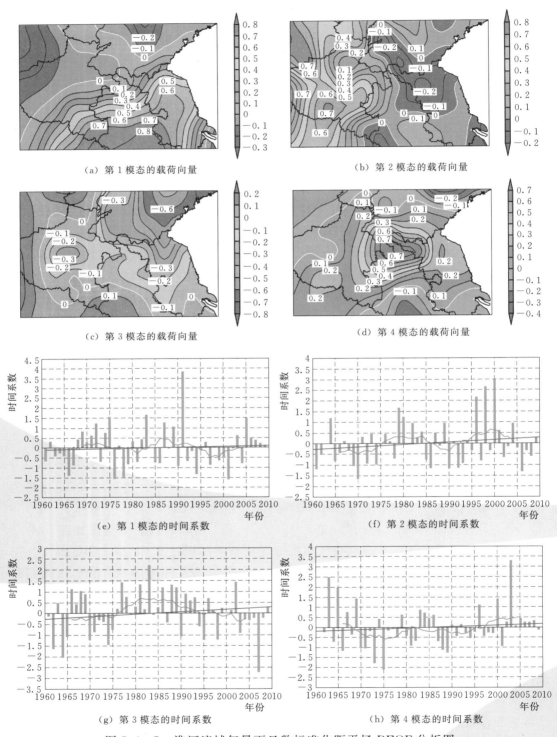

（a）第 1 模态的载荷向量　　　　　　（b）第 2 模态的载荷向量

（c）第 3 模态的载荷向量　　　　　　（d）第 4 模态的载荷向量

（e）第 1 模态的时间系数　　　　　　（f）第 2 模态的时间系数

（g）第 3 模态的时间系数　　　　　　（h）第 4 模态的时间系数

图 5.4-5　淮河流域年暴雨日数标准化距平场 REOF 分析图

注：图中绿色柱表示标准化的时间系数，蓝色直线表示线性趋势，红色曲线表示 11 年滑动平均。

偏少，1995—2005 年西部的暴雨日数又开始偏多，存在明显的年代际振荡。

第 3 模态的解释方差为 8.4％。图 5.4－5（c）所示为第 3 模态的载荷向量图，载荷中心位于淮河流域的东北部，绝对值大于 0.5，称之为东北型。第 3 模态的时间系数几乎没有线性倾向，但是年代际变化明显，20 世纪 70 年代后期至 90 年代前期淮河流域东北部暴雨日数偏少，1975 年之前和 1995 年之后东北部的暴雨日数表现为偏多，如图 5.4－5（g）所示。

第 4 模态的解释方差为 8.7％。图 5.4－5（d）所示为第 4 模态的载荷向量图，载荷中心位于淮河流域 4 省交界处，位于流域中心，中心区域数值超过 0.7，称之为中部型。由图 5.4－5（h）可以看出，第 4 模态的时间系数存在微弱的上升趋势，但不显著，而且 20 世纪 70—90 年代前期淮河流域的中部区域暴雨日数均处于偏少的状态，1995 年以后流域中部暴雨日数开始偏多。

5.4.5　淮河流域年暴雨日数的 DEOF 分析

同样，拟合零假设，即假设淮河流域年暴雨日数的背景状态符合各向同性扩散过程的特征，属于空间上的一阶自回归过程。与淮河流域年暴雨量的 DEOF 分析相比，研究区域是一样的，资料场均为标准化距平场 $\sigma = 1$，去相关长度 d_0 均不随空间变化，而且两个变量场 d_0 的估计值相差不大，因此年暴雨日数的零假设过程的 EOF 模态与暴雨量的零假设的 EOF 模态高度相似，这里年暴雨日数的零假设过程的 EOF 模态不再给出图示。

计算淮河流域年暴雨日数标准化距平场主要 EOF 模态对零假设过程的解释方差，图 5.4－6 为淮河流域年暴雨日数标准化距平场 EOF 分析，其中蓝色折线表示

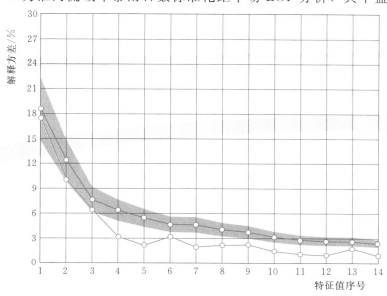

图 5.4－6　淮河流域年暴雨日数标准化距平场 EOF 分析图

主要 EOF 模态的解释方差，前 14 个模态累计解释方差达到 80%，灰色区域表示 EOF 分析特征值误差，红色折线表示主要 EOF 模态对零假设过程的解释方差。对比 EOF 模态对原场的解释方差和对零假设的解释方差，发现 EOF 分析前 3 个模态与各向同性的扩散过程比较相似，但是从第 4 个模态开始，EOF 模态与扩散过程有较大差异。

取 EOF 分析的前 14 个模态进行正交旋转，直到旋转后的模态对原场的解释方差与对零假设的解释方差差异最大，最终得到两个较显著的分布型态 DEOF 第 1 模态和 DEOF 第 2 模态，如图 5.4-7 所示。DEOF 第 1 模态解释原场 12.5% 的方差，解释零假设过程 7.0% 的方差，空间型呈现淮河以南地区与淮河流域西北地区的反位相变化。DEOF 第 2 模态解释原场 5.6% 的方差，解释零假设过程 1.2% 的方差，空间型图中淮河流域北部、中部、南部 3 个纬向带呈"一、＋、一"分布，可能表示淮河流域有些年份雨带位于流域中部淮河干流一线，使得该地区暴雨日数偏多，同时该地区南北两侧暴雨量偏少。

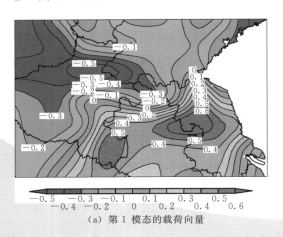 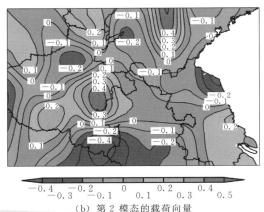

（a）第 1 模态的载荷向量　　　　　　　　（b）第 2 模态的载荷向量

图 5.4-7　淮河流域年暴雨日数标准化距平场 DEOF 分析图

综合本节和上节的分析可以看出：暴雨日数多年平均的空间分布、区域平均的时间变化、序列的线性趋势与暴雨量几乎完全一致；暴雨日数 EOF 分析主要的 3 个空间型与暴雨量的空间型基本一致，对应的时间系数年际变化有微小的差别，而年代际变化是相同的；暴雨日数 DEOF 分析的空间型与暴雨量的结果也是相同的，均表示变量场中包含淮河以南地区与淮河以北地区反位相变化、沿淮地区与其南北两侧地区反位相变化两个分布型态。暴雨日数的 REOF 分析将淮河流域划分为江淮型、西部型、东北型和中部型，与暴雨量的分型结果有一些不同，暴雨日数的西部型载荷中心位于河南西部，暴雨量的西北型载荷中心位于河南北部。上述结果说明淮河流域暴雨日数与暴雨量在时空分布和变化上有基本一致的对应关系，是反映该流域暴雨气候特征的重要指标之一。

5.5 淮河流域暴雨的环流分型

1950 年以来，淮河流域发生了多次特大洪涝灾害，异常洪涝常常与大范围持续性强降水过程联系紧密。表 5.5-1 为 1954—2007 年淮河流域涝年主要集中强降水时段统计表，包括了淮河流域 8 个大水年份出现的 26 次较强的降水过程，造成洪涝的强降水过程持续时间主要集中在 5~15 天，并且几乎每个大水年份都出现历时 10 天左右的强降水过程，因此，周、旬时间尺度的强降水过程是造成淮河流域严重洪涝的直接原因。本节着重分析了 8 个大水年中 26 次集中强降水过程的环流背景，限于篇幅，这里只给出一些典型个例分析。

表 5.5-1　　　　1954—2007 年淮河流域涝年主要集中强降水时段统计

发　生　时　间		
1954 年 7 月 2—13 日	1965 年 7 月 31 日—8 月 4 日	2003 年 7 月 12—16 日
1954 年 7 月 16—24 日	1991 年 6 月 10—14 日	2003 年 7 月 19—21 日
1954 年 7 月 27—30 日	1991 年 6 月 29 日—7 月 11 日	2003 年 8 月 23—30 日
1956 年 6 月 3—11 日	1991 年 7 月 14—19 日	2005 年 7 月 5—10 日
1963 年 7 月 7—12 日	1991 年 7 月 24—29 日	2005 年 7 月 15—23 日
1963 年 7 月 25—30 日	1991 年 8 月 3—8 日	2005 年 7 月 27 日—8 月 3 日
1963 年 8 月 2—8 日	2003 年 6 月 20—23 日	2007 年 6 月 19—22 日
1965 年 6 月 30 日—7 月 3 日	2003 年 6 月 26—27 日	2007 年 6 月 30 日—7 月 9 日
1965 年 7 月 8—22 日	2003 年 6 月 29 日—7 月 10 日	

5.5.1 淮河流域集中强降水过程及环流形势

1. 1954 年 7 月 2—13 日大暴雨过程

1954 年 7 月淮河流域暴雨接连发生，共有 4 处暴雨中心，其中史河上游吴店站 7 月降水量达 1265.3mm，淮河干流王家坝站 7 月降水量为 923.8mm，沙颍河支流汾泉河临泉站 7 月降水量为 1074.9mm，沱河宿县站 7 月降水量为 963mm，7 月淮河流域平均面雨量为 513mm，为同期多年平均降水量的 3~5 倍，从而造成了流域性的特大洪涝灾害。

1954 年 7 月 2—13 日，淮河流域的安徽、江苏两省以及河南南部等地出现了一场持续性大暴雨过程，过程总降水量一般在 200mm 以上（图 5.5-1），其中苏中、皖北、皖西、豫东南等地过程总降水量达 400mm，中心值超过 500mm。这次强降水过程大暴雨集中、雨量大、持续时间长。

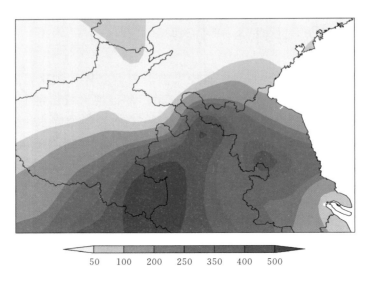

图 5.5－1　1954 年 7 月 2—13 日淮河流域
大暴雨过程总降水量分布（单位：mm）

　　在降水过程期间的 500hPa 位势高度场上，乌拉尔山附近地区存在一个阻高，巴尔
喀什湖与贝加尔湖之间是长波槽，雅库茨克附近地区也维持着阻高，欧亚大陆中高纬
形成了双阻形势。贝加尔湖长波槽中不断分裂出短波槽，经过蒙古国进入我国东北，低
槽携带的冷空气沿偏北路径南下。长波槽的位置移动到巴尔喀什湖之后，长波槽中分
裂的冷空气沿中纬度锋区东移南下。副高较稳定，脊线稳定在北纬 20°～25°，西伸脊点
位于东经 110°～100°，副高北界 584 线稳定在北纬 30°附近（图 5.5－2）。

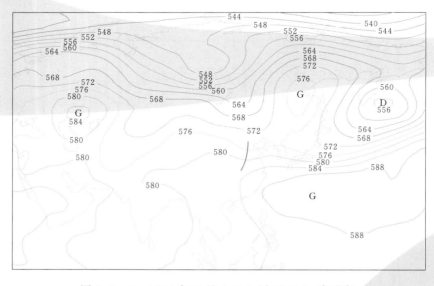

图 5.5－2　1954 年 7 月 3 日 8 时 500hPa 高度场

7月2—4日，500hPa位势高度场上前期从巴尔喀什湖低槽中分裂出的短波槽沿中纬度锋区逐日东移，经过河西走廊、河套地区，于7月3日到达淮河流域，次日继续东移入海。从7月2日开始低空西南气流风速突然增大，源源不断地将低纬海洋上的水汽和能量输送到淮河流域（图5.5-2和图5.5-3）。7月5—7日，500hPa位势高度场上贝加尔湖长波槽的南段正在随中纬度锋区东移，同时长波槽还分裂出一个短波槽，正在向渤海湾地区移动，7日两个短波槽都移动到我国东部，二者同位相叠加，发展加深，700hPa位势高度场上淮河流域的西南气流与华北地区的东南气流在淮河流域北部构成了准纬向的切变线，切变线上存在的低压扰动逐渐东移，引发了特大暴雨过程。7月8—11日，中纬度锋区上的短波槽移动到青藏高原东侧时发展成为西南低涡，西南低涡向东移动，此时华北地区的大陆高压与副高之间的低压带内形成了准纬向的暖切变线，切变线位于长江流域，低涡沿切变线东移，在切变线附近和低涡所到之处，引发了强降水。

图5.5-3　1954年7月3日8时700hPa高度场和风场

　　2. 1991年7月14—19日大暴雨过程

　　1991年5—7月梅雨季节，江淮地区发生的大暴雨过程是我国近几十年来出现的又一次著名的暴雨事件，其降水量之大、持续时间之长、影响地区之广、造成灾害之严重都是历史上少见的。这场暴雨发生在江淮的梅雨季节，具有梅雨降水的典型特点，还具有3个显著的异常特征：1991年的梅雨来得早，5月18日入梅，比常年提前了1个月；梅雨期持续了56天，是近几十年最长的梅雨期；雨带一直稳定在江淮地区，南北摆动幅度在1个纬距左右，降水十分集中。

　　梅雨结束后，7月14—19日在淮河流域的东北部和西北部又出现了一次大暴雨过程（图5.5-4）。暴雨区主要分布在淮河流域东北部，过程总降水量在100mm左右，降水中心位于江苏北部，极值超过120mm，在河南境内还有一个弱中心，极值为80mm左右。

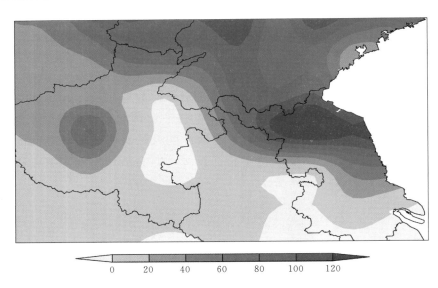

0   20   40   60   80   100   120

图5.5-4　1991年7月14—19日淮河流域
大暴雨过程总降水量分布（单位：mm）

在强降水过程中，500hPa位势高度场上呈现单阻形势，前期位于东西伯利亚北部地区的阻高不断向西发展，到7月15日发展到中西伯利亚北部，然后开始减弱，最终于19日消失。阻高的南侧维持着切断低压，乌拉尔山地区是强盛的低涡。7月14—16日，蒙古国到我国华北地区受高压脊控制，从16日开始，乌拉尔山低涡中分裂出的低槽沿北纬40°中纬度锋区向东移动，17日影响到我国华北地区。副高偏强，在强降水过程中脊线稳定在北纬25°，控制淮河以南地区，西伸脊点处于东经105°～115°。19日以后，副高脊线北抬到北纬30°，副高主体深入至长江以南地区（图5.5-5）。

7月14—16日，700hPa高度场上蒙古国的大陆高压脊逐渐移动到我国华北，副高西北侧的西南气流与大陆高压后部的东南气流形成东西向的暖切变线，切变线与四川地区的西南低涡相连接，形成低涡切变线形势（图5.5-6）。17—18日，东移的低槽移动到我国华北，槽后冷空气南下与副高西北侧的西南气流交绥引发了暴雨过程。在整个降水过程中850hPa低空急流不活跃，14日西南低空气流有一次突然增强的过程，但从15日开始低空急流减弱消失。

3. 2003年7月19—21日暴雨过程分析

2003年6月下旬至7月中旬，淮河流域出现持续性大暴雨，部分地区的雨情和水情甚至超过了1991年，为历史上罕见。2003年6月21日，我国主要降水带从华

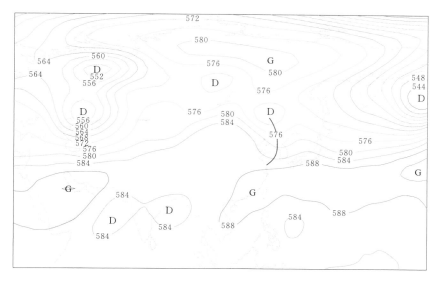

图 5.5-5　1991 年 7 月 15 日 14 时 500hPa 高度场

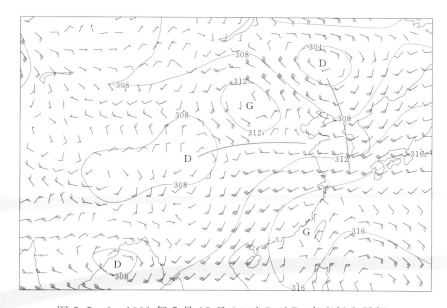

图 5.5-6　1991 年 7 月 15 日 14 时 700hPa 高度场和风场

南、江南南部北跳到淮河流域，6 月 21 日—7 月 22 日淮河流域共出现了 7 次强降水过程，安徽北部、河南东南部、江苏北部等地总降水量普遍比常年同期偏多 1～2 倍，局地偏多 2～3 倍。

2003 年 7 月 19—21 日淮河上游地区出现了一场暴雨过程，降水主要分布在河南东南部和安徽西北部，总降水量一般有 50mm，中心极值超过 110mm（图 5.5-7）。

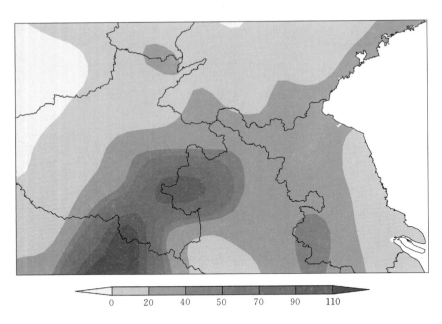

图 5.5 - 7　2003 年 7 月 19—21 日淮河流域总降水量分布（单位：mm）

500hPa 高度场上，乌拉尔山到西西伯利亚是长波槽区，贝加尔湖到雅库茨克存在阻高，欧亚大陆中高纬环流场的特征可概括为东高西低。阻高的南侧存在一个切断低压。副高偏强，脊线稳定在北纬 25°左右，前期西伸脊点位于东经 120°～110°之间，7 月 21 日西伸到东经 105°（图 5.5 - 8）。

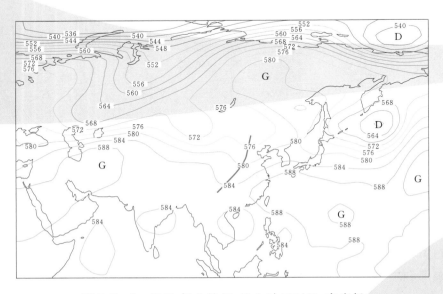

图 5.5 - 8　2003 年 7 月 21 日 8 时 500hPa 高度场

在 500hPa 高度场上，7 月 19 日青藏高原东侧中纬度西风带上有一个短波槽正在东移，位于我国东北的切断低压正在西退，21 日低压南部的低槽与正在东移的短波槽相叠加，形成了从我国内蒙古东部到西南的低压槽。同时在 700hPa 高度场上，青海、四川等地由大陆高压控制，大陆高压与副高之间的低压区内形成了东北至西南向的江淮切变线（图 5.5-9）。在整个降水过程中 850hPa 低空急流不活跃，只有 7 月 21 日 8 时在长江中下游有弱的低空急流建立。

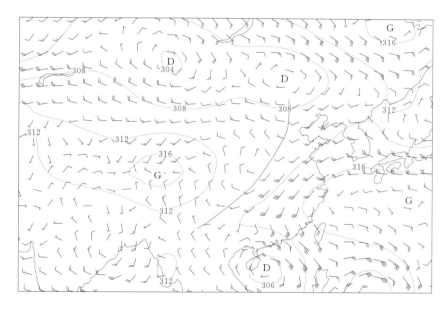

图 5.5-9　2003 年 7 月 21 日 8 时 700hPa 高度场和风场

5.5.2　淮河流域集中强降水过程的环流分型

大范围暴雨往往出现在某种特定的大尺度环流形势下。在这种大尺度环流背景下，冷暖空气不断在淮河流域交绥，使得引起暴雨的天气尺度系统或中尺度系统发展，淮河流域低层形成强而持续的垂直上升运动和水汽输送，有利于暴雨形成。高低纬度不同尺度的天气系统相互作用是引起淮河流域暴雨的重要原因。欧亚大陆中高纬度出现的长波系统能使环流形势稳定，或者造成经向度很大的环流形势。副高的位置决定了从海洋向陆地的水汽通道路径，热带环流系统则是暴雨的主要水汽来源，因此，在暴雨大形势分型中主要的依据是副高脊线的位置、西风带流型和低纬度流型，另外还着重考虑了中低层影响暴雨的主要天气系统。

根据表 5.5-2 中 26 次强降水过程的环流形势归纳出 7 类典型的环流型：梅雨型、江淮气旋型、江淮切变线型、暖切变线型、深槽型、台风北上型和其他型。由于每一类暴雨过程可有多个实例，限于篇幅，每个环流型仅给出个例的图片，但统计分析结论不局限于图中的个例。

表 5.5-2   淮河流域 26 次强降水过程的环流分型

类　型	发 生 时 间
梅雨型	1954 年 7 月 2—13 日，1954 年 7 月 16—24 日，1956 年 6 月 3—11 日，1965 年 6 月 30 日—7 月 3 日，1965 年 7 月 8—22 日，1991 年 6 月 10—14 日，1991 年 6 月 29 日—7 月 11 日，2003 年 6 月 29 日—7 月 10 日，2007 年 6 月 30 日—7 月 9 日
江淮气旋型	2003 年 6 月 20—23 日，2003 年 6 月 26—27 日
江淮切变线型	1991 年 8 月 3—8 日，2003 年 7 月 19—21 日，2005 年 7 月 5—10 日，2007 年 6 月 19—22 日
暖切变线型	1954 年 7 月 27—30 日，1991 年 7 月 14—19 日，2003 年 7 月 12—16 日
深槽型	1963 年 7 月 7—12 日，1963 年 7 月 25—30 日，1963 年 8 月 2—8 日
台风北上型	1965 年 7 月 31 日—8 月 4 日，1991 年 7 月 24—29 日
其他型	2003 年 8 月 23—30 日，2005 年 7 月 15—23 日，2005 年 7 月 27 日—8 月 3 日

1. 梅雨型

梅雨型是淮河雨季暴雨的主要环流形势，通常发生在每年 6 月下旬至 7 月上旬，在 26 次强降水过程中共出现 9 次，过程中降水范围广，持续时间长，一般可达到 1～2 周。2003 年 6 月 29 日—7 月 10 日平均高度场及平均风场图是一例典型的梅雨型暴雨过程的大气环流形势图，如图 5.5-10 所示。梅雨型的共同点是 500hPa 平均高度场上东经 120°附近副高 584 线稳定在北纬 30°左右，副高 584 线的位置决定了暴雨的落区，它的稳定有利于暴雨的维持。500hPa 平均高度场欧亚大陆中高纬度常常维持双阻形势，即乌拉尔山附近和鄂霍次克海附近分别有阻高或高压脊存在，它们之间有一个宽槽分布在巴尔喀什湖至雅库茨克之间的区域，我国东北低压槽底部可延伸至淮河流域。鄂霍次克海阻高能造成西风带分支，使得南支西风能影响到江淮地区，宽槽内不断有冷空气南下，一般有两条路径：一支冷空气由长波槽的槽底经我国河西走廊南下；另一支从贝加尔湖分裂南下。暖湿空气来自孟加拉湾和南海地区。700hPa 平均高度场上陆续有西风带低槽东移，在移动过程中发展，影响淮河流域，或者是西南涡东移引起淮河流域强降水。200hPa 高空急流［图 5.5-10（a）中红色区域］和 850hPa 西南低空急流［图 5.5-10（b）中红色区域］均非常活跃，淮河流域处于高空急流的入口区右侧和低空急流的出口区左侧，这种高低空急流的配置有利于低层气流的辐合以及上升运动，图 5.5-11 为 2003 年 6 月 29 日—7 月 10 日 200hPa 高空急流、850hPa 低空急流和地面暴雨区合成图，图中绿色区域为高空急流，红色区域为低空急流，蓝色区域为暴雨区。地面天气图上有静止锋配合，静止锋呈准纬向位于长江沿岸，暴雨落区呈纬向带状分布在淮河以南或者沿淮地区。有关研究曾指出，中高纬度阻高的存在是淮河流域持续性降雨的有利条件。在梅雨型强

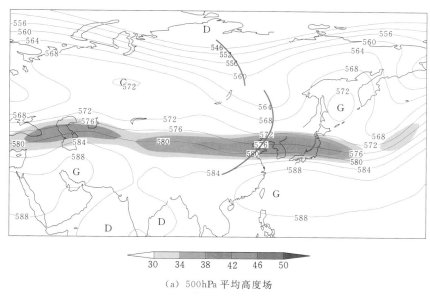

（a）500hPa 平均高度场

（b）700hPa 平均高度场及风场

图 5.5-10　2003 年 6 月 29 日—7 月 10 日平均高度场及平均风场

降水过程的逐时次 500hPa 高度场上可以观察到，中高纬度阻高的配置主要有三种情况：稳定双阻型、在单阻型与双阻型之间调整以及在多阻型与双阻型之间调整。

2. 江淮气旋型

在 26 次强降水过程中江淮气旋型出现了 2 次，暴雨过程持续时间 2~3 天。在有利

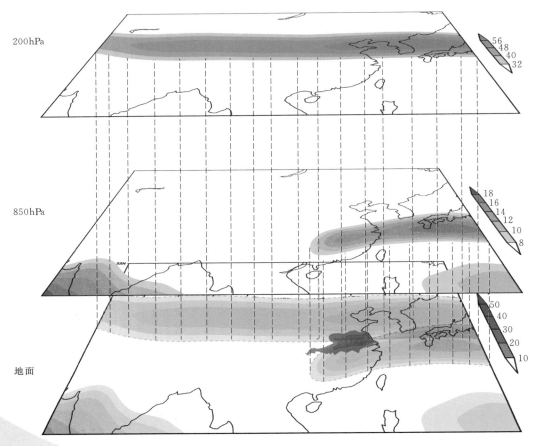

图 5.5－11 2003 年 6 月 29 日—7 月 10 日 200hPa 高空急流、
850hPa 低空急流和地面暴雨区合成图

的大尺度环流背景条件下江淮气旋可连续发生。江淮气旋型的共同特征是：500hPa 高度场上，欧亚大陆中高纬度从乌拉尔山到贝加尔湖之间存在强大的阻高，阻高的左右两侧乌拉尔山附近、贝加尔湖附近分别是一个长波槽，鄂霍次克海附近是弱高压脊；东经 120°副高脊线位于北纬 20°~23°。环流演变过程中贝加尔湖附近长波槽中分裂出低槽，并东移至我国东北地区，低槽后部冷空气南下影响淮河流域。700hPa 高度场上中纬度西风带有高空槽经过河套地区向东移动，至黄淮地区时槽前有明显的暖平流，槽前产生减压形成江淮气旋。850hPa 高度场上槽前、气旋东南侧存在显著的西南低空急流。从地面实况天气图上可观测到典型江淮气旋的生成、东移以及入海的过程。图 5.5－12 是 2003 年 6 月 23 日 2 时 500hPa 和 700hPa 高度场及风场。

3. 江淮切变线型

江淮切变线型暴雨在 26 次强降水过程中共出现了 4 次。图 5.5－13 是 2005 年 7 月 5—10 日平均高度场及平均风场图。该环流型主要特点如下：①500hPa 平均高度场欧亚大陆中高纬度呈东高西低的形势，乌拉尔山至西西伯利亚附近地区是长波槽，

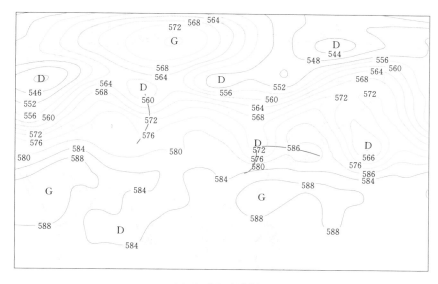

(a) 500hPa 高度场

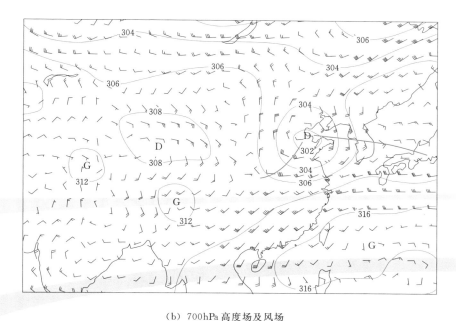

(b) 700hPa 高度场及风场

图 5.5-12　2003 年 6 月 23 日 2 时 500hPa 和 700hPa 高度场及风场

雅库茨克至鄂霍次克海附近地区是阻高，阻高的西南侧即我国东北地区是切断低压或者低压槽；②东经 120°副高脊线位于北纬 20°～25°之间；③700hPa 平均高度场上我国西北地区是大陆高压，与副高对峙，两高压之间是狭长的低压带，我国东北地区是低压区，西南地区常有低涡生成，气压场上"两高两低"的分布，形成了典型的鞍型场，在低压带内有东北至西南向的冷切变线。淮河流域正处于 200hPa 高空急流的入口区，高空气流辐散有利于低层气流辐合，但 850hPa 上的低空急流在整个降水过程中都不活跃。如图 5.5 - 13（b）所示，黑色圆圈标出的区域（A 区）就是鞍型场鞍心所在位置，暴雨的落区位于鞍心的东南侧。

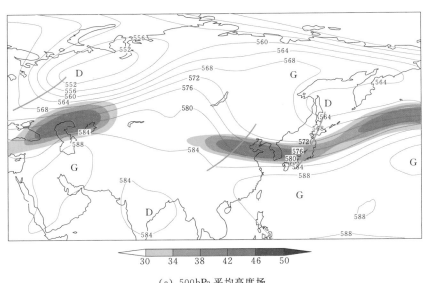

（a）500hPa 平均高度场

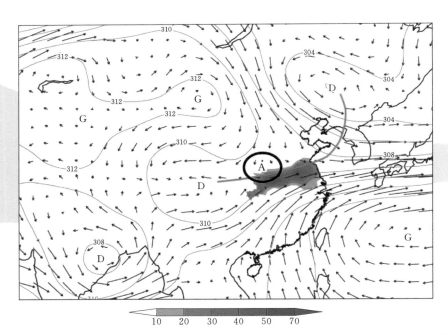

（b）700hPa 平均高度场及平均风场

图 5.5 - 13　2005 年 7 月 5—10 日平均高度场及平均风场

注：图中红色区域是急流区，蓝色区域是日均降水区。

4. 暖切变线型

暖切变线型暴雨过程在 26 次强降水过程中出现了 3 次。暖切变线一般发生在副高北抬的形势下，因此一般在江淮梅雨期结束前后、副高脊线出现第二次北跳的情况下会出现暖切变线型环流形势。图 5.5 - 14 是 2003 年 7 月 12—16 日平均高度场及平均风

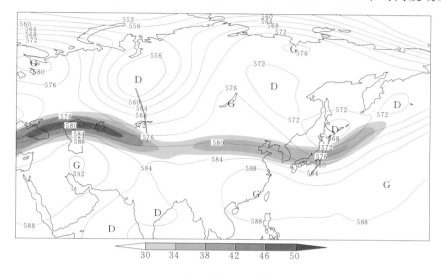

(a) 500hPa 平均高度场

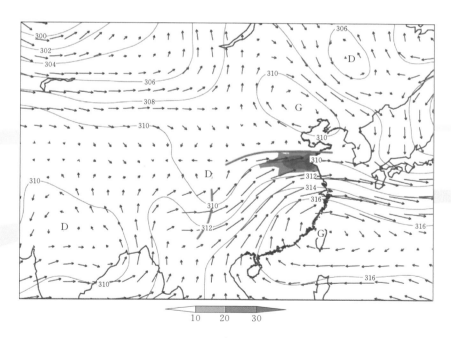

(b) 700hPa 平均高度场及平均风场

图 5.5 - 14　2003 年 7 月 12—16 日平均高度场及平均风场

注：图中红色区域是急流区，蓝色区域是日均降水区。

场图，这是一个典型的暖切变线型大气环流形势。暖切变线型的共同特征是：500hPa高度场欧亚大陆中高纬度呈单阻形势，从贝加尔湖附近地区至鄂霍次克海附近是强大的阻塞高压稳定维持，乌拉尔山至西西伯利亚是长波槽。我国北方处于高压控制范围内，孟加拉湾地区季风低压偏强。700hPa高度场上我国华北地区是大陆小高压（脊），或者是反气旋环流，副高控制我国淮河以南的沿海地区，两高压南北对峙，大陆高压后部的东南气流与副高西北侧的西南气流形成东西向的暖切变线；另外青藏高原东侧常常形成西南低涡，暖切变线与低涡相连接。冷空气活动较弱，副高西北侧的西南暖湿气流不断向暴雨区输送。暴雨落区一般呈纬向带状分布在淮北地区，位于暖切变线的南侧。

5. 深槽型

深槽型暴雨在26次强降水过程中共出现3次，持续时间为1周左右。历史上著名的"63·8"华北特大暴雨就是深槽型环流形势的典型代表，陶诗言等（1980）对该过程进行了详细的分析论述。图5.5-15为1963年7月25—30日平均高度场及平均风场图，该图为一个深槽型暴雨过程的大气环流形势图。该型的共同特征是：500hPa高度场雅库茨克附近地区是阻高或者高压脊，副高偏北，位于日本岛附近，两高压相连接，南北高压的经向型配置形成了强大的高压坝，对西风槽的东移起阻挡作用，使东移的西风槽在东经110°附近不断加深，这种深槽可引导西南涡北上造成北方大暴雨。700hPa高度场上我国东部是高压脊，东经95°～110°、北纬25°～45°是低压槽区，其中有一条南北向的深槽，槽前有西南低空急流，急流的位置与其他类型明显不同，急流轴从我国西南地区指向华北。暴雨发生在深槽前部，雨带一般呈西南至东北走向，暴雨区处于低空急流出口区，如图5.5-15（b）所示。

6. 台风北上型

台风北上型在26次强降水过程中共出现了两次，这两次过程的500hPa高度场上分别在雅库茨克附近、贝加尔湖附近存在阻高，但伴随阻高存在的是我国东北地区的切断低压，这是它们的共同点。副高偏北偏强，位于日本岛以南海面，我国大陆沿岸东经115°附近是从东北低压延伸出来的深槽，台风经过台湾东部海域，沿深槽槽前北上，冷空气从槽后侵入台风环流西部，图5.5-16是1991年7月28日14时高度场及风场图，图中表示的是低槽将要侵入台风环流时的天气形势。这是苏鲁沿海大暴雨的常见环流型。暴雨发生在槽前，暴雨落区位于山东境内或者江苏北部。

7. 其他型

在26个强降水过程中，有3个强降水过程无法找出环流型的共同特点，将其归为其他型。其中，2005年7月15—23日的暴雨过程是由登陆台风引发的，在暴雨期间，副高异常强大，中心位于朝鲜半岛附近，位置稳定，有时加强西伸，使中纬度西风槽东移受阻。低纬有多个台风活动，台风从福建登陆后，沿西北路径深入内陆，台风低压移动到豫、皖、鄂附近地区时，与晋、陕、豫交界处的西风槽相遇，在台风北

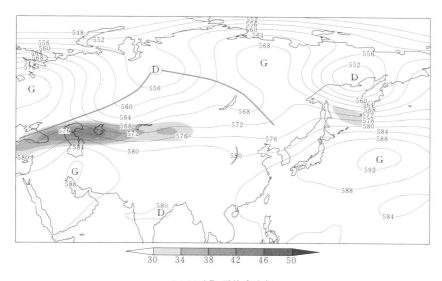

(a) 500hPa 平均高度场

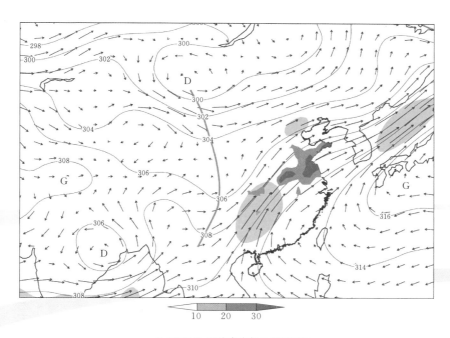

(b) 700hPa 平均高度场及平均风场

图 5.5 - 15 1963 年 7 月 25—30 日平均高度场及平均风场

注：图中红色区域是急流区，蓝色区域是日均降水区。

侧倒槽附近产生暴雨，台风北上受到副高加强西伸的阻挡，在原地停滞造成河南大暴雨。由于海上另有台风低压存在，副高南侧维持着强低空偏东急流，从海上输送大量水汽，有利于低压环流和暴雨的维持。

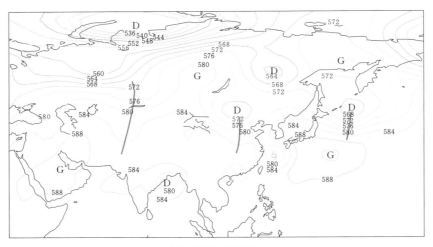

（a）500hPa 高度场

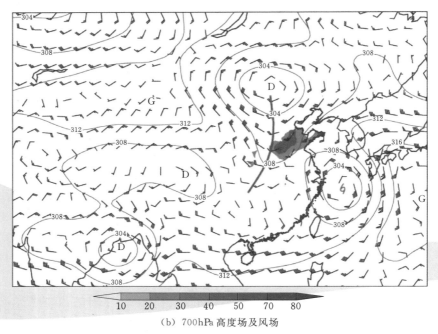

（b）700hPa 高度场及风场

图 5.5－16　1991 年 7 月 28 日 14 时 500hPa 和 700hPa 高度场及风场

注：图中蓝色区域是日均降水区。

6

淮河流域典型旱涝与大气环流背景

淮河流域地处我国南北气候过渡带,在夏季我国季风雨带从南向北推进的过程中,大致以流域中部为界,南部是江淮梅雨的北缘,北部是华北雨带的南缘,夏秋季节还受到台风降水的影响,整个流域雨季较长。

第 5 章讨论了淮河流域暴雨的气候特征及其强降水过程与环流特征,从淮河流域整个夏季降水特征来看,主要有 3 种降雨类型:全流域多雨型、南部或北部多雨型、西部或东部多雨型。淮河流域大涝年份通常表现为流域性大涝型和中南部大涝型,其共同特点是沿淮一带的降水偏多,并与梅雨降水相联系;而西部或东部多雨型与台风关系密切。对降水变率的分析表明,淮河流域南部降水变率大于北部,表明南部降水更不稳定,对流域的旱涝起重要作用。南部的梅雨通常强度更大,更易导致流域性洪涝。流域的暴雨主要集中在夏季(6—8 月),占全年暴雨量的近 80%,暴雨量和暴雨频次的分布都是南部高于北部。与长江流域、黄河流域相比,淮河流域降水变率最大,表明过渡带气候的不稳定性,容易出现旱涝。旱年约为 2.5 年一遇,涝年约为 3 年一遇。

分析表明,20 世纪 60 年代以来淮河流域汛期降水呈不显著的增多趋势,但 21 世纪以后的增多程度超过了过去的几十年,且 21 世纪前 10 年降水的年际变率也在加大,导致淮河流域频繁出现旱涝,成为越来越严重的气候脆弱区。总体而言,淮河流域汛期降水具有 2~3 年的周期性,并有显著的年内变化,7 月是一年中降水最多的时段。此外,"旱涝急转"或"旱涝交替"是年内变化的另一个重要特征。

本章将从年降水量和汛期降水量详细分析造成淮河流域降水异常的大气环流背景、海温和相关天气系统,揭示造成淮河流域夏季旱涝年的大气环流和天气气候原因以及不同时间尺度的降水变率特征。

6.1 现代淮河流域降水特征及其时空分布

6.1.1 淮河流域年降水的空间型

为了研究淮河流域降水的空间变化特征,对 1971—2004 年的年降水量场标准化后进行了 EOF 和 REOF 分析，得到淮河流域年降水量的分布特征，如图 6.1-1 所示，并通过 REOF 分析对其空间特征进行了分区。

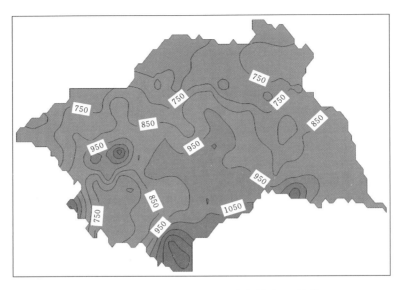

图 6.1-1　淮河流域年降水量的分布特征（单位：mm）

　　根据 REOF 分析的分区结果，淮河流域年降水可按 3 个特征向量分为 3 个分区（图 6.1-2）：第 1 分区主要是淮河中下游地区，包括淮河流域内安徽、江苏区域；第 2 分区是沂沭泗河流域和淮干上游东侧部分地区；第 3 分区是颍河、涡河上中游地区和淮河干流上游西侧地区以及新沭河到新沂河的连云港周边部分区域。淮河流域及其各分区的年降水变化拟合直线趋势表明，第 1 分区和第 3 分区由负距平变为正距平，第 2 分区由正距平变为负距平，区域整体为由负距平变为正距平，线性倾向率由大到小的顺序为第 3 分区、第 1 分区、整个流域、第 2 分区，其中只有第 3 分区降水变化与时间的相关系数通过 0.05 的显著性检验，其相关为 0.37。分析计算结果表明，近 34 年来，整个淮河流域和第 1、第 3 分区年降水大致为增加的趋势（图 6.1-3），而第 2 分区为减少趋势，但是只有第 3 分区为显著变化，其余序列没有达到显著性水平，主要以自然变动为主。

6.1.2　淮河流域汛期降水的主要空间型

　　对淮河流域内自 1971 年以来有连续观测记录的 154 个气象站点 6—8 月降水总量进行 EOF 分解，计算得到的 3 个特征向量分布如图 6.1-4 所示。各特征向量的解释方差和累积解释方差见表 6.1-1。可以看到，前 3 个特征向量的总方差达到 95.4%，可以代表淮河流域汛期降水场的主要特征。

　　因为使用的是降水量的原始场，所以第 1 特征向量最接近淮河流域汛期降水的多年平均分布（解释方差达 91%）。由图 6.1-4（a）可见，特征值从北向南递增，有两

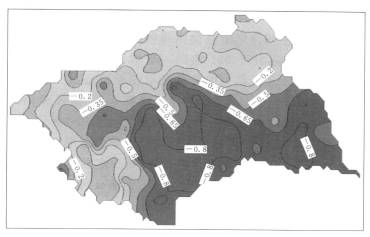

（a）第 1 特征向量

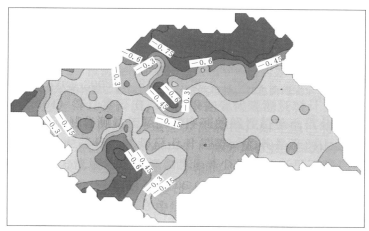

（b）第 2 特征向量

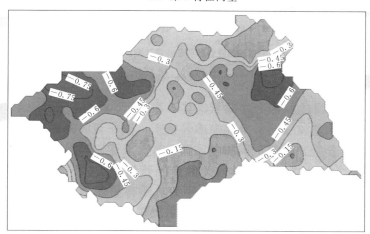

（c）第 3 特征向量

图 6.1-2 REOF 第 1～第 3 特征向量

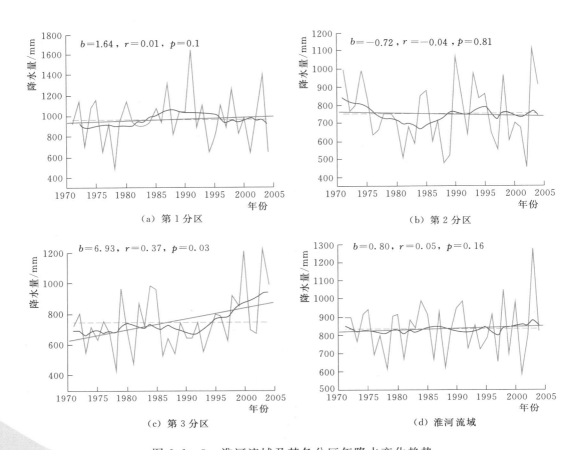

图 6.1-3　淮河流域及其各分区年降水变化趋势

注：紫色实线为区域平均逐年降水量，绿色虚线为多年平均值，蓝色实线为 11 年滑动平均，
红色实线为线性拟合趋势线；b 为回归系数，r 为相关系数，p 为显著性检验概率。

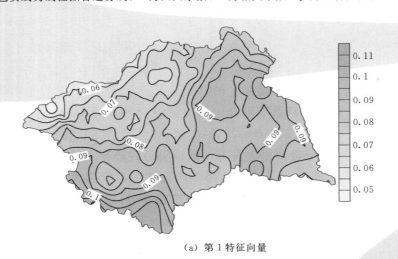

（a）第 1 特征向量

图 6.1-4（一）　淮河流域 6—8 月降水 EOF 分解的 3 个特征向量分布

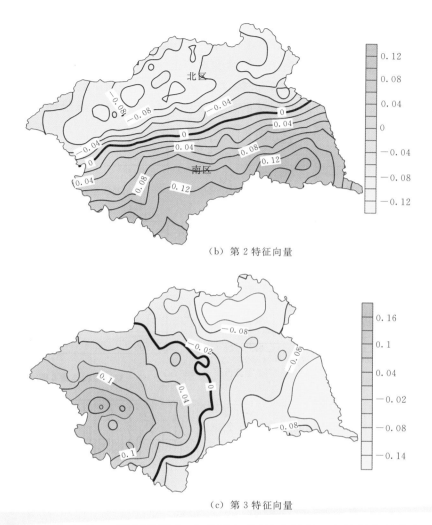

（b）第2特征向量

（c）第3特征向量

图 6.1-4（二）　淮河流域 6—8 月降水 EOF 分解的 3 个特征向量分布

表 6.1-1　　EOF 展开的前 3 个特征向量的解释方差和累积解释方差

特征向量	解释方差/%	累积解释方差/%
第 1 特征向量	91.4	91.4
第 2 特征向量	2.5	93.9
第 3 特征向量	1.5	95.4

个高值区分别在大别山区和淮河下游沿海区。这表明淮河流域汛期降水有南部多于北部、山区多于平原、近海多于内陆的气候特点，这种分布特点与流域年降水量的分布特征基本一致，说明汛期降水量在年降水量中所占比例最大。同时可以看到，第 1 特征向量全部为正值，表明淮河流域汛期降水具有全区一致性这个主要特征，称之为全区一致型，表现为全流域多雨或全流域少雨。

EOF 展开的第 2 特征向量如图 6.1 - 4 (b) 所示,其特征值分布为北负南正,零线横贯流域中部,表明淮河流域汛期降水也会出现南北相反的空间分布,称之为北旱(涝)南涝(旱)型,具体表现为北部少雨南部多雨或北部多雨南部少雨。

EOF 展开的第 3 特征向量如图 6.1 - 4 (c) 所示,其特征值分布为西正东负,表明淮河流域汛期降水还具有东西相反的空间分布,称之为西涝(旱)东旱(涝)型,表现为西部多雨东部少雨或西部少雨东部多雨。

6.1.3 淮河流域年降水量相对变率

降水量年际波动的大小在淮河流域不同区域也存在显著差异。图 6.1 - 5 所示为淮河流域年降水量相对变率空间分布。由图 6.1 - 5 可见,淮河流域年降水量相对变率在 0.16~0.27 之间,南部总体大于北部,两个相对变率最大区分别位于驻马店至阜阳一带和山东邹县附近。降水年际变化大是导致旱涝频繁的直接原因,显然,这种年际变化大,带来的是气候态的不稳定。

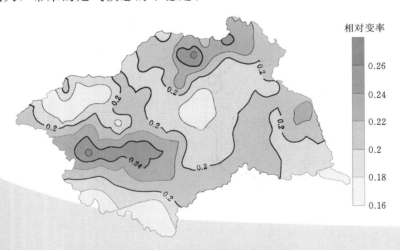

图 6.1 - 5　淮河流域年降水量相对变率空间分布

由于特殊的地形、环境等因素影响,暴雨易导致淮河流域洪涝灾害。据统计,3 天累计降水量区域平均值超过 100mm 则会造成洪涝,若超过 300mm 则会造成严重洪涝,如 2003 年 6 月 29 日—7 月 10 日,淮河干流普降暴雨,有 57 个站过程降水在 300mm 以上,23 个站过程降水在 400mm 以上,致使淮河流域发生了流域性大洪涝。

淮河流域各地均会出现暴雨,但南部比北部多(图 6.1 - 6),大部分地区多年平均暴雨日在 3 天左右,洪涝年份更多。暴雨主要集中在夏季(6—8 月),占全年暴雨量的近 80%。

对 3 天以上过程雨量进行统计并由大到小排序,按照极端气候事件的划分标准,得到第 10 百分位数的雨量约为 200mm。以此为标准,将各站雨量超过 200mm 的 3

天暴雨过程筛选出来，统计其累计降水量和频次的多年平均值，如图 6.1 - 7 所示。由图 6.1 - 7 可见，暴雨量和暴雨频次的分布颇为相似，都是淮河流域西南部和东南部为高值区，流域北部最低。

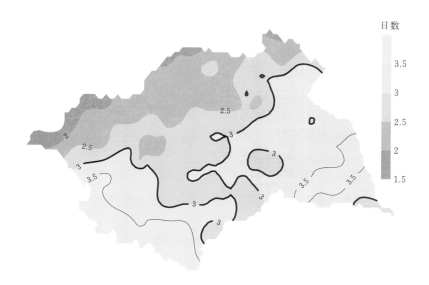

图 6.1 - 6　淮河流域年平均暴雨日数空间分布（单位：天）

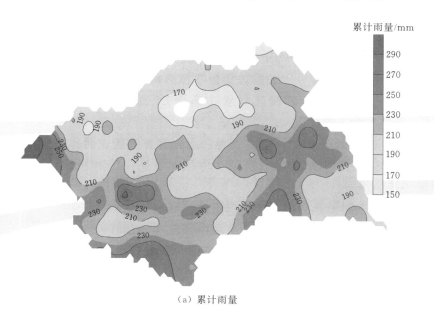

（a）累计雨量

图 6.1 - 7 （一）　淮河流域雨量超过 200mm 的 3 天暴雨过程
累计降水量及频次分布

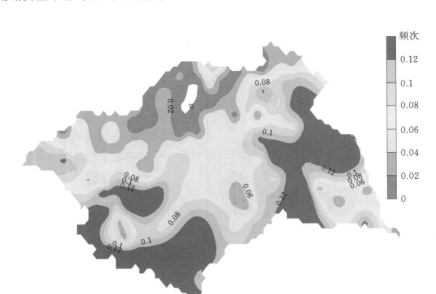

（b）频次

图 6.1-7（二）　淮河流域雨量超过 200mm 的 3 天暴雨过程
累计降水量及频次分布

6.1.4　淮河流域汛期降水的年际变化

为了分析淮河流域汛期降水随时间的演变特征，利用流域内 1961 年以来有连续
观测记录的 123 个气象站点资料进行研究。将各站点降水量进行算术平均得到代表整
个流域的降水量序列。考虑到流域北部和南部汛期降水常常相反的特点，按照 EOF
第 2 特征向量中的零线将整个流域分为南北两个区，北区包括 58 个站点，南区包括
65 个站点，分别对区域内的站点求平均，得到该区域的降水量序列。

图 6.1-8 为 1961—2006 年淮河流域全流域及南北两区汛期总降水距平百分率年际
变化。由图 6.1-8 可见，淮河流域汛期降水存在明显的年际变化。值得注意的是，21
世纪的前 10 年年际变率在加大，表明旱涝概率在加大。表 6.1-2 为 1961—2006 年
淮河流域汛期降水量及距平百分率的标准差，计算结果表明，南区汛期降水的变率
比北区大，说明南区降水对淮河流域旱涝的形成具有重要作用。全流域由于空间平
均作用，降水的局地差异被抵消，平均变率变小。

表 6.1-2　1961—2006 年淮河流域汛期降水量及距平百分率的标准差

项　　目	全流域	北区	南区
降水量标准差/mm	111.6	111.9	148.8
距平百分率标准差/%	24.1	27.2	29.8

根据降水距平百分率划分旱涝年，以距平百分率不小于 25% 且小于 35% 的为涝
年，不大于 −25% 且大于 −35% 的为旱年，不小于 35% 的为大涝年，不大于 −35%

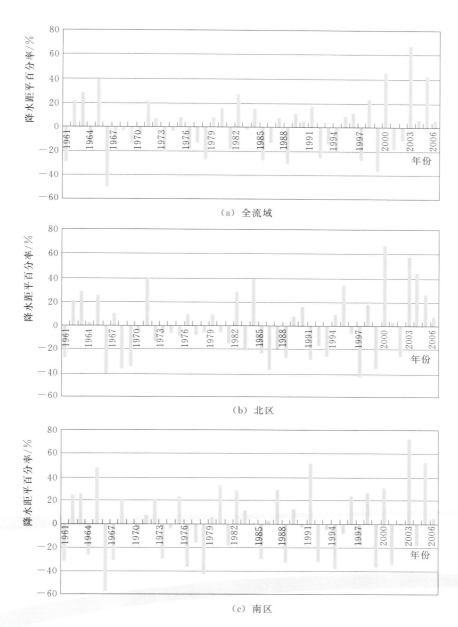

图 6.1-8　1961—2006 年淮河流域全流域及南北两区汛期总降水距平百分率年际变化

的为大旱年，划分出的旱涝年分布统计见表 6.1-3［依据《气象干旱等级》（GB/T 20481—2006）和《旱情等级标准》（SL 424—2008）］。由表 6.1-3 可见，1963 年、1965 年、1982 年、2003 年和 2005 年，淮河流域大部分地区多雨；1966 年、1988 年和 1999 年，淮河流域大部分地区少雨；也有一些年份仅仅是北部或南部多雨以及北部或南部少雨，如旱涝严重的 1991 年、1978 年、1994 年、2001 年等均是以南部为主发生的。因此可以认为，淮河流域的旱涝更多地取决于流域南部的旱涝，尤其是南部大涝，这可能是因为淮河干流主要位于流域南部的原因。事实上，有几个大水年如 1991 年、2003 年、2005 年等，降水中心都位于流域的中南部，其共同特点是淮河干流的降水偏多。淮河流域典型涝年和旱年 6—8 月降水距平百分率分别如图 6.1-9 和图 6.1-10 所示。

表 6.1-3   1961—2006 年淮河流域旱涝年份分布统计表

范　围	涝　年	大涝年	旱　年	大旱年
全流域	1963 年、1965 年、1982 年、2005 年	2003 年	1988 年	1966 年、1999 年
北区	1963 年、1965 年、1982 年、1995 年、2005 年	1971 年、1984 年、2000 年、2003 年、2004 年	1969 年、1988 年、1991 年、1993 年、2002 年	1966 年、1968 年、1986 年、1997 年、1999 年
南区	1963 年、1980 年、1982 年、1987 年、1998 年、2000 年	1965 年、1991 年、2003 年、2005 年	1964 年、1967 年、1973 年、1985 年、1988 年、1992 年、2001 年	1966 年、1976 年、1978 年、1994 年、1999 年

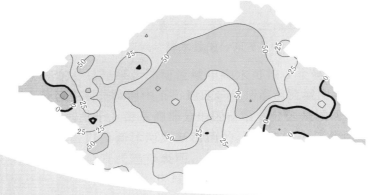

(a) 1963 年

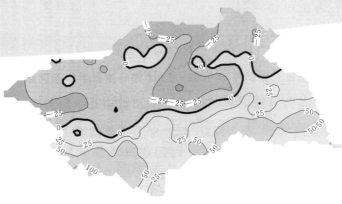

(b) 1987 年

图 6.1-9（一）　淮河流域典型涝年 6—8 月降水距平百分率（％）

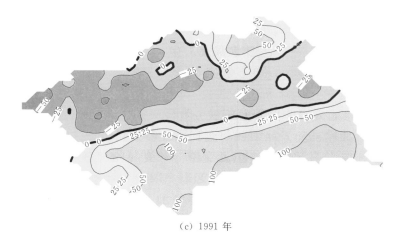

(c) 1991 年

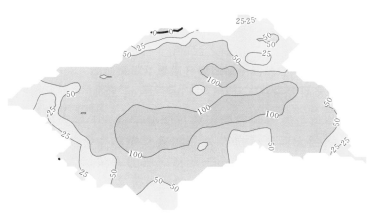

(d) 2003 年

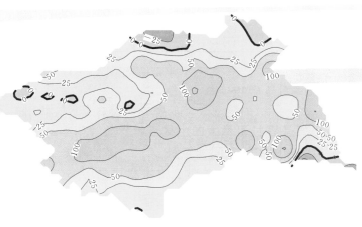

(e) 2005 年

图 6.1-9（二）　淮河流域典型涝年 6—8 月降水距平百分率（％）

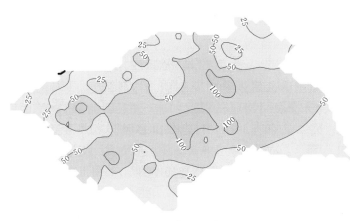

(f) 2007 年

图 6.1-9（三）　淮河流域典型涝年 6—8 月降水距平百分率（％）

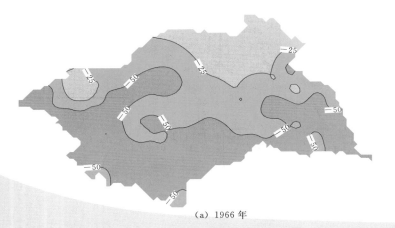

(a) 1966 年

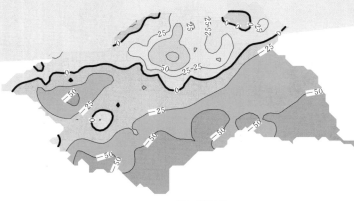

(b) 1978 年

图 6.1-10（一）　淮河流域典型旱年 6—8 月降水距平百分率（％）

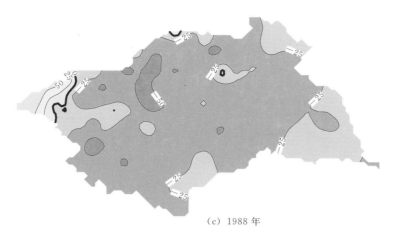

(c) 1988 年

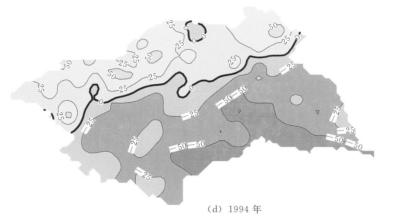

(d) 1994 年

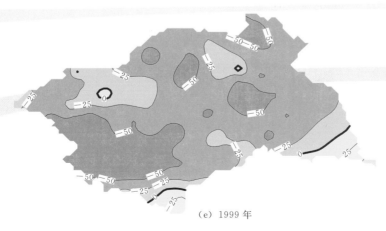

(e) 1999 年

图 6.1-10（二）　淮河流域典型旱年 6—8 月降水距平百分率（%）

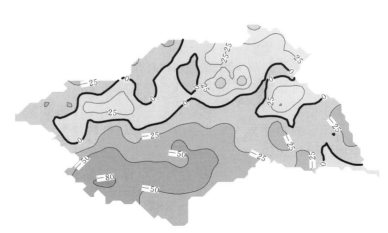

(f) 2001 年

图 6.1-10（三）　淮河流域典型旱年 6—8 月降水距平百分率（%）

6.1.5　淮河流域汛期降水的年代际变化

采用线性倾向估计和 11 年滑动平均方法分析了淮河流域汛期降水的年代际变化特征，结果如图 6.1-11 所示。线性倾向估计趋势分析发现，20 世纪 60 年代以来淮河流域汛期降水有增多趋势，全流域、北区和南区分别以 14.8mm/(10a)、14.2mm/(10a) 和 15.7mm/(10a) 的速率增多，其中南区增多程度更大一些。但经检验，其相关系数未达到显著性水平，因此，这种增多趋势并不显著。

图 6.1-11 中绿线为降水的 11 年滑动平均。可以看出，对于北区，20 世纪 90 年代是一个比较明显的分界，90 年代之前降水为弱的减少趋势，90 年代之后降水为增多趋势，且增多幅度明显要大于前面的减少幅度；对于南区，从 60 年代到 90 年代降水为弱波动变化，基本围绕在正常水平，21 世纪以后降水明显增多。

分别用 1961—1969 年、1970—1979 年、1980—1989 年、1990—1999 年、2000—2006 年代表 20 世纪 60 年代、70 年代、80 年代、90 年代以及 21 世纪初期，求出每个年代汛期降水相对于 37 年平均值的降水距平百分率，见表 6.1-4。由表 6.1-4 可见，南、北两区的汛期降水在 20 世纪 70 年代和 80 年代是相反的，70 年代北多南少，80 年代北少南多，但从 90 年代起南北两区降水趋于一致，90 年代以偏少为主，进入 21 世纪以后以偏多为主，且偏多的程度超过了以往几十年。

表 6.1-4　　　淮河流域各年代汛期降水相对于 37 年均值的降水距平百分率　　　%

范围	60 年代	70 年代	80 年代	90 年代	21 世纪初期
全流域	−3.9	−4.3	−1.2	−5.4	19.9
北区	−5.1	1	−7.1	−7.4	26.1
南区	−3	−8	3.8	−3.7	15.7

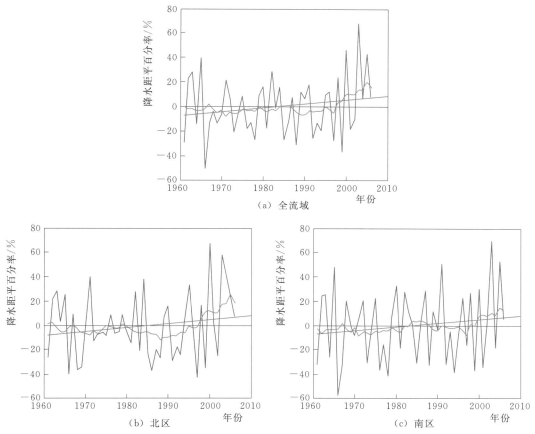

图 6.1-11　1961—2006 年淮河流域汛期降水的趋势变化

注：蓝色曲线表示年际变化，红色直线为线性趋势，绿色曲线为 11 年滑动平均。

6.2　淮河流域典型旱涝年的大气环流特征

为了全面了解淮河流域的旱涝成因，对典型旱涝年的海温背景、500hPa 高度场（包括从高纬到低纬的环流系统如阻高、副高）和热带对流等因素进行分析，以揭示旱涝形成的物理机制。

6.2.1　海温背景

ENSO（El Nino Southern Oscillation）事件是热带海气系统中最强的年际变化信号。ENSO 循环表现为它的冷位相、暖位相的交替变更，其中冷位相称为拉尼娜（La Nina）现象，暖位相称为厄尔尼诺（El Nino）现象。因此，对 ENSO 的研究，在认识短期气候变化等方面有重要的科学意义。采用多元 ENSO 指数（Multivariate ENSO Index，MEI）对 ENSO 事件进行划分。MEI 是一个综合指数，反映太平洋地区的海平面气压、纬向风、经向风、海表温度、海平面气温和云量等 6 个变量在 ENSO 不同位相时的分布特征，在统计学上就是以上 6 个变量协方差矩阵的第一主成分。

1. 典型涝年

淮河流域涝年海温背景比较复杂，图 6.2－1 是淮河流域涝年的前 1 年 1 月至当年 8 月的 MEI 指数变化情况。由图 6.2－1 可见，1954 年前期冬春季海温处于正常状态，到夏季海温下降非常迅速发展为拉尼娜状态；1955 年春季进入拉尼娜状态，到1956 年夏季海温都处于拉尼娜状态；1962 年冬季进入拉尼娜状态，到 1963 年春季海温一直处于拉尼娜状态，1963 年夏季海温迅速回升，1963 年冬春季到夏季海温处于拉尼娜衰减阶段；1986 年秋季开始海温进入厄尔尼诺状态，1987 年夏季达到最大位相；1991 年冬春季海温处于正常状态，到夏季发展为厄尔尼诺状态；2002 年夏季海温进入厄尔尼诺状态，到 2003 年春夏季海温下降，春季处于厄尔尼诺衰减阶段；2005 年和 2007 年的海温演变情况与 2003 年的较为相似。

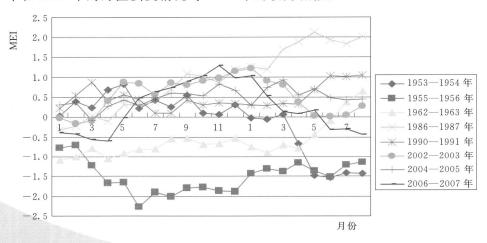

图 6.2－1　淮河流域涝年的前 1 年 1 月至当年 8 月的 MEI 指数变化情况

总的来看，20 世纪 70 年代以前淮河流域洪涝多发生在拉尼娜状态，80 年代之后多发生在厄尔尼诺状态，这可能跟 ENSO 的年代际背景有一定的联系。尤其是进入21 世纪以来，淮河流域洪涝均发生在弱厄尔尼诺衰减阶段，值得关注。

2. 典型旱年

图 6.2－2 是淮河流域旱年 MEI 指数变化情况，淮河流域旱年海温变化相对简单，1957 年春季海温进入厄尔尼诺状态，1958 年春季海温下降，到 1959 年春季又有所上升，夏季又下降，1959 年夏季可认为是厄尔尼诺衰减阶段；1966 年、1978 年和1988 年海温变化情况较为相似，前期的秋季或冬季都处于厄尔尼诺状态，春季海温开始下降，夏季海温处于厄尔尼诺衰减阶段；1999 年和 2001 年海温在前期秋季都进入拉尼娜状态，到春季海温开始回升，夏季海温处于拉尼娜衰减阶段。总的来看，20世纪 90 年代中期以前，淮河流域旱年海温从春季至夏季都处于厄尔尼诺衰减阶段；而 90 年代后期则不同，海温从春季至夏季都处于拉尼娜衰减阶段。

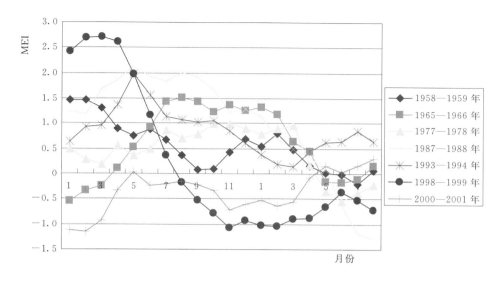

图 6.2-2　淮河流域旱年 MEI 指数变化情况

6.2.2　500hPa 高度场

7月是淮河流域夏季降水最为集中的月份，根据对大水年份降水集中时段的统计，多数强降水时段集中在 7 月，占总数的 54%，尤其是在典型大涝年降水最集中的时段都出现在 7 月，如 1991 年 6 月 29 日—7 月 11 日、2003 年 6 月 29 日—7 月 10日、2007 年 6 月 30 日—7 月 9 日等，因此，对 7 月 500hPa 高度场进行分析。

1. 典型涝年

图 6.2-3 给出了淮河流域典型涝年 7 月 500hPa 高度距平场。由图 6.2-3 可以看出，1991 年和 2003 年 7 月环流型非常类似，在欧亚大陆中高纬度分布着两个正高度距平中心，并且正高度异常中心位置也非常接近，分别位于欧洲大陆和鄂霍次克海附近，事实上它们分别对应着阻高频繁活动的区域，而在巴尔喀什湖附近为负高度距平区，它对应着低槽活动区域。中高纬度这种分布形势导致西风带环流经向度加大出现分支，冷空气经我国新疆、河套地区到达较为偏南的位置。此外，朝鲜半岛到日本岛也为负高度距平区，而在副热带地区为正高度距平区。东亚太平洋沿岸从高纬到低纬为"＋、－、＋"的距平波列分布。

2007 年 7 月的高度距平分布与 1991 年和 2003 年有一些差别，欧亚大陆中高纬度地区正高度距平中心位于贝加尔湖附近，鄂霍次克海到日本岛为负高度距平区，因此造成弱冷空气的移动路径也偏东。东亚沿岸"＋、－、＋"的距平波列也不明显。

2. 典型旱年

图 6.2-4 给出了淮河流域典型旱年 7 月 500hPa 高度距平场。可以看出，1994年和 2001 年距平分布较为类似，1978 年略有不同。在 1978 年 7 月高度距平场上，欧

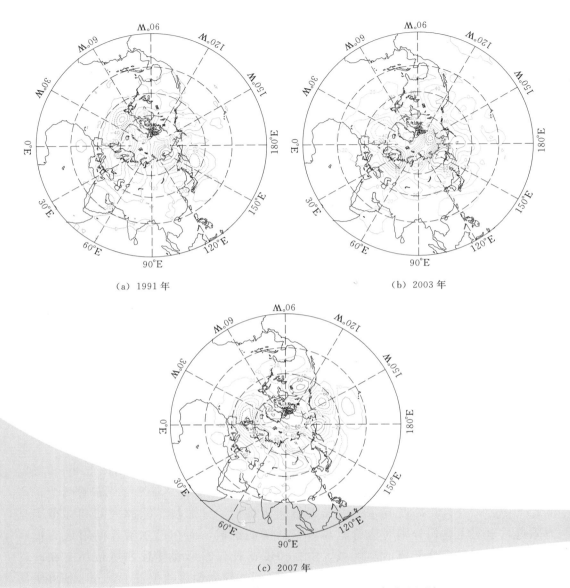

(a) 1991 年

(b) 2003 年

(c) 2007 年

图 6.2-3　淮河流域典型涝年 7 月 500hPa 高度距平场

亚大陆中高纬度为一致的负高度异常，而北纬 40°以南为正高度异常，南北高度差较常年偏强，导致西风加大，纬向环流占主导，没有弱冷空气南下，淮河流域被单一暖气团控制，出现严重干旱。1994 年 7 月与 2001 年 7 月高度距平分布较为一致，与1978 年不同的是这两年 7 月中高纬度的经向度较大，正高度异常位于欧洲的东部，中心都达到了 80 位势米，而乌拉尔山为负高度异常，负异常中心也达到了 −80 位势米，此外贝加尔湖为弱的正高度距平区。这种距平波列分布的天气学意义在于巴尔喀什湖附近低槽的槽前西南气流阻断了冷空气南下，并且有利于大陆高压的发展。在异常旱年，日本列岛均为正高度异常，它反映了副高位置较常年偏北。

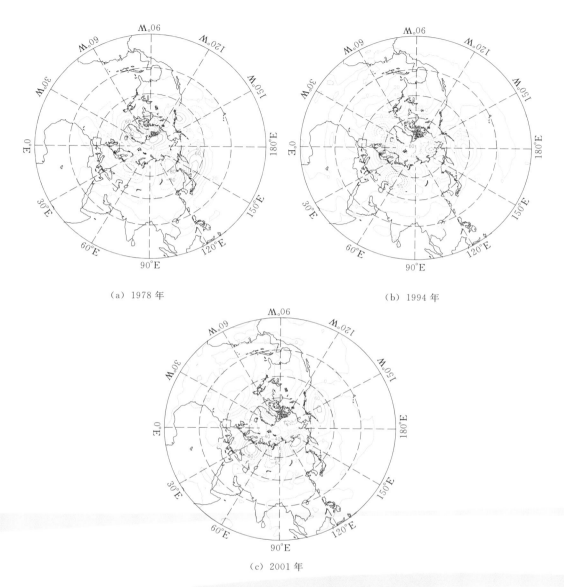

（a）1978 年 （b）1994 年

（c）2001 年

图 6.2-4 淮河流域典型旱年 7 月 500hPa 高度距平场

通过以上分析可以得出淮河流域典型旱涝年 7 月 500hPa 高度场模态。典型涝年欧亚大陆中高纬度主要为 2 波或 1 波分布，导致西风带环流经向度加大，引导冷空气南下，冷空气的路径有两条：一条是从巴尔喀什湖经新疆进入河套南下；另一条是从贝加尔湖以东经我国东北北部再到日本海南下，位置较为偏东。旱年也可分为两种类型：一种是纬向环流异常强盛，冷空气偏北，如 1978 年；另一种就是乌拉尔山附近为强的低槽，导致大陆高压发展，阻断冷空气南下。

3. 典型涝年的降水集中期

利用逐日降水资料（由于 20 世纪 50 年代观测站点较少，只能利用仅有的站点逐日资料代表）对淮河流域涝年的主要降水过程进行划分。划分标准主要考虑以下几个因素：①降水的连续性；②降水过程应出现较大面积暴雨；③造成降水的主要天气系统应一致。按照这样的标准，淮河流域历次大水年份的主要集中降水过程统计见表6.2-1。从表6.2-1可以看出，1949年中华人民共和国成立以来淮河流域8个大水年份共出现26次较强的降水过程，持续时间不小于5天的降水时段共出现20次，占总次数的77%，5~10天的有16次，10天以上的有4次（图6.2-5也显示，5天左右的降水集中期最多，其次是3~4天和7~8天的）。而造成洪涝的强降水过程持续时间主要集中在5~15天，并且几乎每个大水年份都出现大于10天或接近10天的强降水过程，如1954年、1965年、1991年、2003年和2007年，所以周、旬时间尺度的强降水过程是造成淮河流域严重洪涝的直接原因。

表6.2-1   淮河流域历次大水年份的主要集中降水过程统计

年份	强降水时段	超过10个站的暴雨日数	集中降水天数	行蓄洪启用情况
1954	7月2—13日	4	12	濛洼蓄洪区3次蓄洪 启用20个行蓄洪区
	7月16—24日	1	9	
	7月27—30日	1	4	
1956	6月3—11日	4	9	启用17个行蓄洪区
1963	7月7—12日	4	6	启用11个行蓄洪区
	7月25—30日	2	6	
	8月2—8日	4	7	
1965	6月30日—7月3日	4	4	启用4个行蓄洪区
	7月8—22日	11	15	
	7月31日—8月4日	3	5	
1991	6月10—14日	3	5	启用17个行蓄洪区
	6月29日—7月11日	5	13	
	7月14—19日	2	6	
	7月24—29日	1	6	
	8月3—8日	2	6	
2003	6月20—23日	1	4	7月3日和7月11日濛洼蓄洪区 两次蓄洪，全流域启用9个行蓄洪区
	6月26—27日	1	2	
	6月29日—7月10日	9	12	
	7月12—16日	1	5	
	7月19—21日	1	3	
	8月23—30日	5	8	

续表

年份	强降水时段	超过10个站的暴雨日数	集中降水天数	行蓄洪启用情况
2005	7月5—10日	5	6	7月13日王家坝站水位达29.14m
	7月15—23日	1	9	
	7月27日—8月3日	3	8	
2007	6月19—22日	2	4	启用10个行蓄洪区
	6月30日—7月9日	10	10	

从表6.2-1还可以看出，大水年份的集中降水期一般多于3次。从集中降水期出现的时间上看，6月出现的概率较小，只有5次，大多数都出现在7月，7月上旬是集中强降水的高发期。

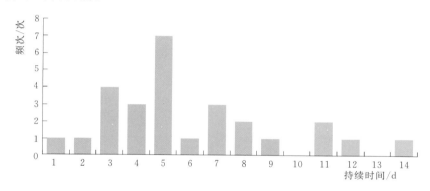

图6.2-5 典型涝年集中降水期持续时间的频次

通过对淮河流域1963年、1965年、1991年、2003年、2005年和2007年6个大水年份各降水集中期的环流分析，可以得出典型涝年降水集中期的500hPa环流特征：①欧亚大陆至太平洋东海岸中高纬度有阻塞形势，其中又以1波或2波形势占多数，在这种形势下淮河流域降水持续时间较长；也有3波形势，但在这种形势下降水持续时间短；另外，从中高纬度环流的时间演变分析，中高纬度环流的调整出现在降水集中期之前，其中最为明显的信号是乌拉尔山高压脊的强烈发展。②副高脊线位置稳定在北纬25°附近。

6.2.3 副高

副高是副热带大型环流系统，它的强弱变化及位置进退或南北摆动，是副热带环流调整的主要表现，但它同时又受西风带槽脊和东风带系统的制约和影响。作为大气活动中心之一，副高的强弱和位置变化对我国夏季降水的分布型和旱涝趋势有重要影响。因此，分析副高的演变，特别是副高的脊线位置变化规律是研究淮河流域夏季旱涝成因的重要环节。

通常年份的春末夏初,副高开始影响我国东南沿海,6月初副高一次明显北移,我国东部主雨带由华南北抬到浙江和江西一带。6月中旬随着副高的明显北移,雨带则北移到长江中下游,江淮地区进入梅雨。此时,副高呈东西带状分布,东经120°副高脊线稳定在北纬22°~25°,副高西北侧的西南气流把孟加拉湾和南海的暖湿空气源源不断地输送到江淮地区。

随着季节的推移,副高继续北移。7月上旬末或中旬初,东经120°副高脊线北移到北纬27°~30°附近,江淮流域进入盛夏酷暑季节,而此时华北雨季开始。

淮河流域位于长江流域向华北的过渡地带,大致以流域中部为界,南部是江淮梅雨的北缘,北部是华北雨带的南缘,降水具有明显的过渡带气候特点。

采用NCEP逐日500hPa位势高度场的再分析资料,取东经120°~130°范围内副高脊线与每隔2.5°的5条经线交点的平均纬度值定义为副高脊线指数。

1. 典型涝年

(1)1954年。1954年6—8月逐日副高脊线位置如图6.2-6所示。这期间,平均的副高脊线位置为北纬26.9°,较常年偏北,其中6月、7月和8月的副高脊线位置分别为北纬21.8°、北纬25.4°、北纬33.5°,除8月明显偏北外,6月、7月均基本正常。

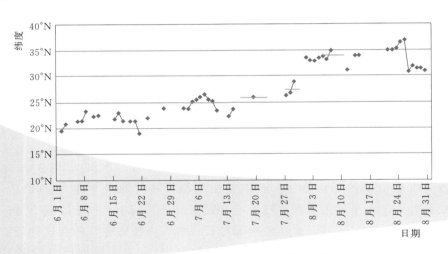

图 6.2-6　1954年6—8月逐日副高脊线位置

注:红色横线代表降水集中期副高脊线平均位置。

1954年降水集中期副高脊线位置见表6.2-2。由表6.2-2可知,7月的前两次降水过程,副高脊线在北纬25°附近徘徊,结合同期高度场可以发现,中高纬阻塞形势明显,环流经向度较大,不断有冷空气东移过来,副高难以北进,位于北纬25°附近,配合着高纬的双阻形势,东亚高度场上形成了"+、-、+"的距平分布,并维持了一段时间。后两次过程中,虽然副高脊线位于较高纬度,但结合高度场可以看到,7月底出梅后,鄂霍次克海为负距平控制,副高脊线位于北纬34°,且位置偏东,乌拉尔山阻高仍然维持了一段时间,南下的冷空气与副高西侧584线上的水汽交汇,在淮河流域形成了强降水过程。

表 6.2-2   1954 年降水集中期副高脊线位置

降水集中期时段	副高脊线位置	降水集中期时段	副高脊线位置
7月2—13日	24.8°N	7月27—30日	27.4°N
7月16—24日	26°N	8月5—10日	34.0°N

（2）1956 年。1956 年 6—8 月逐日副高脊线位置如图 6.2-7 所示。这期间，平均的副高脊线位置为北纬 28.6°，较常年明显偏北。其中 6 月、7 月、8 月的副高脊线位置分别为北纬 25.0°、北纬 30.3°、北纬 30.2°，3 个月均偏北（图 6.2-7）。

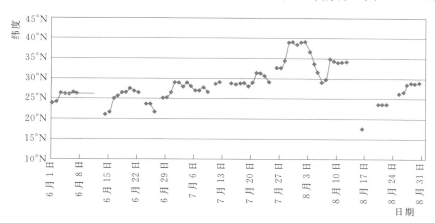

图 6.2-7   1956 年 6—8 月逐日副高脊线位置
注：红色横线代表降水集中期副高脊线平均位置。

1956 年降水集中期副高脊线位置见表 6.2-3。由图 6.2-7 和表 6.2-3 可知，6 月副高脊线位置偏北，上旬就在北纬 25°附近停留，配合着北方冷空气经常渗透南下，6 月维持双阻，东亚地区也形成了"＋、－、＋"的环流形势，使得淮河流域 6 月明显多雨，降水强度很大，到 8 月后期，脊线虽然位置正常，但位置偏东，乌拉尔山阻高依然存在，降水在副高 584 线附近仍然很强。

表 6.2-3   1956 年降水集中期副高脊线位置

降水集中期时段	副高脊线位置
6月3—11日	26.2°N

（3）1963 年。1963 年 6—8 月逐日副高脊线位置如图 6.2-8 所示。这期间，平均的副高脊线位置为北纬 28.6°，较常年明显偏北。其中 6 月、7 月、8 月的副高脊线位置分别为北纬 26.4°、北纬 30.7°、北纬 27.2°，6 月、7 月偏北，8 月偏南。

1963 年降水集中期副高脊线位置见表 6.2-4。由图 6.2-8 和表 6.2-4 可知，6 月副高摆动幅度较大；而 7 月至 8 月初，副高脊线在北纬 30°附近徘徊；8 月中上旬，副高脊线位于北纬 26.5°；8 月中下旬，副高脊线位于北纬 25°～30°。结合中高纬环流可以发现，6 月欧亚区域无阻塞形势；7 月，贝加尔湖或其以西地区经常有阻塞发

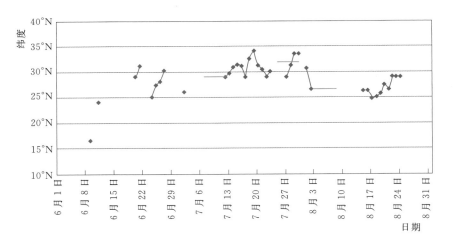

图 6.2-8 1963 年 6—8 月逐日副高脊线位置

注：红色横线代表降水集中期副高脊线平均位置。

展，副高脊线位置略偏东，冷暖空气经常在淮河流域交绥，形成强降水过程；8月初的一次降水过程主要是受台风过程所影响，使得副高东撤，离开了东经120°位置。

表 6.2-4　　　　　　　　　　1963 年降水集中期副高脊线位置

降水集中期时段	副高脊线位置	降水集中期时段	副高脊线位置
7 月 7—12 日	29°N	8 月 2—8 日	26.5°N
7 月 25—30 日	30.8°N		

（4）1965 年。1965 年 6—8 月逐日副高脊线位置如图 6.2-9 所示。这期间，平均的副高脊线位置为北纬 28.0°，较常年明显偏北。其中 6 月、7 月、8 月的副高脊线位置分别为北纬 23.2°、北纬 27.7°、北纬 30.1°，6 月、7 月、8 月均偏北。

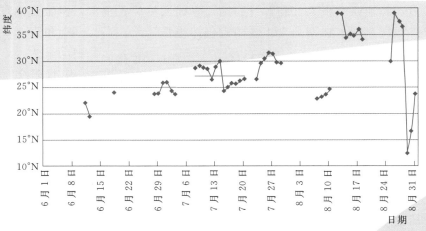

图 6.2-9 1965 年 6—8 月逐日副高脊线位置

注：红色横线代表降水集中期副高脊线平均位置。

1965 年 6—8 月降水集中期副高脊线位置见表 6.2-5。1965 年是长江中下游的空梅年，由图 6.2-9 和表 6.2-5 可知，副高脊线没有在北纬 20°附近停留，6 月底迅速跳至北纬 25°；6 月 30 日—7 月 3 日，副高脊线位于北纬 25°附近，乌拉尔山存在阻高；7 月 8—22 日，副高脊线位置偏东，乌拉尔山阻高较为强盛，东亚中高纬环流呈经向型；7 月 31 日—8 月 4 日这次过程有台风登陆的影响，导致副高脊线位置变动较大。

表 6.2-5　　　　　　　　　1965 年 6—8 月降水集中期副高脊线位置

降水集中期时段	副高脊线位置	降水集中期时段	副高脊线位置
6 月 30 日—7 月 3 日	25.0°N	7 月 31 日—8 月 4 日	无
7 月 8—22 日	27.2°N		

（5）1991 年。1991 年 6—8 月逐日副高脊线位置如图 6.2-10 所示。这期间，平均的副高脊线位置为北纬 25.5°，较常年略偏北。其中 6 月、7 月、8 月的副高脊线位置分别为北纬 22.4°、北纬 26.1°、北纬 29.1°，6 月、8 月偏北，7 月正常。

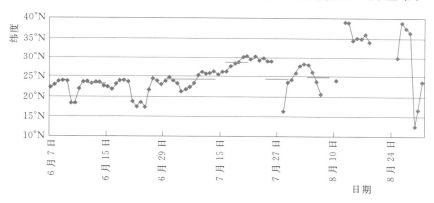

图 6.2-10　1991 年 6—8 月逐日副高脊线位置
注：红色横线代表降水集中期副高脊线平均位置。

1991 年降水集中期副高脊线位置见表 6.2-6。由图 6.2-10 和表 6.2-6 可知，1991 年 6 月至 7 月上旬，副高脊线始终在北纬 25°及偏南地区摆动，为江淮流域持续强降水提供了必要的条件，同时，中高纬环流经向型明显；6—7 月阻塞常在欧洲大陆和鄂霍次克海出现；7 月底的降水过程是由台风所导致的；8 月初的降水过程较为特别，副高在台风过后迅速西伸北进，北方冷空气也较为活跃，冷暖空气在副高北侧 584 线附近又一次交汇，形成了强降水。

表 6.2-6　　　　　　　　　1991 年降水集中期副高脊线位置

降水集中期时段	副高脊线位置	降水集中期时段	副高脊线位置
6 月 10—14 日	23.4°N	7 月 24—29 日	24.5°N
6 月 29 日—7 月 11 日	24.2°N	8 月 3—8 日	24.8°N
7 月 14—19 日	28.6°N		

（6）2003年。2003年6—8月逐日副高脊线位置如图6.2-11所示。这期间，平均的副高脊线位置为北纬25.4°，基本正常。其中6月、7月、8月的副高脊线位置分别为北纬21.1°、北纬26.0°、北纬28.1°，均基本正常。

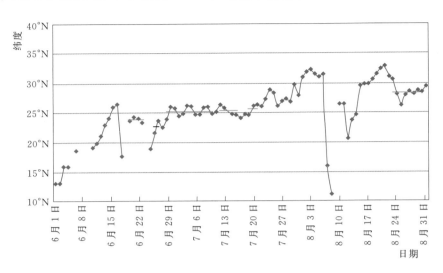

图 6.2-11　2003 年 6—8 月逐日副高脊线位置

注：红色横线代表降水集中期副高脊线平均位置。

由图6.2-11和表6.2-7可知，2003年6月下旬至7月中旬，副高脊线始终在北纬25°附近摆动，中高纬环流同样经向型明显，阻塞形势经常维持；8月上旬中后期，受2003年第10号台风影响，副高东撤到太平洋，导致脊线变动很大；8月下旬的过程有台风的因素，但乌拉尔山阻高的出现也给强降水提供了条件。

表 6.2-7　　　　　　　　　　　2003 年降水集中期副高脊线位置

降水集中期时段	副高脊线位置	降水集中期时段	副高脊线位置
6 月 20—23 日	23.8°N	7 月 12—16 日	25.4°N
6 月 26—27 日	22.7°N	7 月 19—21 日	25.7°N
6 月 29 日—7 月 10 日	25.3°N	8 月 23—30 日	28.3°N

（7）2005年。2005年6—8月逐日副高脊线位置如图6.2-12所示。这期间，平均的副高脊线位置为北纬25.1°，基本正常。其中6月、7月、8月的副高脊线位置分别为北纬18.7°、北纬28.0°、北纬27.6°，6月、8月副高位置偏南，7月偏北。

由图6.2-12和表6.2-8可知，7月上旬副高脊线在北纬25°附近摆动，同时乌拉尔山阻高势力较强，中高纬环流经向型明显；7月中旬后期的过程是由于台风影响；而7月底的降水过程是由于中高纬有弱的阻塞形势，而副高略偏东，冷暖空气在副高584线附近交绥，形成强降水。

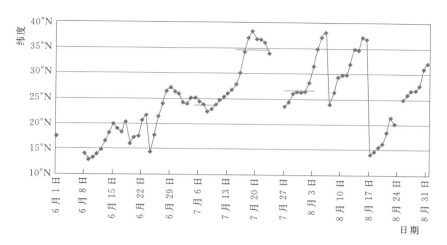

图 6.2-12 2005 年 6—8 月逐日副高脊线位置

注：红色横线代表降水集中期副高脊线平均位置。

表 6.2-8　　　　　　　　　　2005 年降水集中期副高脊线位置

降水集中期时段	副高脊线位置	降水集中期时段	副高脊线位置
7 月 5—10 日	23.7°N	7 月 27 日—8 月 3 日	26.7°N
7 月 15—23 日	34.6°N		

（8）2007 年。2007 年 6—8 月逐日副高脊线位置如图 6.2-13 所示。这期间，平均的副高脊线位置为北纬 25.1°，基本正常。其中 6 月、7 月、8 月的副高脊线位置分别为北纬 20.0°、北纬 25.2°、北纬 30.8°，6 月、7 月位置偏南，8 月偏北。

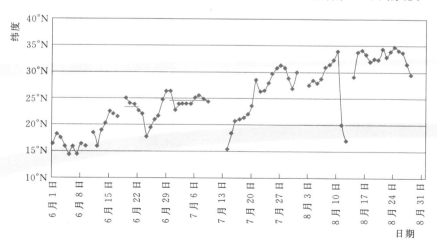

图 6.2-13 2007 年 6—8 月逐日副高脊线位置

注：红色横线代表降水集中期副高脊线平均位置。

由图 6.2-13 和表 6.2-9 可知，这两段降水集中期的副高脊线位置都位于北纬 25°附近，中高纬度阻塞形势也较为明显，不断有冷空气南下，使得在 6 月下旬至 7

月上旬内淮河流域强降水持续出现。

表 6.2 - 9 2007 年降水集中期副高脊线位置

降水集中期时段	副高脊线位置	降水集中期时段	副高脊线位置
6 月 19—22 日	23.4°N	6 月 30 日—7 月 9 日	24.5°N

2. 典型旱年

(1) 1959 年。1959 年 6—8 月逐日副高脊线位置如图 6.2 - 14 所示。这期间，平均的副高脊线位置为北纬 27.7°，较常年明显偏北。其中 6 月、7 月、8 月的副高脊线位置分别为北纬 19.1°、北纬 27.9°、北纬 30.9°，6 月偏南，7 月、8 月异常偏北。

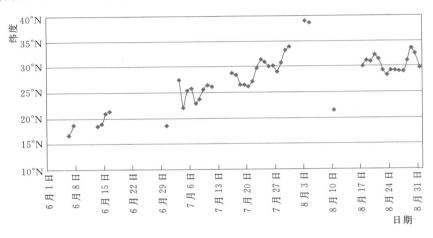

图 6.2 - 14 1959 年 6—8 月逐日副高脊线位置

1959 年 7 月上旬，副高脊线在北纬 25°出现了一次摆动，但时间过短，随后副高迅速北上，整个 7 月副高脊线位置持续偏北，淮河流域干旱少雨。

(2) 1966 年。1966 年 6—8 月逐日副高脊线位置如图 6.2 - 15 所示。这期间，平

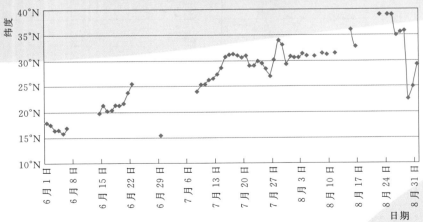

图 6.2 - 15 1966 年 6—8 月逐日副高脊线位置

均的副高脊线位置为 27.6°N，较常年明显偏北。其中 6 月、7 月、8 月的副高脊线位置分别为北纬 19.5°、北纬 29.2°、北纬 32.5°，6 月位置偏南，7 月、8 月异常偏北。

如图 6.2-15 所示，1966 年夏季，副高很强，副高脊线始终未在北纬 25°附近摆动。7—8 月，副高位置一直偏北，导致淮河流域夏季降水持续偏少。

（3）1978 年。1978 年 6—8 月逐日副高脊线位置如图 6.2-16 所示。这期间，平均的副高脊线位置为北纬 29.0°，较常年明显偏北。其中 6 月、7 月、8 月的副高脊线位置分别为北纬 24.2°、北纬 31.6°、北纬 31.1°，均异常偏北。

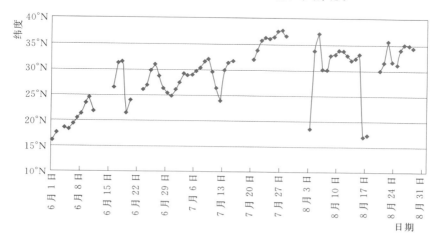

图 6.2-16　1978 年 6—8 月逐日副高脊线位置

如图 6.2-16 所示，1978 年夏季，没有出现副高脊线在北纬 25°附近摆动的时期。6—8 月，副高一直偏强，位置偏北，使得江淮流域梅雨期空梅，降水连续偏少。

（4）1988 年。1988 年 6—8 月逐日副高脊线位置如图 6.2-17 所示。这期间，平均的副高脊线位置为北纬 25.9°，较常年明显偏北。其中 6 月、7 月、8 月的副高脊线位置分别为北纬 22.4°、北纬 28.6°、北纬 26.1°。6 月、7 月的副高位置偏北，8 月的副高位置偏南。

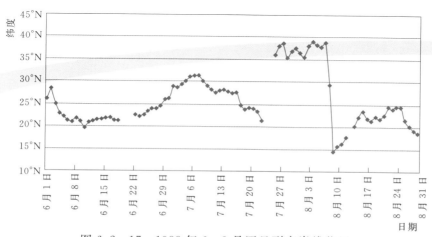

图 6.2-17　1988 年 6—8 月逐日副高脊线位置

如图 6.2-17 所示，1988 年主汛期，副高脊线没有在北纬 25°附近摆动，其中两次越过北纬 25°，但其后均继续北上或南退，因此雨日很少。

（5）1994 年。1994 年 6—8 月逐日副高脊线位置如图 6.2-18 所示。这期间，平均的副高脊线位置为北纬 29.3°，较常年明显偏北。其中 6 月、7 月、8 月的副高脊线位置为北纬 22.8°、北纬 32.3°、北纬 32.7°，均异常偏北。

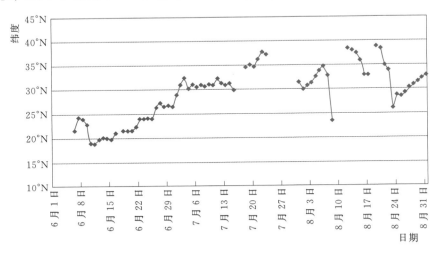

图 6.2-18 1994 年 6—8 月逐日副高脊线位置

如图 6.2-18 所示，1994 年夏季，副高很强，一直呈北进的趋势，6 月下旬副高脊线在北纬 25°附近短暂停留了一段时间，但随后继续北上，7—8 月副高位置偏北，使得淮河流域雨季时间较短，当年我国为北方类雨型。

（6）1999 年。1999 年 6—8 月逐日副高脊线位置如图 6.2-19 所示。这期间，平均的副高脊线位置为北纬 25.4°，较常年略偏北。其中 6 月、7 月、8 月的副高脊线位置分别为北纬 22.9°、北纬 28.2°、北纬 26.8°，6 月、7 月的副高位置偏北，8 月的副高位置偏南。

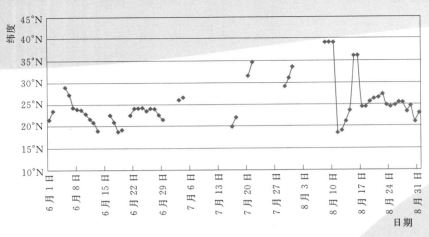

图 6.2-19 1999 年 6—8 月逐日副高脊线位置

如图 6.2 - 19 所示，1999 年夏季副高很弱，6 月副高脊线在北纬 25°以南维持，当年梅雨偏早，雨带主要维持在长江流域，淮河流域则少雨。

（7）2001 年。2001 年 6—8 月逐日副高脊线位置如图 6.2 - 20 所示。这期间，平均的副高脊线位置为北纬 25.6°，较常年略偏北。其中 6 月、7 月、8 月的副高脊线位置为北纬 22.7°、北纬 28.2°、北纬 28.9°，均偏北。

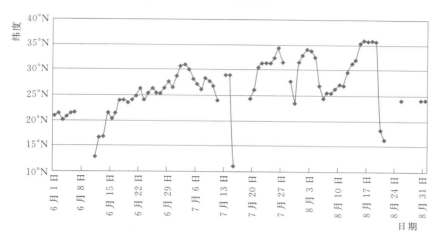

图 6.2 - 20　2001 年 6—8 月逐日副高脊线位置

如图 6.2 - 20 所示，虽然 2001 年 6 月下旬副高脊线曾在北纬 25°附近一度维持，对比当年 6 月降水也可以发现这段时间淮河流域有一段多雨期，但到 7 月后无持续过程出现，造成 2001 年夏季淮河流域降水总体偏少。

将以上典型旱涝年的逐月平均副高脊线距平进行小结，见表 6.2 - 10。

由表 6.2 - 10 可知，无论涝年或旱年，夏季或各月平均副高脊线位置较常年都是偏北的。如果再仔细观察，20 世纪 60 年代以前的涝年 6—8 月副高脊线平均位置异常偏北，90 年代以后位置正常，各月也有这个特点，这也许是一种年代际变化。相对而言，涝年的夏季平均副高脊线位置比旱年要略偏南，涝年 6 月副高脊线位置比旱年要偏北，7 月、8 月位置要偏南一些。这是符合天气学意义的，因为 6 月通常是入梅时期，副高位置偏北，雨带从江南北上，**造成淮河流域多雨**。而 7 月、8 月是出梅时期，副高在本应北抬的时候位置偏南，导致雨带继续维持在淮河流域。旱年副高往往异常偏强，或异常偏弱，导致雨带位于华北或华南。

就降水集中期副高在各纬度的频次而言，出现在北纬 24°～26°的次数最多，其次是北纬 28°以北。因此，淮河流域集中强降水最典型的副高脊线位置常在北纬 25°附近摆动，或副高异常偏北，且位置偏东。

综上所述，典型旱涝年副高的演变规律是有差异的。涝年的 6 月、7 月，副高第一次北跳（入梅）后，其脊线往往维持在北纬 25°附近摆动，配合北方冷空气南下，可以在淮河流域形成降水，大涝年往往配合着高纬阻塞形势的存在。7 月后期至 8 月，副高第二次北跳（出梅），脊线位于北纬 25°以北，多在北纬 30°附近，但中高纬贝加尔湖或其以

表 6.2 – 10 典型旱涝年的逐月平均副高脊线距平

分类	年份	6—8月距平	6月距平	7月距平	8月距平
涝年	1954	1.9	0.8	−0.6	5.5
	1956	3.6	4.0	4.3	2.2
	1963	3.6	5.4	4.7	−0.8
	1965	3.0	2.2	1.7	2.1
	1991	0.5	1.4	0.1	1.1
	2003	0.4	0.1	0.0	0.1
	2005	0.1	−2.3	2.0	−0.4
	2007	0.1	−1.0	−0.8	2.8
	平均	1.7	1.3	1.4	1.6
旱年	1959	2.7	−1.9	1.9	2.9
	1966	2.6	−1.5	3.2	4.5
	1978	4.0	3.2	5.6	3.1
	1988	0.9	1.4	2.6	−1.9
	1994	4.3	1.8	6.3	4.7
	1999	0.4	1.9	2.2	−1.2
	2001	0.6	1.7	2.2	0.9
	平均	2.2	0.9	3.4	1.9

南地区有阻塞存在，鄂霍次克海为负距平控制，副高位置多偏东，冷暖空气在副高西侧 584 线附近交汇也会形成持续降水。这种环流型在个别年份的夏季还可以起到主导作用，如 1963 年。此外，7 月、8 月台风登陆，也会给淮河流域带来强降水，但这种降水形势出现得较少。

旱年副高异常偏强，副高脊线没有在北纬 25°附近停留，同时中高纬度纬向特征明显，中纬度环流较为平直，当年我国夏季雨型多为北方类，如 1959 年、1966 年、1978 年、1994 年。还有一种情况就是副高异常偏南，脊线多在北纬 20°附近，当年我国夏季雨型为南方类，如 1988 年和 1999 年。

6.2.4 热带对流

卫星观测地气系统的向外射出长波辐射（Outgoing Longwave Radiation，OLR），是地气系统辐射收支中的重要分量，它能反映大气中的云量、热带地区的对流强度、大气中的垂直运动和散度风、大气中对流凝结释放的潜热量等。在热带地区，OLR 值越小，表明云顶温度越低，对流发展越强，即上升运动强、低层辐合、高层辐散；OLR 值越大，对流越弱，该区域为下沉运动，即高层辐合，低层辐散。热带大气热源的变化，又会引起中高纬地区环流的变化，所以大气环流及重大的气候异常，都可以从 OLR 的异常中反映出来。淮河流域夏季旱涝的发生与热带地区的环流应该是有联系的。

受 OLR 资料年代的限制，选取的旱涝年份均为 20 世纪 80 年代以后的。为了对比旱涝年热带地区的环流差异，绘制了 1988 年（代表旱年）、2003 年（代表涝年）和多年平均的 6—8 月 OLR 分布图（图 6.2 - 21），淮河流域旱、涝年 6—8 月 OLR 距平合成图（图 6.2 - 22），以及旱、涝年 OLR 差值图（图 6.2 - 23）。可以看出，淮河

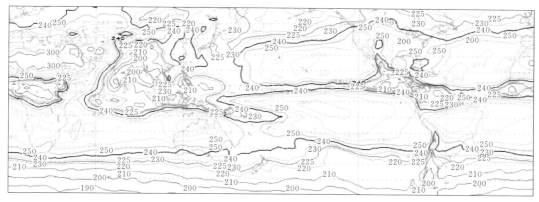

（a）1988 年

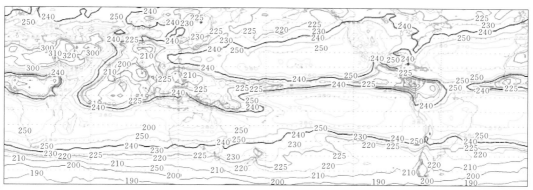

（b）2003 年

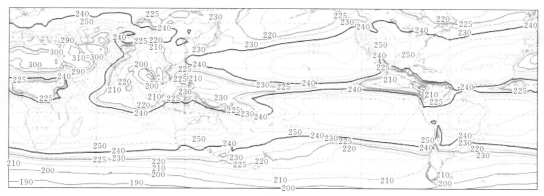

（c）多年平均

图 6.2 - 21　6—8 月 OLR 分布图

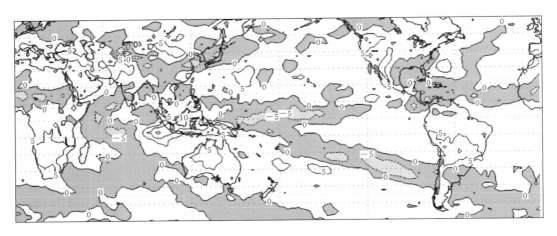

（a）涝年

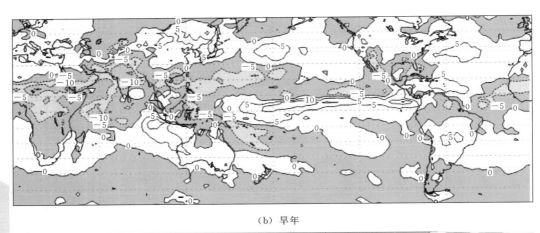

（b）旱年

图 6.2-22　淮河流域旱、涝年 6—8 月 OLR 距平合成图（单位：W/m²）

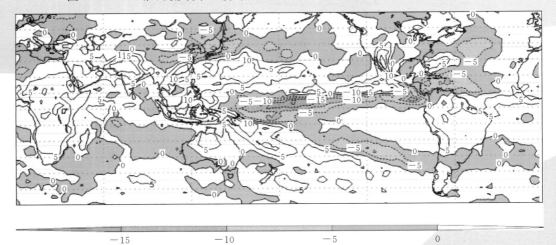

图 6.2-23　淮河流域旱、涝年 OLR 差值图（单位：W/m²）

流域旱涝在 OLR 场上所反映出的特征有着明显的不同，涝年淮河流域被低 OLR 区控制，表明对流活跃，导致降水；旱年被高 OLR 区控制。另外，涝年赤道中东太平洋 OLR 为显著的负距平，表明这一带对流活动较强，下垫面海表温度较高，以暖位相为主；而旱年正好相反，为正距平，与冷位相相对应，这与前面 ENSO 的分析大致吻合。

淮河流域 6—8 月 OLR 场中，副高控制区（东经 120°～150°）、印度洋 ITCZ（东经 70°～100°）和西太平洋 ITCZ（东经 120°～150°）控制区和赤道中东太平洋等地区的 OLR 值在旱涝年的差异很显著，它们是影响淮河旱涝的关键区。一般来说，在低纬度地区，OLR 小于 225W/m² 的区域为对流活动区和降水区（对应 ITCZ），OLR 大于 240W/m² 的区域为大规模下沉干区（对应副高区）。以上述地区内的最小和最大 OLR 轴线（各经度上最小和最大 OLR 值的连线）所在位置作为 ITCZ 和副高位置，以各经度上的最小和最大 OLR 的平均值分别表示 ITCZ 和副高强度，将低纬度关键系统的特征值进行比较（表 6.2-11），可以得出以下几点：

（1）涝年 6—8 月副高脊线平均位置在北纬 25°附近，接近常年，而旱年明显偏北，平均位置在北纬 27°左右。这和副高的分析结果一致。

（2）旱年和涝年印度洋及西太平洋 ITCZ 位置有明显差别，涝年两者平均位置接近常年，而旱年明显偏北。这表明热带系统的位置与副热带系统是一致的。

表 6.2-11　淮河流域典型旱涝年 6—8 月低纬度关键系统的强度及位置

项目	经度	涝年				涝年平均	旱年				旱年平均	气候平均
		1987 年	1991 年	2003 年	2005 年		1988 年	1994 年	1999 年	2001 年		
强度 /(W/m²)	ITCZ (70°E~ 100°E)	198	187	194	194	193	188	183	190	190	188	195
	ITCZ (120°E~ 150°E)	204	204	209	201	204	208	199	196	198	200	205
	副高 (120°E~ 150°E)	248	257	251	250	252	246	245	255	256	251	246
位置 /°N	ITCZ (70°E~ 100°E)	14.2	14.2	15.6	15.2	14.8	16	15.4	16.6	16	16	14.8
	ITCZ (120°E~ 150°E)	7.5	9.8	8.9	9	8.8	9.4	10.5	10.6	11.6	10.5	8.9
	副高 (120°E~ 150°E)	24.8	25.2	25	26	25.2	26.3	28	29	26.3	27.4	25

（3）旱、涝年副高平均强度均比气候平均值大，说明相对于副高脊线来说，强度不是决定淮河流域或旱或涝的主要因子，尤其是年代际变化使得副高近年来持续增强。

（4）涝年印度洋和西太平洋 ITCZ 平均强度接近常年，而旱年两者平均强度均比常年偏强（即平均强度值小于气候平均值）。旱年印度洋 ITCZ 偏强也反映出印度季风较强，我国华北多雨。

6.3   淮河流域典型洪涝的天气类型

淮河流域的洪涝主要是由于降水异常偏多所造成的，洪涝的类型决定于降水的类型。在汛期降水中，又以梅雨降水为主，台风降水占少数部分。

6.3.1   梅雨型致洪暴雨

梅雨是一种大型降水天气过程，也是我国东部主雨带自南向北跳跃或推进的结果，它与稳定的大气环流形势密切相关。这期间，东亚环流从冬季型转向夏季型。在高空天气图上，中高纬度西风减弱北撤，南支西风消失，南亚高压跃至青藏高原上空，东经 120°副高脊线徘徊于北纬 22°～26°之间。暖湿季风气流源源不断地向江淮流域上空输送，而减弱的冷空气大多只能到达江淮流域，冷暖空气的持续交绥，就在江淮流域至日本南部的带状区域里造成了连绵的阴雨天气，这就是著名的梅雨季节。

淮河流域位于长江流域向华北的过渡地带，大致以流域中部为界，南部是江淮梅雨的北缘，北部是华北雨带的南缘，南部的梅雨通常强度更大，更易导致流域性洪涝。

从前面的分析可知，淮河流域异常严重的大水年降水分布主要有两种类型：全流域型和南部型，这两种类型几乎都是由梅雨量异常偏多造成的，如 1954 年、1963 年、1991 年、2003 年和 2007 年等。这些年份的降水集中期如 1954 年 7 月 2—13 日、1963 年 7 月 7—12 日、1991 年 6 月 10—14 日、1991 年 6 月 29 日—7 月 11 日、2003 年 6 月 29 日—7 月 10 日、2005 年 7 月 5—10 日和 2007 年 6 月 30 日—7 月 9 日等的持续时间一般都超过 7 天，降水中心位于淮河干流，属于梅雨型致洪暴雨。图 6.3−1 为 2003 年 6 月 22 日—7 月 22 日梅雨期降水量图，其对应的 500hPa 环流形势属于典型的梅雨形势，因此可以说梅雨形势是造成淮河流域洪涝的直接原因。其他非典型梅雨形势造成的降水多集中在沿淮以北地区，如 1965 年。

淮河流域梅雨型致洪暴雨主要出现在 6 月、7 月，尤其是 7 月上旬。如前面所分析，此时副高脊线往往在北纬 25°附近摆动，而中高纬西风带环流主要有 3 种阻高形势：①阻高位于乌拉尔山，贝加尔湖到俄罗斯远东为宽广的低压区，该形势可称为西阻型；②阻高位于乌拉尔山东侧至贝加尔湖一带，高压脊的两侧（即乌拉尔山和俄罗斯远东）为低槽区，该形势可称为中阻型；③阻高同在乌拉尔山和鄂霍次克海，而贝加尔湖地区为深厚的低压区，该形势称为双阻型。这 3 种阻高的共同特点是，亚洲北纬 33°～40°一

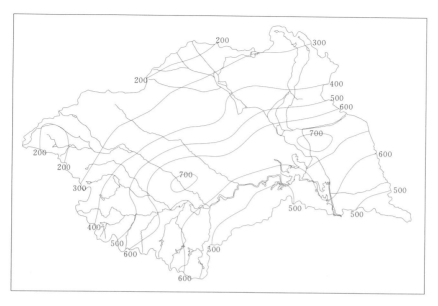

图 6.3-1　2003 年 6 月 22 日—7 月 22 日梅雨期降水量图（单位：mm）

带的中纬度地区环流平直，而多短波槽东移，带动一股股冷空气南下。当中高纬度
为双阻型时，冷空气常从新疆或蒙古国经河套南下，影响淮河流域；当中高纬度为
中阻型时，由于气流分支，冷空气多从东北和山东半岛回流到淮河流域。

6.3.2　台风型致洪暴雨

台风是造成强降水的重要天气系统之一，淮河流域地处北纬 31°以北地区，因此
能够影响淮河流域的台风，其登陆时间和登陆地点须具备一定条件。

台风型致洪暴雨多出现在出梅以后，以 8 月居多。图 6.3-2 是历史上淮河流域几
次台风型致洪暴雨的降水量等值线图。由图 6.3-2 可见，与梅雨型不同的是，台风型
致洪暴雨很少呈现纬向降水，而是以局地性为主，常常呈现流域东部型或西部型的经
向降水；在强度上也普遍不及梅雨型致洪暴雨，著名的河南"75·8"特大台风暴雨除
外。台风暴雨的特点是降水历时短、单站雨量大、局部面雨量大、流域面雨量相对小。

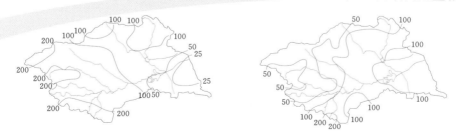

(a) 1956 年 8 月 1—5 日 12 号台风降水量等值线　　(b) 1962 年 8 月 6—8 日 8 号台风降水量等值线

图 6.3-2（一）　历史上淮河流域几次台风型致洪暴雨的降水量等值线图（单位：mm）

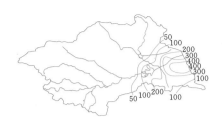

（c）1965 年 8 月 20—22 日 13 号台风降水量等值线

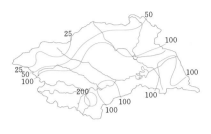

（d）1969 年 9 月 27—30 日 11 号台风降水量等值线

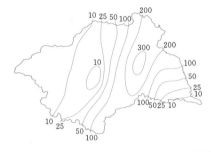

（e）1974 年 8 月 11—14 日 12 号台风降水量等值线

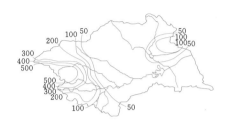

（f）1975 年 8 月 4—8 日 3 号台风降水量等值线

（g）1975 年 8 月 13—17 日 4 号台风降水量等值线

图 6.3-2（二）　历史上淮河流域几次台风型致洪暴雨的降水量等值线图（单位：mm）

图 6.3-3 标示了淮河流域 7 个典型台风型致洪暴雨期 500hPa 平均环流形势场。从环流的季节演变来看，在北半球，副高在 8 月达到一年中最北的位置，赤道辐合带也北移，这是台风能够北上的有利环流条件。

6.3.3　典型旱涝年非汛期气候特征

一段时期气候异常，往往与其前后的气候有一定的联系。为了研究淮河流域汛期旱涝的前期特征及后期的响应，着重对典型旱涝年春、秋两季的气候状况进行分析。

春（秋）季连阴雨。在非汛期，由于春（秋）季连阴雨天气（连续 4～7 天有雨，见表 6.3-1 和表 6.3-2），平原地区农田渍涝（如 1963 年、1974 年、1979 年、1981 年、1985 年和 1996 年等）。据统计分析，淮河流域春季连阴雨频率为 41％，而秋季连阴雨频率则达到了 57％。春季连阴雨以内涝和渍灾为主，秋季连阴雨可导致内涝、渍灾，甚至导致严重的秋汛（如 1979 年、1985 年和 2000 年）和冬汛（如 1996 年）。

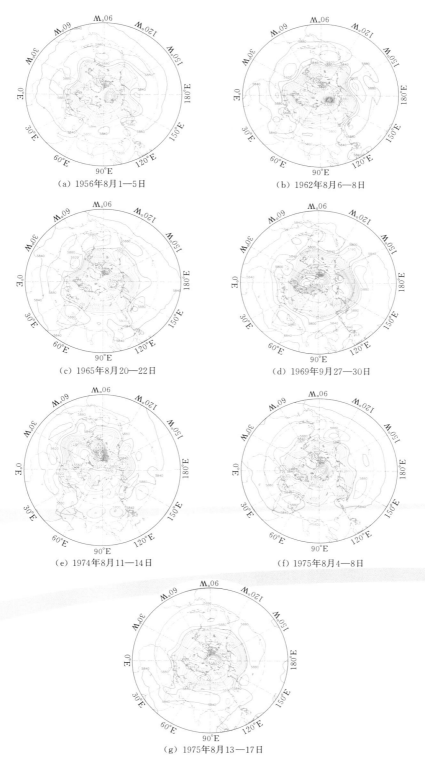

(a) 1956年8月1—5日　　　　　　　(b) 1962年8月6—8日

(c) 1965年8月20—22日　　　　　　(d) 1969年9月27—30日

(e) 1974年8月11—14日　　　　　　(f) 1975年8月4—8日

(g) 1975年8月13—17日

图 6.3-3　淮河流域 7 个典型台风型致洪暴雨期 500hPa 平均环流形势场

表 6.3-1　　　　　　　　　　　淮河流域典型秋季连阴雨过程统计表

年份	时　　段	天数	降水量/mm	影响情况
1962	9月15—19日	5	73.6	
	11月17—26日	10	45.8	
1964	9月13—18日	6	55.0	9月、10月低温阴雨
	10月19—29日	11	58.0	
1967	11月22—28日	7	81.4	
1968	10月7—13日	7	107.9	
1970	9月10—28日①	19	96.2	低温阴雨
1971	9月28日—10月3日	6	95.8	
1972	11月5—16日①	12	71.3	
1974	9月10—14日	5	61.5	连阴雨影响秋种，冬小麦播种期推迟5～7天
	9月29日—10月7日	9	127.0	
1975	9月12—15日	4	71.8	9月下旬以后的连阴雨给秋收工作带来很大影响
	9月26日—10月4日	9	43.7	
	10月24—29日	6	53.0	
1976	9月1—7日	7	97.3	
1979	9月4—8日	5	61.8	9月12—16日淮北连降大到暴雨，造成严重内涝
	9月12—19日	8	157.5	
1980	10月4—12日①	9	73.3	
1981	9月29日—10月7日	9	123.7	长期阴雨导致淮北冬小麦播种期推迟10～15天
1983	10月4—7日	4	84.7	10月连阴雨，秋涝严重
	10月13—22日	10	73.1	
1984	9月6—11日	6	258.5	
	9月24日—10月3日①	10	158.3	
	11月9—15日	7	98.3	
1985	10月9—28日	17	185.3	大部分农田受渍，部分受涝，秋种推迟10～15天
1986	9月7—11日	5	91.6	
1987	10月12—18日	7	75.6	
1988	9月8—14日①	7	154.3	

续表

年份	时　　段	天数	降水量/mm	影响情况
1989	11 月 2—8 日	7	67.9	利大于弊
1992	9 月 27 日—10 月 5 日	9	97.3	
1996	10 月 30 日—11 月 17 日	19	236.2	10—11 月连阴雨，淮河出现冬汛
1999	9 月 30 日—10 月 16 日	17	134.4	
2000	9 月 23 日—10 月 2 日	10	194.8	9—10 月连阴雨，淮河发生秋汛
2000	10 月 21—29 日	9	81.4	
2003	10 月 1—6 日	6	71.0	10 月上旬低温阴雨影响秋种
2006	11 月 18—27 日	10	74.8	

①　根据水利部淮河水利委员会水文局水文历史数据库的资料，1985 年 10 月 9—28 日期间，10 月 21 日、10 月 22 日、10 月 25 日面雨量小于 1mm，属无效降水，实际连阴雨统计天数为 17 天。

表 6.3 - 2　　　　　　　　　淮河流域典型春季连阴雨过程统计表

年份	时　　段	天数	降水量/mm	影响情况
1963	3 月 5—11 日	7	40.6	3 月、4 月、5 月降水偏多
1963	4 月 15—22 日	8	56.5	
1963	4 月 26 日—5 月 3 日	8	20.8	
1963	5 月 7—10 日	4	76.8	
1963	5 月 23—30 日	8	37.7	
1964	4 月 3—18 日	16	177.3	4 月降水偏多
1965	4 月 18—28 日	11	56.7	4 月降水偏多
1969	4 月 14—24 日	11	83.1	4 月、5 月降水偏多
1969	5 月 2—5 日	4	69.8	
1969	5 月 11—16 日	6	42.1	
1972	3 月 14—23 日	10	61.4	3 月降水偏多
1973	3 月 5—14 日	10	45.6	4 月降水异常偏多
1973	4 月 10—17 日	8	73.1	
1974	4 月 18—21 日	4	62.4	4 月、5 月降水异常偏多，4 月 6—7 日过程雨量 82.2mm
1974	5 月 17—21 日	5	78.2	

续表

年份	时　段	天数	降水量/mm	影响情况
1975	4 月 16—28 日	13	83.9	4 月降水异常偏多
1977	4 月 23—27 日	5	68.2	4 月降水异常偏多，过程性降水
	4 月 30 日—5 月 5 日	6	45.2	
1987	3 月 6—14 日	9	71.9	3 月降水偏多，倒春寒天气明显
1990	3 月 21—28 日	8	61.9	3 月降水略多
1991	3 月 6—11 日	6	108.9	3 月、5 月降水异常偏多
	5 月 18—31 日	14	154.7	
1992	3 月 1—5 日	5	53.9	3 月降水偏多
	3 月 14—25 日	12	58.8	
1993	4 月 27 日—5 月 2 日	6	106.0	5 月降水略多
	5 月 8—21 日	14	90.1	
1997	3 月 9—17 日	9	117.0	3 月降水偏多
1998	5 月 7—11 日	5	86.3	5 月降水偏多
2002	4 月 26 日—5 月 6 日	11	92.6	5 月降水异常偏多
	5 月 13—16 日	4	46.3	
2003	3 月 2—6 日	5	30.2	3 月、4 月降水偏多
	3 月 13—17 日	5	88.4	
	3 月 31 日—4 月 2 日	3	63.9	
	4 月 18—24 日	7	79.2	
2005	4 月 29 日—5 月 5 日	7	96.5	4 月、5 月降水偏多
	5 月 13—17 日	5	86.1	

　　图 6.3-4 和图 6.3-5 分别是淮河流域典型涝年春季（3—5 月）和秋季（9—11月）的降水距平百分率图。由图可知，1963 年和 1991 年相似，从春季开始就多雨，入秋后转变为降水偏少。1987 年春季降水北少南多，夏季仍然维持这种格局，秋季发生转折，为北多南少。2003 年春、夏、秋三季大部分地区连续多雨。只有 2005 年春季流域大部分地区降水偏少，秋季与 1987 年类似，也是北多南少。总的来看，涝年中，其春季降水偏多的概率比较大，秋季流域南部降水偏少的概率很大，北部关系不明显。

　　图 6.3-6 和图 6.3-7 分别是淮河流域典型旱年春季（3—5 月）和秋季（9—11月）的降水距平百分率图。由图可见，多数旱年是三季连旱，典型的如 2001 年和 1978年，流域南部这个现象更明显一些。在三季连旱中，又以夏秋两季连旱的概率大。

(a) 1963 年

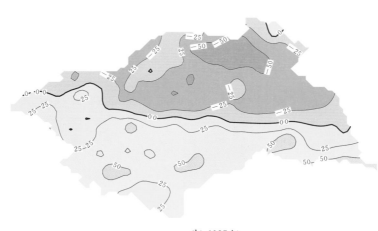

(b) 1987 年

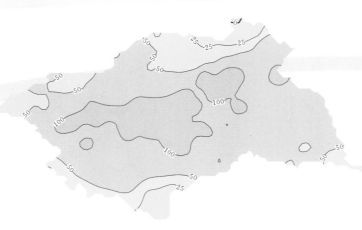

(c) 1991 年

图 6.3 - 4（一） 淮河流域典型涝年春季（3—5 月）降水距平百分率图（%）

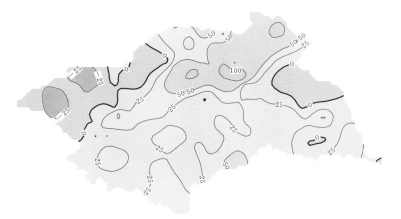

(d) 2003 年

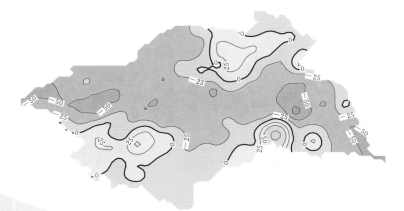

(e) 2005 年

(f) 2007 年

图 6.3 - 4 （二）　淮河流域典型涝年春季（3—5 月）降水距平百分率图（%）

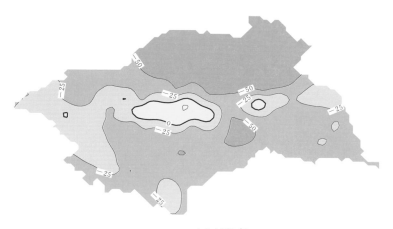

(a) 1963 年

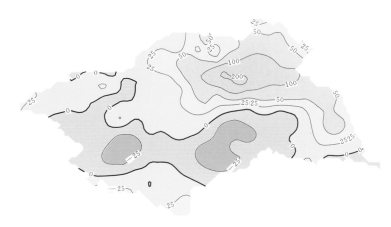

(b) 1987 年

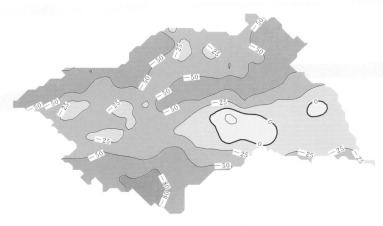

(c) 1991 年

图 6.3 - 5 （一）　淮河流域典型涝年秋季（9—11 月）降水距平百分率图（％）

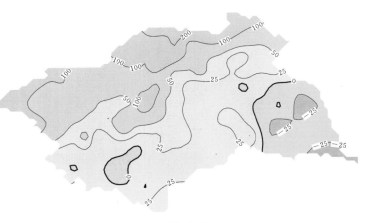

(d) 2003 年

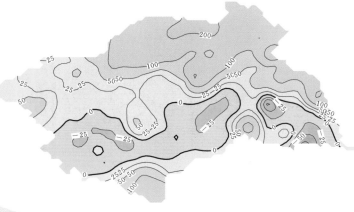

(e) 2005 年

图 6.3-5（二）　淮河流域典型涝年秋季（9—11 月）降水距平百分率图（%）

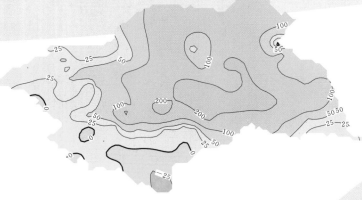

(a) 1966 年

图 6.3-6（一）　淮河流域典型旱年春季（3—5 月）降水距平百分率图（%）

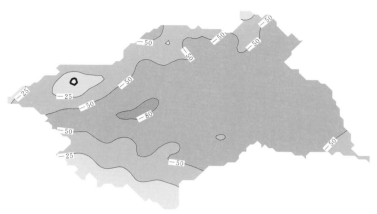

(b) 1978 年

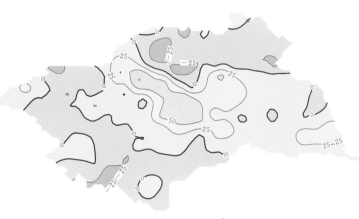

(c) 1988 年

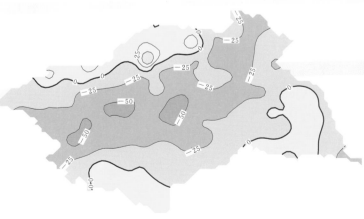

(d) 1994 年

图 6.3-6（二） 淮河流域典型旱年春季（3—5月）降水距平百分率图（%）

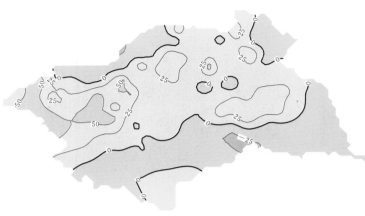

(e) 1999 年

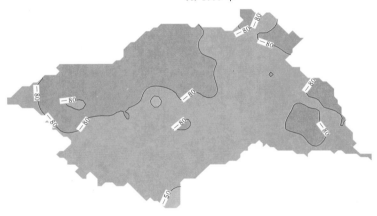

(f) 2001 年

图 6.3-6（三）　淮河流域典型旱年春季（3—5 月）降水距平百分率图（％）

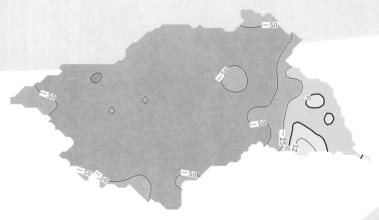

(a) 1966 年

图 6.3-7（一）　淮河流域典型旱年秋季（9—11 月）降水距平百分率图（％）

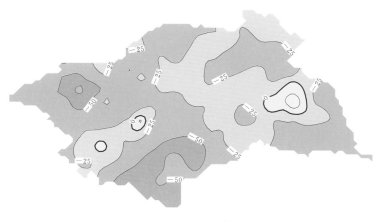

(b) 1978 年

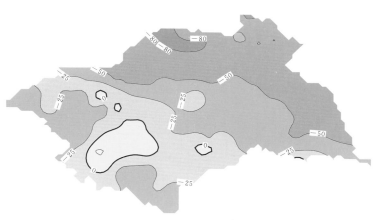

(c) 1988 年

(d) 1994 年

图 6.3 - 7（二）　淮河流域典型旱年秋季（9—11 月）降水距平百分率图（%）

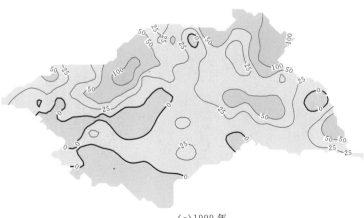

（e）1999 年

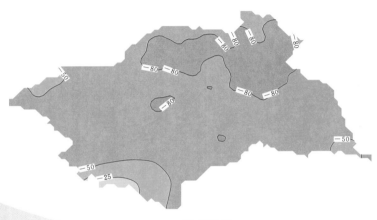

（f）2001 年

图 6.3－7（三） 淮河流域典型旱年秋季（9—11 月）降水距平百分率图（％）

6.4 严重旱涝灾害的天气气候成因

6.4.1 洪涝灾害成因

淮河流域洪涝灾害的形成与影响因素众多，是多种因素复合形成的，大体可分为自然因素和社会因素两大类：自然因素包括流域的水文、气象和地理条件；社会因素主要为人类社会的发展与经济活动。

1. 气候因素

淮河流域地处我国亚热带与暖温带的过渡区，其气候兼备亚热带湿润季风和半干旱半湿润季风的特点，降水的年际变化大，年内变化也大，气候态的不稳定性和易变性是突出的特点。同时，淮河流域"旱涝急转"现象明显，先旱后涝或先涝后旱时有发生。淮河的夏季多雨形态主要有流域性多雨型、南部或北部多雨型、西部或东部多雨型3种，其中以流域性多雨型、南部或北部多雨型较常见。因此，淮河流域大涝年份通常有两种空间类型：流域性大涝型和中南部大涝型。其共同特点是沿淮一带的降水尤其多，而这两种类型又与梅雨降水关联极大。西部或东部多雨型与台风关系较大。

2. 致洪暴雨天气系统

洪涝灾害从本质上讲是大气环流异常的结果，由于淮河特殊的地形和特殊的南北气候过渡带，天气影响系统众多，既有北方的西风槽、东北冷涡冷锋（冷空气）影响，也有来自热带的东风波、台风影响，以及副热带地区的西南低空急流、南支槽、副高影响，还有本地产生气旋波、静止锋、切变线系统影响。这些形式多样的天气系统，组合起来造成淮河暴雨，形成洪涝。图6.4-1是典型的淮河流域梅雨天气影响系统概念模型，其中，包含了中高纬度的阻塞高压，中纬度的西风槽，江淮流域的低涡、切变线、低空急流，以及副高和印度低压等。这种组合多样、配置复杂的天气系统，是引发淮河流域降水异常的主要因素。因此，淮河过渡带的气候要比长江流域和黄河流域复杂得多，洪涝灾害频率高也是理所当然的。

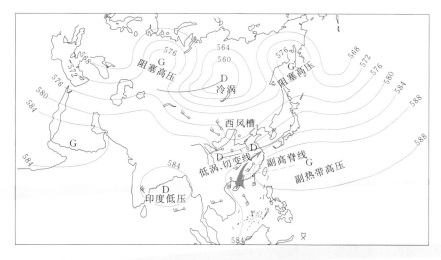

图6.4-1　典型的淮河流域梅雨天气影响系统概念模型

淮河流域致洪暴雨多数是由低涡、切变线、低空急流及近地层的江淮气旋引起，江淮气旋往往对应为中低层有切变线存在，当切变线加强时，气旋也强盛发展；切变线减弱时，气旋强度也随之减弱。当冷暖空气势力相当时，切变线呈准静止状态，地面气旋沿着切变线缓慢东移，冷锋逐渐演变为静止锋（梅雨锋）。有时由于梅雨锋维持时间较长，在原气旋波东移后，又生成新的气旋波，形成持续的强降水。梅雨锋通常可以维持2~3天，少数可以维持6~7天，而极端情况如1991年竟维持了13天之久，导致淮河发生严重的流域性大洪涝。

低空急流是产生暴雨、大暴雨的必要条件。造成淮河流域暴雨的低空急流主要有两种：①副高西北侧的西南低空急流；②副高西南侧的东南低空急流。其中，淮河流域致洪暴雨中最为常见的西南低空急流，700～850hPa 层有深厚的水汽输送带。当副高从日本岛南部经我国东南沿海一直西伸到海南岛和华南沿海，副高边缘的低空急流将南海和孟加拉湾的暖湿空气输送到淮河流域。低空急流先于暴雨出现，急流越强、维持时间越长，暴雨越大；急流一旦减弱，暴雨迅速减弱。

台风是造成强降水的另一个重要的天气系统。淮河流域盛夏季节也易受登陆台风的影响，对淮河流域直接影响的台风移动路径为"登陆北上转向型"。这种台风多在东南沿海登陆，然后沿副高西侧的偏南气流北上，再从山东半岛或渤海入海。影响淮河流域的台风绝大部分都已减弱为低气压，台风低压一旦深入内陆且与西风带系统结合，台风低压或倒槽就能带来强烈降水。因此，对淮河流域影响最大的是所谓的"北槽南涡型"登陆台风，一般是台风登陆福建或浙江后移动到江西，副高在朝鲜半岛至日本一带海上，副高与我国西部高压间有一个低压区域，华西或东北有低槽南下，产生了东西高压、南北低压的鞍型场，减弱后的台风低压移动缓慢，形成北方有低槽、南方有低压（台风）的"北槽南涡"形态。冷空气与台风倒槽在流域中南部结合，往往导致暴雨至大暴雨，局部特大暴雨。当这种短时的强降水出现在山区时，必然导致山洪暴发，还易造成滑坡、泥石流等次生灾害，给人民生命财产带来巨大损失，如 2005 年第 13 号台风"泰利"。

6.4.2 旱灾成因

淮河流域处于东亚季风区，季风气候的不稳定性和天气系统的多变性，造成年际之间降水量差别很大，使得旱灾成为淮河流域发生的仅次于水灾的第二大类气象灾害。赤道太平洋的 ENSO 循环，热带西太平洋，特别是西太平洋暖池的热力状态与暖池上空的对流活动，以及青藏高原上空的热源异常、大气环流异常，都是影响淮河流域旱涝的重要因素。

（1）厄尔尼诺（El Nino）和南方涛动循环（ENSO 事件）。下垫面热力异常是引起大气环流异常的重要原因，也是旱涝发生的重要原因。ENSO 循环的不同阶段对淮河流域的旱涝有着重要影响。在 ENSO 事件的发展阶段，我国江淮流域的夏季降水异常与赤道东太平洋的海温异常有一个较大的正相关。也就是说，在 ENSO 事件的发展阶段，汛期之前赤道东太平洋海温处于上升阶段，该年夏季我国江淮流域降水将会偏多，可能发生洪涝；在 ENSO 事件的衰减阶段，也就是赤道中、东太平洋海温处于下降阶段，江淮流域的降水异常与前期赤道东太平洋的海温异常有一个较大的负相关区，我国夏季江淮流域的降水将会偏少而发生干旱。

利用 20 世纪以来淮河流域典型旱年（1959 年、1966 年、1978 年、1988 年、1994 年、1999 年、2001 年）海温场资料分析可以看出，20 世纪 90 年代中期以前淮河流域旱年海温从春季至夏季都处于厄尔尼诺衰减阶段，而 90 年代后期则不同，海温从春季至夏季都处于拉尼娜衰减阶段。

（2）西太平洋暖池次表层海温异常。西太平洋暖池是全球海洋温度最高的海域，全球大约90％暖海水集中在这里，它的热容量变化将对全球，特别是东亚的气候异常产生重大影响。通过分析我国夏季降水距平与西太平洋暖池沿137°E次表层海水热容量距平的相关可以看到，我国长江流域和淮河流域夏季降水与前期暖池热状态有很好的负相关。这就是说，当西太平洋暖池次表层的海水热容量高时，淮河流域和长江中、下游地区夏季降水可能偏少，易发生干旱；相反，当西太平洋暖池次表层的海水热容量偏低时，江淮流域的降水偏多，往往发生洪涝。

　　（3）热带对流特点。OLR资料是陆地与大气系统之间辐射收支中的重要分量。它的变化能反映大气中的云量、热带地区的对流强度、大气中的垂直运动和散度风、大气中对流凝结释放的潜热量等的变化。由于全球变化和气候异常的研究重点常集中于热带，而OLR在热带海洋上反映了众多的海气信息，又能大大弥补热带常规观测资料的不足。

　　在全球大气循环过程中，热带地区大气热源的变化，会引发中高纬地区环流的变化，因此，大气环流及重大的气候异常，都可以从OLR的异常中反映出来。淮河流域位于我国南北气候过渡带，夏季旱涝的发生与热带地区的环流应该是有着密切的联系。

　　研究表明，淮河流域旱涝年OLR有明显的差异，干旱年被高OLR区控制。另外，涝年赤道中东太平洋OLR为显著的负距平，表明这一带对流活动较强，下垫面海表温度较高，以暖位相为主；而旱年正好相反，为正距平（可参考图6.2－22），与冷位相对应。

　　（4）青藏高原上空的热源异常。青藏高原上空的热源异常，特别是冬春季异常雪盖对东亚季风降水的影响，不仅对当时高原冬春季冷热源的形成有重要作用，而且对夏季热源有长时效的影响。当青藏高原位势高度偏高时，西太平洋地区的位势高度也偏高，有利于副高的西伸北抬；反之，当青藏高原位势高度偏低时，西太平洋地区的位势高度也偏低，不利于副高的偏西偏北移动，从而影响着淮河流域夏季的旱涝趋势。

　　（5）高度场分布特点。从典型旱年500hPa高度距平场分析得出两种高度场分布类型：一种类型是欧亚大陆中高纬度为一致的负高度异常，而北纬40°以南为正高度异常，南北高度差较常年偏强，导致西风加大，纬向环流占主导，没有弱冷空气南下，淮河流域为单一暖气团控制，出现严重干旱。另一种类型是7月中高纬度的经向度较大，正高度异常位于欧洲的东部，中心都达到了80位势米，而乌拉尔山为负高度异常，负异常中心也达到了－80位势米，此外贝加尔湖为弱的正高度距平，这种距平波列分布的天气学意义在于巴尔喀什湖附近低槽的槽前西南气流阻断了冷空气南下，并且有利于大陆高压的发展。在异常旱年，日本列岛均为正高度异常，它反映了副高位置较常年偏北。

7

淮河流域极端降水事件特征

  极端降水是造成洪涝灾害的重要原因，因此极端降水的变化趋势是气候变化研究十分关注的问题。但是由于随机扰动的存在和有限的样本数量，极端降水趋势的可检测性往往很小。在对单个测站的估计中，常常只有几个测站的趋势可以通过显著性检验，而大量测站的趋势都是不显著的，这样就无法回答极端降水趋势在区域尺度上是否存在的问题。为了对区域尺度上极端降水趋势的显著性进行检验，以往的方法都是先求区域平均之后再估计其趋势。淮河流域是我国洪涝灾害和暴雨的多发地区，对这一地区极端降水变化趋势的研究尤其重要。不同的研究方法所得出的淮河流域梅雨期极端降水趋势结果有很大差异。

  目前对区域性极端降水趋势的估计大都采用线性回归法或非参数的趋势估计法，一方面，极端降水往往是偏态分布的，无法满足线性回归法要求的残差为正态分布的假设；另一方面，上述两种方法在对极端事件风险的评估上存在不足。为此，采用参数化的趋势估计法，将广义线性回归的方法运用到广义帕累托分布（GPD）函数上，从而使线性回归的残差不被限制为正态分布，以此来估计极端降水的变化趋势。GPD是一种随机变量的概率密度分布函数，近年来被广泛地用于对极端事件的概率拟合上，并且取得了较好的结果。蒙特卡洛检验表明，相比传统的线性回归法和非参数的趋势估计法，广义线性回归法对随机序列的趋势有更高的可检测性和拟合精度。

  为了避免区域平均后区域极端降水趋势估计的不确定性，必须对单个测站分别估计其趋势，然后再对趋势场进行显著性检验，以判断趋势是否存在于一定的区域尺度上。二维 Hurst 系数 H_2 可以表征分布于二维空间随机变量场的空间分布形态特征，以此为统计量，可以用蒙特卡洛法对趋势场的显著性进行假设检验。考虑到已有的许多种估计 H_2 的方法都是基于格点数据，不适用于空间随机分布的站点数据，现基于一维 Hurst 系数的估计方法提出了一种新的估计二维 Hurst 系数的算法。本章用以上参数化趋势估计法估计了淮河流域极端降水的变化趋势，分析了未来极端降水风险的分布形态，同时检验了这一趋势场的显著性。

7.1 极端降水极值概率分析

在对水利工程和防洪措施进行成本和风险评估时，极端事件的重现期是一个重要参数，概率函数拟合的方法重点考虑淮河流域极端降水事件的重现期。传统的求算极端事件重现期的半经验拟合函数存在着普遍的问题，就是对极端事件重现期的严重低估，因此这里采用新 GPD 函数拟合方法对不同时间段的降水进行极值概率分析。

研究区域为东经 105°~122°、北纬 26°~45°，包括长江中下游、淮河、黄河中下游和海河流域的暴雨和洪涝的多发地带。日降水数据来自中国气象局国家气象中心的气候数据中心，时间为 1951—2004 年。这一数据资料经过了很好的质量控制，一年中如果有至少 350 个观测数据，就把这一年叫做完整年，不完整年的数据全部剔除。20 世纪 90 年代，华东和华北的气候变化比较活跃，所以要求资料在 1961—2000 年之间最多只能有 1 个不完整年，而整个序列中完整年数要求不少于 40 年。满足以上条件的测站在研究区域内总共有 264 个。

在资料序列中，经常会由于非自然因素而产生一些要素值的突变，例如测站的移动、仪器的变更、不同的观测方法和人为因素等。这里使用两相回归法，对月和年降水时间序列分别做了突变点的检验；剔除所有月或年降水序列中存在突变点的站点 39 个；考虑到不同海拔高度地区的降水形态会存在差异，剔除海拔高度显著不同于周围测站的站点资料共 10 个；最后剩余测站 215 个。

持续的一个天气过程会带来连续性降水，使日降水序列各样本之间常常不独立。对样本进行极值分析和趋势估计时，首先需要各样本相互独立。参考 Beguería 和 Vicente-Serrano（2006）的方法，选取大于阈值的、连续的、一段降水样本中最大的一个日降水量来代替这一连续性降水过程，以此使得各样本相互独立。

为了克服传统的线性回归法中残差为正态分布的假设，使用偏态的 GPD 来拟合极端降水事件，同时将广义线性回归的方法推广运用到 GPD 函数中，让其分布参数随时间单调变化，以此来估计随机变量概率分布函数随时间的变化，从而估计出随机变量的趋势。

7.1.1 广义帕累托分布（GPD）及其概率函数拟合

设 X 为独立同分布的随机变量，其累积概率函数为 $F(x)$，那么大于某一阈值 u 的随机变量 X 与阈值之差的累积概率函数为：

$$F_u(y) = P\{X - u \leqslant y \mid X > u\} = \frac{F(y+u) - F(u)}{1 - F(u)}$$

其中，$0 \leqslant y \leqslant r_F - u$，$r_F = \inf\{x: F(x) = 1\} \leqslant \infty$ 为函数 $F(x)$ 积分为 1 的右端点。对于大部分分布函数 $F(x)$，都可以找到函数 $\sigma(u)$ 使得下式成立：

$$\lim_{u \to r_F} \sup_{0 \leqslant y < r_F - u} | F_u(y) - G_{\xi, \sigma(u)}(y) | = 0$$

其中
$$G_{\xi,\sigma}(y) = \begin{cases} 1-(1+\xi y/\sigma)^{-1/\xi}, & \xi \neq 0 \\ 1-\exp(-y/\sigma), & \xi = 0 \end{cases}$$

$G_{\xi,\sigma}(y)$ 为 GPD 函数，$y = x - u$，尺度参数 $\sigma > 0$。当形状参数 $\xi \geqslant 0$ 时，$y \geqslant 0$；当 $\xi < 0$ 时，$0 \leqslant y \leqslant -\sigma/\xi$。即：当阈值趋近于积分上限时，大于阈值的随机变量 X 与阈值之差的累积概率函数收敛于 GPD 函数。因此，大于某一阈值 u 的独立同分布的随机样本可以用 GPD 函数来拟合，分布参数可以用最大似然法估计。

根据 GPD 函数的定义，本章将大于阈值 u 的事件定义为极端事件。最大日降水量为某一年中最大的日降水量事件，可见日降水极端事件中包含最大日降水量事件，同理，最大月降水量为某一年中最大的月降水量事件，月降水极端事件中包含最大月降水量事件。

7.1.2 日极端降水分析

1. 日极端降水统计分析

根据上述方法得出年最大日降水量（AMDP）平均值的分布特征。从图 7.1-1 中可以看出，长江中游是一个大值中心，之后往北向淮河流域依次递减，在淮河流域东部（江苏省沿海）为另一个大值中心 [图 7.1-1（a）]，这说明长江流域的梅雨锋降水对日极端降水的突出影响。而从 AMDP 的方差来看，除了和均值相同的长江中游大值中心和江苏省沿海大值中心外，在淮河北侧又出现了大值中心 [图 7.1-1（b）]，这说明淮河流域极端降水事件在空间上具有南北不同的特征。淮河流域南部主要受长江梅雨锋北伸的影响，而北侧有其独有的特征，虽然极端降水的均值较小，但是其方差较大。

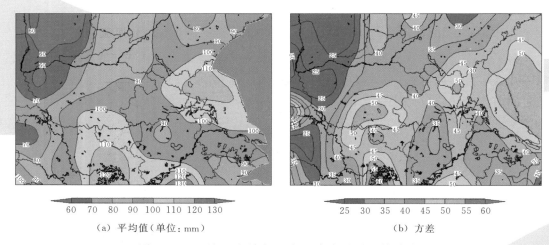

60 70 80 90 100 110 120 130	25 30 35 40 45 50 55 60
（a）平均值（单位：mm）	（b）方差

图 7.1-1　淮河流域年最大日降水量平均值分布

图 7.1-2 是淮河流域各站有观测记录以来最大日降水量分布图，大值中心区主要分布在沿长江的长江中游和淮河干流北侧区域，淮河下游里下河地区到长江口以北江苏沿海也有大值中心存在。通过进一步分析发现，大于 200mm 的日降水事件在

大部分年份都有发生。各站出现极端降水的时间是随机的，1960—2000 年期间都有发生，发生的区域也较为杂乱。这说明日极端降水事件的随机性可以用概率函数拟合。

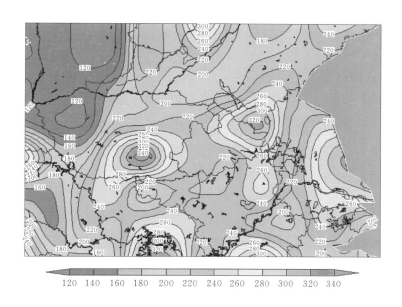

图 7.1-2　淮河流域各站有观测记录以来最大日降水量分布（单位：mm）

2. 日极端降水 GPD 拟合分析

对图 7.1-2 中的各站观测最大日降水量（MDP）在不同显著性水平下求其重现期（图 7.1-3），其结果与以上分析类似，显著性水平的增大会使重现期减小，这一效应对于 MDP 远大于次大降水的事件尤其明显。重现期在淮河流域的大部分区域为 30～40 年，同时对应于淮河北侧的 MDP 中心，重现期也存在一个中心，达 100

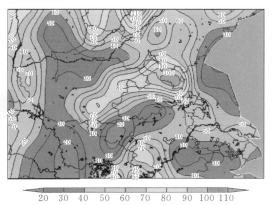

（a）显著性 $p=0.1$

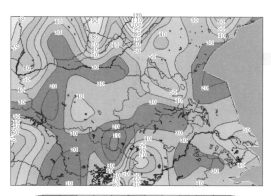

（b）显著性 $p=0.05$

图 7.1-3（一）　日极端降水 GPD 拟合后最大日降水的重现期（单位：年）

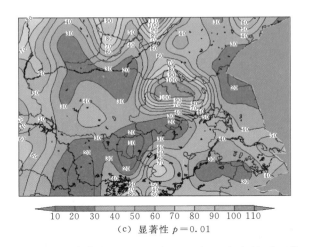

（c）显著性 $p=0.01$

图 7.1-3（二）　日极端降水 GPD 拟合后最大日降水的重现期（单位：年）

年［图 7.1-3（a）和图 7.1-3（c）］，而这一中心随着显著性的增加而消失［图 7.1-3（b）］，体现了这一区域 MDP 较大的特征与这一区域较大的方差相对应。

　　当显著性 $p=0.1$ 时，重现期分别为 5 年、10 年、15 年、20 年、30 年、50 年和 100 年的极端日降水量如图 7.1-4 所示，整个淮河流域都处在大值区域。长江和淮河之间的江淮流域是极值的中心区域，这里极端降水量都比较大，在未来的防洪中应该给予较多的关注和重视。江苏省的沿海区域为另一个极值中心。与观测最大日降水量分布不同的是，极值中心没有在淮河北侧出现，而是从淮河干流开始，向北依次递减。这一特征提示应对淮河北侧的 MDP 中心进行更详细的气候学研究。

　　当显著性 $p=0.05$ 时，一定重现期的极端降水分布、大小与 $p=0.1$ 时无明显的差别，但是当显著性提高至 $p=0.01$ 时，一定重现期的极端降水中心向北扩张（图 7.1-5），包括了淮河北侧区域，这再次说明了淮河北侧极端降水的特殊性。这一区

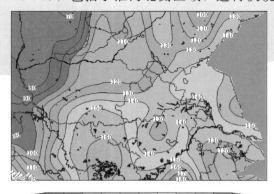

（a）重现期为 5 年

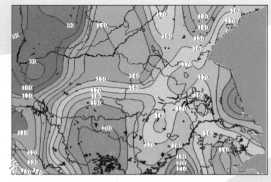

（b）重现期为 10 年

图 7.1-4（一）　显著性 $p=0.1$ 时，GPD 拟合不同重现期的
极端日降水量（单位：mm）

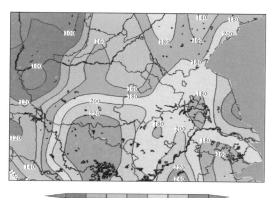

（c）重现期为15年

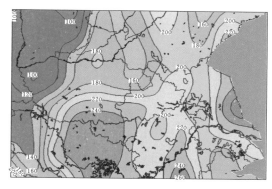

（d）重现期为20年

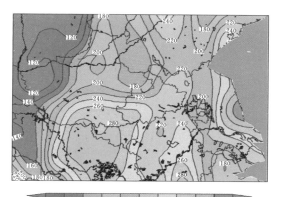

（e）重现期为30年

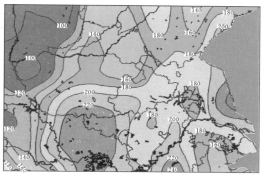

（f）重现期为50年

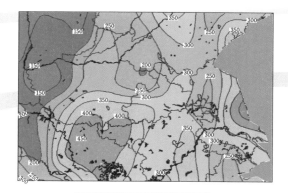

（g）重现期为100年

图 7.1-4（二）　显著性 $p=0.1$ 时，GPD拟合不同重现期的
极端日降水量（单位：mm）

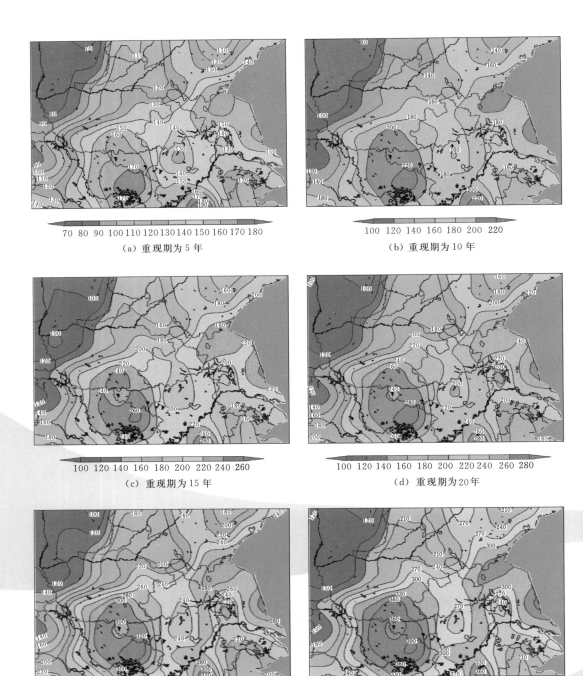

（a）重现期为 5 年

（b）重现期为 10 年

（c）重现期为 15 年

（d）重现期为 20 年

（e）重现期为 30 年

（f）重现期为 50 年

图 7.1-5（一）　显著性 $p=0.01$ 时，GPD 拟合不同重现期的
极端日降水量（单位：mm）

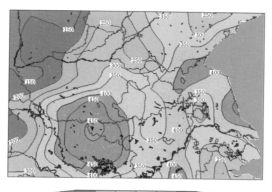

150 200 250 300 350 400 450

(g) 重现期为 100 年

图 7.1-5（二）　显著性 $p=0.01$ 时，GPD 拟合不同重现期的
极端日降水量（单位：mm）

域极端降水的重现期较长（图 7.1-3），但是它的极端降水量和长江流域的相当（图
7.1-1）：一方面，这一区域极端降水的概率低，同样的降水量在长江流域可能是 50
年一遇，而在这里可能变成了 100 年一遇；另一方面，这一区域的极端降水量很大，
和长江流域的相当。这样的特征，给淮河流域的防洪调度决策和水利工程安全带来
了更大的挑战。

7.1.3　过程性极端降水 GPD 拟合分析

用 GPD 拟合后求得最大过程性降水量（MPP）的重现期在淮河大部分区域为 40
年左右（图 7.1-6）。从这一重现期来看，淮河干流南北的值明显不同，反映了淮河
流域南北之间的差异。同时对于不同的显著性，某些区域这一重现期变化较大，说
明具有显著的区域特点。

在不同显著性水平（0.1、0.05、0.01）下，不同重现期（5 年、10 年、15 年、
20 年、30 年、50 年、100 年）的极端过程性降水量在长江流域和淮河流域均为大值
中心，江苏沿海为另一个大值中心，说明这两个区域在极端降水中的特殊性。

长江和淮河之间的江淮地区，在 3 个显著性水平下的重现期都较大，只是范围逐渐
向西有所减小。淮河流域东部和北部在显著性较大时，重现期都较大，但是随着显著性
的变小，这两个区域的重现期都逐渐减小，到显著性 $p=0.01$ 时，与其他区域相近。

7.1.4　月极端降水 GPD 拟合分析

最大月降水量（MMP）显示了和最大日降水量（MDP）、最大过程性降水量
（MPP）都不同的特征。长江流域大值中心的 MMP 与 MDP、MPP 类似，但是淮河
干流北侧大值中心的 MMP、MDP 和 MPP 有所不同。MDP 中这一大值中心最明显、
最强，MMP 中这一大值中心变弱并消失，变为长江流域极大值中心向北的延伸（图

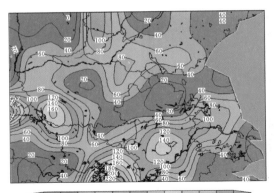
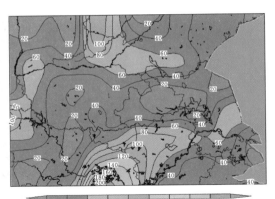

(a) 显著性 $p=0.1$　　　　　(b) 显著性 $p=0.05$

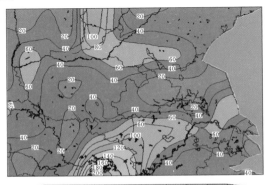

(c) 显著性 $p=0.01$

图 7.1-6　在不同的显著性水平下，最大过程性降水量（MPP）
的重现期分布图（单位：年）

7.1-7），这反映了淮河干流北侧区域极端降水发生的特点：即短时间尺度的日降水，一般为减弱并北移过程的中尺度对流系统在这一区发展加强而导致极端日降水，并在月时间尺度最大降水图上有所显示，说明淮河干流北侧的短时间尺度极端日降水事件发生较为频繁。

最大月降水量（MMP）的重现期在长江流域为一极大值中心，这一特征与 MDP 和 MPP 类似，同时，长江流域的重现期极大值向淮河流域上游延伸（图 7.1-8）。但是值得关注的是淮河流域上游区域，随着显著性的减小，这一区域 MMP 的重现期减小明显，当显著性 $p=0.01$ 时，其重现期与淮河流域北部和其他区域的相近，都在 50 年左右。这样的特征，在防洪和水利工程中比较难处理，极端月降水虽然发生较少，但是一旦发生，其降水量往往较大，容易造成洪涝灾害，应该给予更多的研究和关注。

沿长江为一极大值中心，并且这一极大值中心在淮河流域的上游向淮河流域南部甚至北侧延伸，在其他区域重现期都在 50 年左右。随着显著性水平的减小，大值区域向南压缩，尤其反映在淮河流域上游区域。江苏沿海的 MMP 值较小，没有大值中心存在。

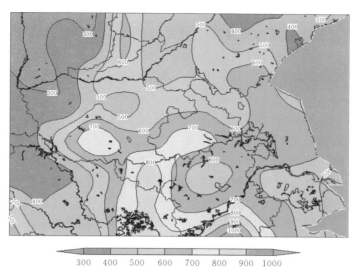

图 7.1-7 最大月降水量（MMP）分布图（单位：mm）

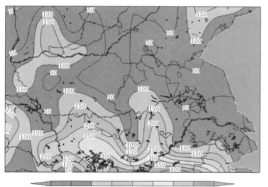

（a）显著性 $p=0.1$

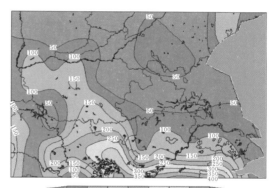

（b）显著性 $p=0.05$

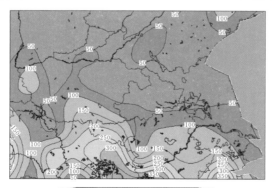

（c）显著性 $p=0.01$

图 7.1-8 在不同的显著性水平下，不同重现期的最大月降水量（单位：mm）

图 7.1-8 为在不同显著性水平 (0.1、0.05、0.01) 下，不同重现期的最大月降水量。图 7.1-8 显示了和最大日降水、过程性最大降水类似的特征，在整个淮河流域都为大值中心。当重现期长时 (如 50 年、100 年)，长江流域的极大月降水中心逐渐减小，而淮河流域北侧的极大月降水中心却加强。对于 5 年的重现期，长江流域的两个中心的值相近，但是随着重现期的增大，两个极大值中心值出现差异。同样，显著性的增加使这一特征更突出，即江苏沿海区域和淮河流域北侧区域的月极端降水随着重现期的增加和显著性的增大而增加，甚至有可能超过长江流域的月极端降水量。淮河干流北侧极端降水概率密度曲线较平缓，虽然极端降水事件发生的概率较小，但是其值很大。在防洪中，极端月降水事件在淮河流域北侧虽然较少发生，但是一旦发生，其值会很大，造成的灾害性也必然很强。

7.1.5 汛期降水分析

江淮流域的降水主要集中在汛期 5—9 月，其中，主汛期为 6—8 月。从汛期降水量来看，江淮流域为明显的汛期降水大值中心，淮河流域偏北部以及西部为明显的汛期降水量很小 (图 7.1-9)。淮河流域上游和中游汛期降水的方差较大，与长江流域相当，这和淮河流域极端降水的特征相符。

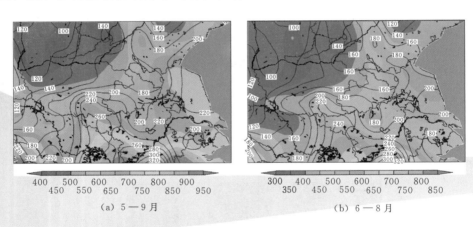

(a) 5—9 月   (b) 6—8 月

图 7.1-9 汛期降水量年平均值 (阴影色块) 和方差 (等值线) 分布

如图 7.1-9 所示，5—9 月汛期降水量年平均值 (阴影色块) 和方差 (等值线) 分布图中平均值和方差都从长江流域的大值中心往北递减；6—8 月汛期降水量年平均值 (阴影色块) 和方差 (等值线) 分布图与 5—9 月分布图类似，平均值和方差都从长江流域的大值中心往北递减。

上述分析表明，淮河流域日极端降水是非随机的，存在某种区域之间的相关性，而且日极端降水为平稳序列，没有突变发生。日极端降水、过程性极端降水和月极端降水都表现出类似的分布特征，即淮河流域降水存在明显的南北差异：南部受长江梅雨锋降水影响，降水量普遍较大，极端事件发生较严重，而且更频繁；北部受北移的梅雨锋降水影响，极端降水事件的降水量相对于南部较小，但是其概率密度函数在大值端较平缓，对于较大的极端事件，其概率密度较大，虽然极端降水事件发生的频率比长江流域和淮河流域南部小，但是极端事件的降水量并不比别处小，甚至对于 50 年一遇和 100 年一遇的极端降水，其值要大于长江流域。

汛期 5—9 月和主汛期 6—8 月降水在淮河干流北侧的区域不满足正态分布，说明这些区域的降水受到两个或两个以上突出因素的影响较大。这一区域刚好位于我国南北气候分界线的过渡地区，受南北气候系统的交替作用，在极端降水的研究中是一个重点区域，也是难点区域。

7.2 主要控制站径流极值与极值降水的关系

7.2.1 径流特征分析

根据淮河流域主要干支流 13 个水文站的径流资料，通过对极端洪水事件进行极值和重现期分析，选定的水文站为：洪汝河班台站、淮河干流息县站、王家坝站、润河集站、鲁台子站、蚌埠（吴家渡）站、史灌河蒋家集站、淠河横排头站、沙颍河阜阳站、涡河蒙城站、沭河大官庄站、沂河临沂站、中运河运河站。

各站相应的资料序列截至 2005 年，约 50 年，不同站略有不同。以汛期流量为研究对象，因为汛期为主要的洪水期，引发流量变化的降水系统比较一致，都为夏季季风系统（其中含有梅雨降水和热带气旋降水）。研究采用广义帕累托分布（GPD），参数检验采用卡方检验；资料采用历年汛期 6—9 月各月最大流量，每年含有 4 个值；资料为历年汛期流量最大值序列。极值函数分析表明，淮河多数站点经历过 100 年一遇以上的洪水过程，GPD 分布拟合得到的最大流量值重现期也较为合理。

下面仅给出洪汝河班台站等 13 站的极值分布特征。考虑班台站的特殊性，以其为例进行具体分析。洪河和汝河在新蔡县城以南汇合成洪汝河，向下至班台又分为两支：西支称大洪河，向南入淮河；东支称分洪道，经濛河分洪道再入淮河。

班台站位于洪河、汝河汇合处，洪汝河为淮河上游北侧的重要支流，其上有众多大中小型水库，"75 · 8"特大暴雨洪水就发生在这一地区。根据历年汛期最大流量值，样本为 1952—2005 年，由于 1975 年 8 月 13 日流量（调查资料）为 6610m³/s，比第二极值 2390m³/s 高出一倍还多，这个值一般称为溢出值，这种值对于水文分析造成的影响可以从函数拟合与重现期分析得以体现。

采用 GPD 分布分析 1952—2005 年汛期（6—9 月）月最大流量。为了降低拟合参数值提高运算性能，参数检验通过 0.01 显著性水平检验。

图 7.2 - 1 (a) 为最大月流量的理论分布（蓝线）和经验分布（红线），图 7.2 - 1 (b) 为最大月流量尾部的理论分布（蓝线）和经验分布（红线），图 7.2 - 1 (c) 为

样本序列。计算得到最大值的重现期为 228 年。取 5 年重现期线，共有 11 个值，与经验分布接近，整体拟合比较合理。

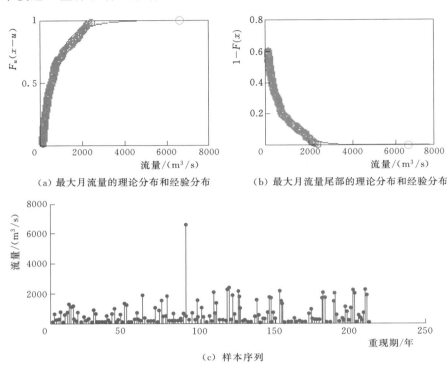

（a）最大月流量的理论分布和经验分布 （b）最大月流量尾部的理论分布和经验分布

（c）样本序列

图 7.2-1　班台站最大流量的 GPD 拟合示意图

1975 年 8 月，台风引发的特大暴雨中，河南省驻马店地区板桥、石漫滩两座大型水库，竹沟、田岗两座中型水库，58 座小型水库在数小时内相继垮坝溃决，主要降水时段为 8 月 4—8 日。板桥水库设计最大库容为 4.92 亿 m^3，此次洪水中承受的洪水总量为 7.012 亿 m^3，8 日 1 时库内水位涨至最高水位 117.94m，防浪墙顶过水深 0.3m 时，大坝在主河槽段溃决，在 6 小时内向下游倾泻 7.01 亿 m^3 洪水。石漫滩水库 8 日 0 时 30 分涨至最高水位 111.40m，防浪墙顶过水深 0.4m 时，大坝漫决，库内 1.2 亿 m^3 的水量在 5.5 小时内全部泄完，下游田岗水库随之漫决。

1975 年 8 月 13 日，班台站流量（调查资料）为 6610m^3/s。板桥、石漫滩两座水库 8 日向下倾泻 8 亿 m^3 洪水，加之其他两座中型水库和 58 座小型水库溃决，抵消了小型水库原蓄水和大型水库原距离最大需水量之差，取两大水库设计最大蓄水量 6 亿 m^3 作为水利工程造成的洪水（板桥水库 4.92 亿 m^3，石漫滩水库 1.2 亿 m^3），总共有 60 亿 m^3 洪水在洪水区漫流。因老王坡滞洪区干河河堤在 8 月 8 日漫决，约有 10 亿 m^3 洪水进入汾泉河流域。到 13 日，5.5 天平均贡献流量 1667m^3/s，扣除这一部分流量后的值为 4943m^3/s；以此值计算，取相同的 u 值，计算得到最大值重现期理论值为 121 年。

从以上粗略估计可以得到一个初步结论：当水利工程设施失去作用时可能产生负面影响，使得 100 年一遇（121 年）的洪水变成了 200 年一遇（228 年）。

由 GDP 分布得出的其他各站最大流量值重现期和各级别重现期出现次数见表 7.2-1。

表 7.2-1　　　　其他各站最大流量值重现期和各级别重现期出现次数

河流水系	站　名	最大流量值重现期 /年	重现期出现次数				资料时间
			>5 年	>10 年	>20 年	>50 年	
洪汝河	班台	121（228）	11	1	1	1	1952—2005 年
淮河	息县	289	11	3	1	1	1951—2005 年
淮河	王家坝	177	11	3	1	1	1952—2005 年
淮河	润河集	21	15	6	1	0	1951—2005 年
淮河	鲁台子	74	13	4	3	2	1951—2005 年
淮河	蚌埠（吴家渡）	372	4	3	2	2	1951—2005 年
史灌河	蒋家集	248	13	5	2		1951—2005 年
潕河	横排头	88	10	7	3	2	1959—2005 年
沙颍河	阜阳	58	13	9	4	2	1950—2005 年
涡河	蒙城	67	10	6	4	2	1951—2005 年
沭河	大官庄	65	11	4	3		1953—2005 年
沂河	临沂	43	12	6	2	0	1952—2005 年
中运河	运河	192	9	6	2	1	1951—2005 年

7.2.2　降水与洪水径流的关系

异常降水是引发洪水的最直接因素。区域性洪水与流域性洪水有所不同，淮河中上游区域降水都可能对干流具有潜在的致洪效应。事实表明，异常偏多的降水，是导致淮河流域性大洪水的根本原因。淮河流域上游主要站历史大洪水来水情况见表 7.2-2。

由表 7.2-2 可知，11 个洪水年的洪水期平均为 16.6 天。选取 15 天作为降水集中度的最佳时间长度，因为 15 天的时长能比较完整地概括样本蕴含的主要自然天气过程，它描述了 1~2 个长波过程和 2~3 个连阴雨过程，能基本概括每年汛期最集中、最大的 2~3 个降水过程，气候意义十分明确。并且从气候学角度上，准两周振荡在季风降水、江淮流域降水、东亚地区大气环流和副高变化中都有显著信号。所以选择 15 天为降水集中期具有普遍的气候学意义。

表 7.2－2　　　　　　　　淮河流域上游主要站历史大洪水来水情况表

洪水起讫时间	淮河息县站		上 游 干 支 流			
			淮河长台关站		竹竿河竹竿铺站	
	洪水期/d	洪量/亿 m³	水量/亿 m³	占比/%	水量/亿 m³	占比/%
1956 年 6 月 6—18 日	13	19.07	5.82	30	2.67	14
1960 年 6 月 25 日—7 月 1 日	13	18.17	6.18	34	3.18	18
1968 年 7 月 12—31 日	20	40.64	11.99	30	7.02	17
1971 年 6 月 9—19 日	11	10.69	1.90	18	2.82	26
1973 年 4 月 29 日—5 月 13 日	15	8.64	3.34	39	1.06	12
1975 年 8 月 6—14 日	9	11.14	6.69	60	0.38	3
1982 年 7 月 12—31 日	20	22.29	5.39	24	4.28	19
1982 年 8 月 10 日—9 月 4 日	26	25.64	7.73	30	4.03	16
1983 年 7 月 21 日—8 月 6 日	17	9.38	1.29	14	4.22	45
1991 年 6 月 29 日—7 月 24 日	26	16.29	4.82	30	3.71	23
2003 年 6 月 26 日—7 月 8 日	13	12.06	3.32	28	3.17	26

图 7.2－2 所示为 1960—2003 年全流域集中降水量，从中可以看出淮河流域几个明显的集中降水高值年为 1963 年、1982 年、1991 年、2000 年，这与淮河流域的洪水年有很好的对应关系。但是，与淮河流域主要站历史大洪水来水情况表对应来看，对应关系并不好，说明淮河流域洪水的区域性非常强，实际情况也正是如此。例如"75·8"大洪水，主要发生在淮河上游支流洪汝河流域，而 1978 年淮河出现流域性大旱，但信阳地区普降大雨还造成了淮河上游局部地区的洪水。图 7.2－3 显示淮河流域集中降水期主要在 7 月 10—20 日，此时段也是淮河梅雨的最强盛时期。

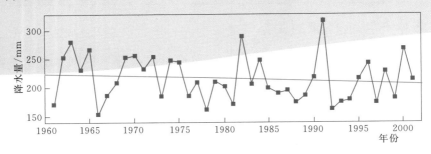

图 7.2－2　全流域集中降水量
注：图中红色直线为降水量趋势线。

图 7.2－4 给出了淮河流域主要水文站点与气象观测站的分布。可以看出，如果没有加密观测的话，很难得到空间上较为一致的降水和水文对比信息。这里采用关键站分析的方法，选取有代表性的站点进行细致分析，以检测淮河流域降水集中期与

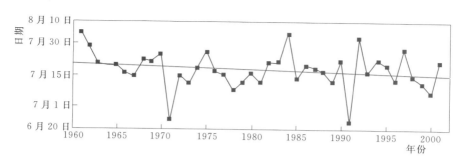

图 7.2-3　全流域集中降水期

注：图中红色直线为降水期趋势线。

集中度同洪水的关系。所选取的水文站和气象站见表 7.2-3，表 7.2-3 中给出了代表站点年最大流量和降水集中期降水量的相关系数，可以看出最大流量和降水集中期降水量具有较好的相关性。

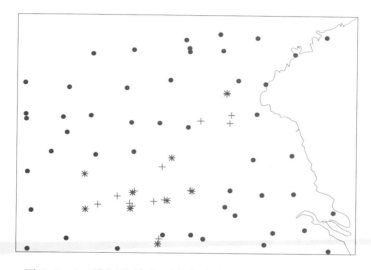

图 7.2-4　淮河流域主要水文站点与气象观测站分布图

●—主要气象观测站；＋—主要水文站；＊—对应站点

表 7.2-3　　代表站点年最大流量和降水集中期降水量的相关系数

水文站名	气象站站号（世界气象组织，下同）	相关系数	水文站名	气象站站号（世界气象组织，下同）	相关系数
淮河息县	57297	0.7040	淮河鲁台子	58215	0.6970
淮河王家坝	58208	0.8393	淮河蚌埠（吴家渡）	58221	0.6764
洪汝河班台（新蔡）	57293	0.5741	涡河蒙城	58122	0.4769
沙颍河阜阳	58203	0.5822	沂河临沂	54938	0.7328
潪河横排头	58314	0.6648			

表7.2-4给出了主要水文站历年最大流量发生时间与相应的气象站降水集中期的对应关系。从表7.2-4中可以看出，最大流量发生时间与降水集中期降水量有明显的相关性，各水文站有记录的最高值年，主要处于降水的集中期，说明洪水与降水集中期降水量以及集中期出现时间有重要的相关性。从表7.2-4还可以看出，最大流量出现在降水集中期的后期或是在降水集中期之后，说明降水的持续积累对洪水有重要影响。

表7.2-4 主要水文站历年最大流量发生时间与相应的气象站降水集中期的对应关系

水文站名	最大流量/(m³/s)	年份	最大流量发生时间	气象站站号，站名	降水集中期
息县	15000	1968	7月15日	57297，信阳	7月4—18日
王家坝	17600	1968	7月17日	58208，固始	7月7—21日
班台	6610	1975	8月13日	57293，新蔡	8月2—16日
阜阳	3310	1965	7月18日	58203，阜阳	7月1—15日
横排头	6420	1969	7月14日	58314，霍山	6月30日—7月13日
鲁台子	12700	1954	7月27日	58215，寿县	7月1—15日
蚌埠（吴家渡）	11600	1954	8月5日	58221，蚌埠	7月4—18日
蒙城	2080	1963	8月10日	58122，宿州	7月8—22日
临沂	15400	1957	7月19日	54938，临沂	7月7—19日

从表7.2-5和图7.2-5的对比可以看出，流量重现期一般要大于降水重现期，受其他因素影响，50年一遇的降水可能造成100年一遇的洪水。从重现期空间分布上看，最大月降水量重现期在淮河上游相对较大，与流量重现期大值站（洪汝河班台站、淮河息县站）一致。

表7.2-5 主要水文控制站最大月流量值重现期

河流水系	水文站名	最大值重现期/年	河流水系	水文站名	最大值重现期/年
洪汝河	班台	228	洺河	横排头	88
淮河干流	息县	289	沙颖河	阜阳	58
淮河干流	王家坝	177	涡河	蒙城	67
淮河干流	润河集	21	新沭河	新沭河闸	154
淮河干流	鲁台子	74	沭河	人民胜利堰	65
淮河干流	蚌埠（吴家渡）	372	沂河	临沂	43
史灌河	蒋家集	248	中运河	运河	192

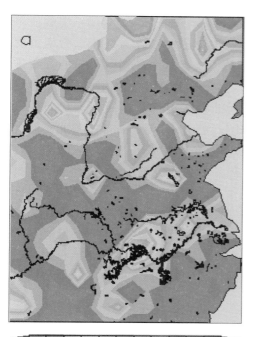

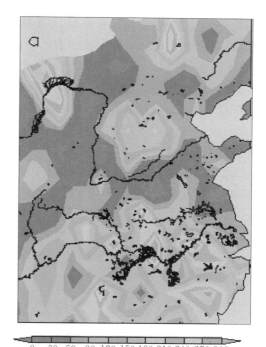

20 30 40 50 60 70 80 90 100 110 120 130

(a) 最大过程性降水量的重现期

0 30 60 90 120 150 180 210 240 270 300

(b) 最大月降水量的重现期

图 7.2-5　显著性 $p=0.05$ 时，GPD 拟合的淮河流域降水重现期（单位：年）

7.3　淮河流域降水集中期特征

　　研究表明，对于淮河流域的洪涝灾害，如果单纯考虑全年总降水量或者汛期总降水量，不能反映出一次降水过程的影响，而洪涝灾害往往与一次大的降水过程关系紧密。因此，研究降水的集中程度可以反映淮河流域洪涝灾害的形成原因。

7.3.1　资料和预处理

　　以淮河流域各站点汛期（5—9 月）的日降水量作为研究对象，选取了淮河流域的 38 个气象观测站 1961—2001 年每年 5—9 月的日降水量资料。在后面的计算中，为了消除边界的影响，将边界扩大，利用了东经 110°～122°、北纬 31°～37°范围内的 59 个观测站的资料。

　　对每年 5—9 月 152 天逐日降水量进行 15 天滑动求和，得到的最大值作为该站当年的 PCPR，最大值出现的时间作为 PCPD，这样就得到了各站逐年的 PCPR 和 PCPD。

7.3.2　降水集中期的气候特征

　　1. 降水集中期（PCP）的空间分布

　　对淮河流域各站 41 年的降水集中期降水量和出现时间进行时间平均，得到

PCPR 和 PCPD 的空间分布情况，如图 7.3-1 所示，其中图 7.3-1（a）中数值单位是毫米，图 7.3-1（b）中数字表示 7 月×日，"·"表示站点，红色点为淮河流域内站点。由图 7.3-1（a）可以看出，在整个区域内，降水集中期降水量的分布是从南向北、从沿海向内地递减。在淮河流域南侧，存在一个降水量大值区，同时也是雨量等值线密集区，这是由于淮河流域南侧山脉对北上暖湿气流的阻挡而形成的。气流翻山后，进入淮河流域，降水量的分布相对比较均匀。此外，东部的苏北平原和河南南部的降水量比较大。如图 7.3-1（a）所示，降水量大值区为淮河流域南侧，淮河流域东部苏北平原和河南南部也是降水量异常多出现的区域；此外，河北、山西、河南的三省交界处也是降水变幅较大的区域。

图 7.3-1（b）显示，淮河流域的降水集中期出现时间平均在 7 月，由于采取的样本容量有 41 年之多，假设样本满足正态分布，可以认为 7 月是淮河流域降水最集中的时期，而 7 月恰好是淮河流域的梅雨期。所以从总体上看，可以推断梅雨是造成淮河流域洪涝的主要原因。同时，PCPD 的出现时间是由南向北推进的，这与梅雨的由南向北推进也是一致的。

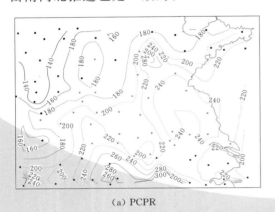

（a）PCPR   （b）PCPD

图 7.3-1 降水集中期的空间分布

2. PCP 的变化幅度

以上分析的是时间平均后淮河流域的 PCPR 和 PCPD 的空间分布场。为了分析降水集中期的变化幅度，计算了各站的 PCPR 和 PCPD 的标准差，得到标准差分布场如图 7.3-2 所示，图 7.3-2（a）中单位为毫米，图 7.3-2（b）中数字表示 7 月×日，"·"表示站点，红色点为淮河流域内站点。

图 7.3-2（a）中的等值线表示降水最大值的变化幅度，在大值区内，降水集中期的降水量各年差异较大，说明容易出现旱涝异常；反之，小值区的降水量较平均，较少出现异常。

从图 7.3-2（b）来看，降水集中期出现时间的变化幅度为南方大北方小。淮河流域内 PCPD 的变化幅度一致，基本上都是 25 天。但是在河南中部的许昌、郑州、宝丰、驻马店一带 PCPD 的变化幅度较大，这一带也对应于 PCPR 的梯度和 PCPR

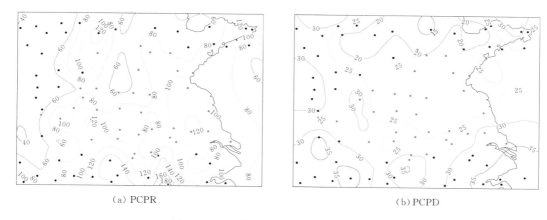

(a) PCPR

(b) PCPD

图 7.3-2 降水集中期的标准差分布

的变化幅度梯度较大的地区。

3. PCP 的时间序列分析

对淮河流域 38 个站的 PCPR 和 PCPD 进行区域平均后,得出整个流域的时间变化特征(图 7.3-3)。

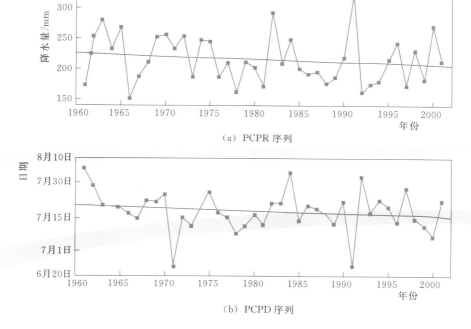

(a) PCPR 序列

(b) PCPD 序列

图 7.3-3 区域平均后的 PCP 序列

注:图中蓝色实线为线性趋势线。

从图 7.3-3 可以看出淮河流域几个明显的 PCPR 高值年为 1963 年、1982 年、1991 年和 2000 年,这与淮河流域的洪水年有很好的对应关系,说明 PCP 可以很好地表示淮河流域的洪涝趋势。从线性趋势线上看，PCP 降水量有不明显的微弱下降。PCP 的出现时间一般集中在 7 月中下旬，对应于淮河流域的后梅雨期。PCPD 偏离平均值较大的年份，即 PCP 出现时间特别早或者特别晚，往往对应着 PCPR 的小值年，这意味着当年淮河流域的梅雨期降水较少，降水集中期出现于某次大的降水过程时期。但是 1991 年的 PCPD 出现比较早，并且对应着很大的 PCPR，从历史资料记录上看，1991 年的洪水正是偏早到达的梅雨造成的。从 PCPD 的线性趋势线上看，PCP 的出现时间略有提前。

4. 与 2003—2007 年资料的对比

利用淮河流域的 2003—2007 年的降水资料与之前的情况进行对比（图 7.3-4），结果表明，这 5 年整个淮河流域的过程性降水强度都非常大，接近 1961—2001 年平均强度的两倍，各年区域平均降水集中期降水量为 361.29mm（2003 年）、255.44mm（2004 年）、331.73mm（2005 年）、301.10mm（2006 年）、378.75mm（2007 年）。平均趋势显示主要强降水出现在淮河流域西南部，从每一年的降水分布来看，2003 年和 2005 年在淮河流域的西南部出现很强的降水，2004 年在淮河流域的西北部出现较强的降水，2006 年降水不太强，2007 年的强降水出现在淮河流域的西侧和淮河干流一带。虽然从每一年来看，整个区域降水集中期出现时间并不都在 7 月，但是强降水都出现在 7 月。

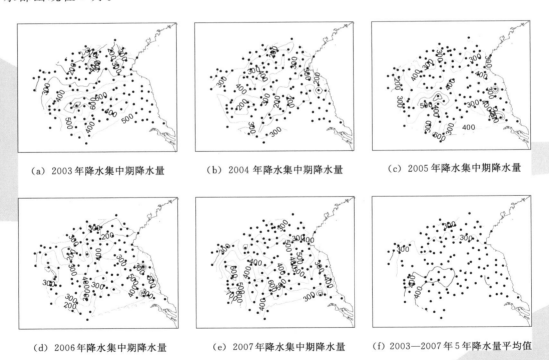

（a）2003 年降水集中期降水量   （b）2004 年降水集中期降水量   （c）2005 年降水集中期降水量

（d）2006 年降水集中期降水量   （e）2007 年降水集中期降水量   （f）2003—2007 年 5 年降水量平均值

图 7.3-4　2003—2007 年降水集中期降水量及
5 年降水量平均值（单位：mm）

从上述降水集中期分析结果可以初步得到以下结论：

（1）淮河流域降水集中期的出现与梅雨的进退有很大的关系，梅雨期降水是造成淮河流域过程性极端降水的主要原因。因此，淮河流域降水集中期的出现时间是从南向北推进的，主要出现在 7 月，而降水集中期的降水量也呈南多北少的分布态势，与淮河流域地形存在很好的对应关系。

（2）淮河流域降水集中期降水量体现了区域特征，根据 REOF 分析的结果，可以大致分为南区、西区和东北区。各区出现过程性极端降水的时间不同，1991 年的极端降水出现在南区，1982 年的极端降水出现在西区，1970 年在东北区有较强的过程性降水。

（3）2003—2007 年的降水集中期降水量比之前 41 年的明显偏大，主要是在淮河上游出现极大降水，这些极大降水出现的时间都在 7 月，也对应于梅雨期降水。

淮河流域旱涝气候的区域比较

旱涝频发的淮河流域固然有气候过渡带的特殊性，但其旱涝特点是否与其他区域相类似？为此，将淮河流域特征与相邻的长江、黄河流域以及同纬度的其他地区（如北美地区）进行比较，以进一步认识该流域的特殊性及其与其他区域的关系和可能的遥相关关系。本章着重进行了特征比较和统计相关分析，试图揭示可能存在的潜在关系，并在中国东部季风气候背景下分析了淮河流域的降水特征。

8.1 与长江流域、黄河流域旱涝特征的比较

为了比较淮河流域与长江流域、黄河流域之间的气候差异，分别计算了各流域全年及汛期的平均降水量和降水相对变率（表 8.1-1）。由表 8.1-1 可见，无论是年降水量还是汛期降水量，淮河流域的降水变率都是最大的，表明过渡带气候存在不稳定性（即所谓的脆弱性），容易出现旱涝。以汛期降水距平百分率不小于 25% 为涝年、不大于−25% 为旱年的划分标准，统计淮河流域 1961—2006 年间的旱涝频率，结果表明 46 年中有 19 个旱年、14 个涝年，频率分别为 41% 和 30%。换句话说，旱年差不多为 2.5 年一遇，涝年则接近 3 年一遇。特别是进入 21 世纪头 10 年，淮河流域汛期频繁出现洪涝，冬春季经常连旱，成为越来越严重的气候脆弱区。

表 8.1-1 淮河流域、长江流域、黄河流域全年及汛期的平均降水量和降水相对变率

流　域	淮河流域		长江流域		黄河流域	
时期	全年	汛期	全年	汛期	全年	汛期
平均降水量/mm	905	492	1355	511	441	257
降水相对变率/%	16	22	11	20	13	17

8.2 与同纬度北美地区旱涝特征的比较

淮河流域地处亚洲大陆东部沿海，有其特殊的海陆分布特征。而与该流域在地

理位置上最具可比性的就是北美大陆东部，其纬度范围、海陆分布和东临海洋都与我国东部沿海的淮河流域十分相似。近些年来的分析研究以及专家学者的研究结果表明，这两个地区的旱涝确实有着不同的趋势和联系。因此，本节以北美大陆东部同纬度地区为代表，研究其与淮河流域旱涝特征演变趋势的关系，以期认识全球范围内大气环流背景和区域气候的关系和遥相关特征，同时也为进一步认识淮河流域的旱涝趋势提供一个参考依据。

8.2.1　资料和方法

原始资料使用 1870—2005 年 PDSI 指数的 2.5×2.5 格点资料（南纬 60°～北纬 77.5°）。计算时选择两个区域：淮河流域及附近地区（东经 110°～125°、北纬 25°～40°）和北美东部同纬度地区（西经 75°～95°、北纬 25°～45°）。

由于 PDSI 能较好地反映干湿变化，使用 PDSI 年平均值、季平均值和各月资料分别分析，对年平均值分析结果给出相应的图表，季节划分时，以 6—8 月为夏季，其余类推。

采用区域平均值及 9 年滑动平均结果进行对比分析，用曼-肯德尔趋势检验法和滑动 t 检验确定突变点。利用小波分析推测可能存在的周期。同时对 PDSI 时间序列的平均值、极大值、极小值及分布年份进行了对比分析。最后对两个区域分别进行 EOF 分析和 SVD 分析，分析其空间分布和时间系数的变化，利用同性相关系数和异性相关系数分析两个区域的相互关系。对方差贡献进行蒙特卡罗检验，对相关系数进行 t 检验。

8.2.2　区域平均对比分析

对两个区域分别进行区域平均，其结果反映了相应区域的平均状况。图 8.2-1 标示出了两个区域的年平均 PDSI 区域平均值。可以看出，淮河流域平均状况比北美东部干旱，年际变化也较大。而相关系数分析结果表明，两者相关关系不显著。但从

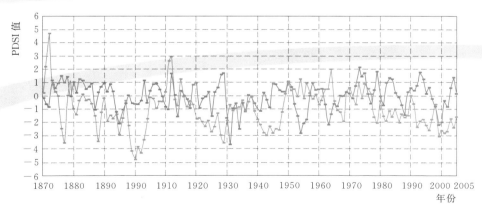

图 8.2-1　两个区域的年平均 PDSI 区域平均值

注：紫色线代表淮河流域的 PDSI，红色线代表北美东部的 PDSI。

区域平均值来看，淮河流域平均最湿润的季节和月份分别为冬季和 1 月，最干旱的季节和月份分别为夏季和 8 月。而北美东部最湿润的季节和月份分别为冬季和 11 月，最干旱的季节和月份分别为春季和 5 月。

淮河流域在 1900 年以前、1910—1930 年以及 1960—2000 年由湿转干；1900—1910 年及 1940—1960 年由干转湿；2000 年以后有微弱变湿倾向；1900 年前后为最干旱时期。而北美东部最干旱时期出现在 1930 年前后，PDSI 围绕平均值波动。

图 8.2-2 是两个区域的年平均 PDSI 区域平均值 9 年滑动平均后的结果，可以更明显地看出，大多数年份淮河流域比北美东部干旱，且淮河流域干湿变化大于北美东部。各季节和各月的结果也与图 8.2-1 相似。淮河流域与北美东部湿润的时期也都大致集中在 1900—1910 年、1920—1930 年中期和 1950—1970 年 3 个时期。

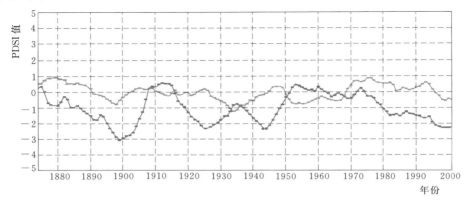

图 8.2-2 两个区域的年平均 PDSI 区域平均值 9 年滑动平均后的结果
注：蓝色线代表淮河流域的年平均 PDSI，红色线代表北美东部的年平均 PDSI。

图 8.2-3 为年平均 PDSI 区域平均值的滑动 t 检验结果。淮河流域有两个突变点，主要位于 1880 年以前和 1980—1990 年，都通过了 99% 显著性检验。而北美东部

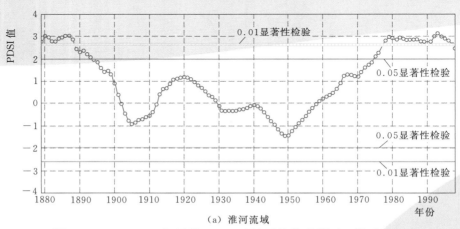

（a）淮河流域

图 8.2-3（一） 年平均 PDSI 区域平均值的滑动 t 检验结果

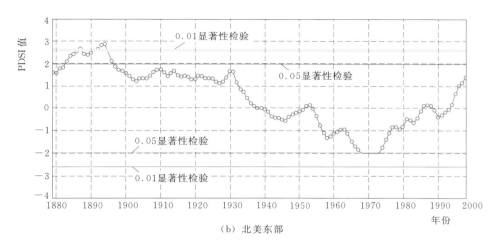

（b）北美东部

图 8.2-3（二）　年平均 PDSI 区域平均值的滑动 t 检验结果

突变点也主要在两个时期：1890 年前后（通过 0.01 显著性检验）和 1970 年前后（恰好通过 0.05 显著性检验）。从滑动 t 检验结果可以看出，两个区域的突变点强度，第一个突变点较相似，而第二个突变点差距较大。

　　图 8.2-4 为年平均 PDSI 区域平均值的曼-肯德尔趋势检验法。淮河流域有两个明显的突变点，位于 1880 年以前和 1990 年前后，这个结果与滑动 t 检验结果一致。而北美东部在 19 世纪 80 年代存在一个突变点，与滑动 t 检验结果一致，但在 1980—1990 年则表现为多个较密集的突变点，9 年滑动平均值的曼-肯德尔趋势检验结果显示，在 20 世纪 80 年代和 90 年代各存在一个突变点，其中 80 年代的突变点强度较弱。

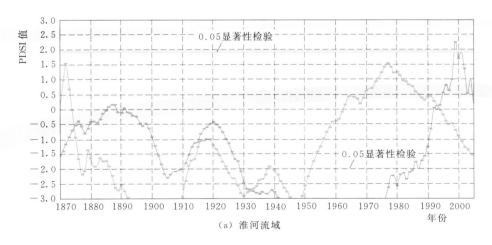

（a）淮河流域

图 8.2-4（一）　年平均 PDSI 区域平均值的曼-肯德尔趋势检验法

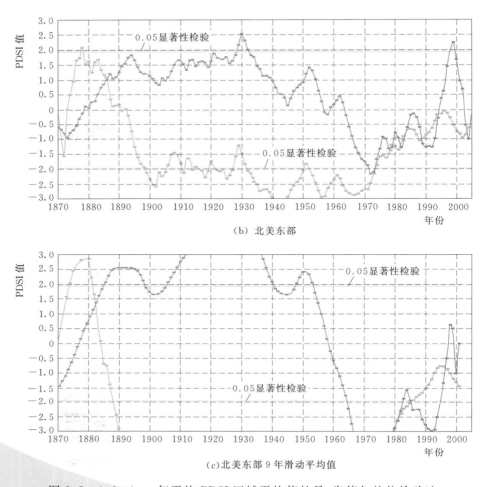

(b) 北美东部

(c)北美东部 9 年滑动平均值

图 8.2-4（二）　年平均 PDSI 区域平均值的曼-肯德尔趋势检验法

从图 8.2-5（a）、图 8.2-5（b）对 PDSI 的 Morlet 小波分析可以看出，淮河流域存在显著的准 2 年至 4 年周期和准 20 年周期振荡，而北美东部存在准 2 年至 4 年周期和年代际振荡 [图 8.2-5（c）和图 8.2-5（d）]。由区域平均对比分析可以得出，淮河流域平均比北美东部同纬度地区偏旱，干湿变化振幅较大。两个区域突变点多集中在 1890 年前后和 1990 年前后。

8.2.3　均值与极值分布分析

分析 1870—2005 年间的 136 年中淮河流域和北美东部两个区域均值和极值及其对应年份的分布，有利于了解极端干湿分布及变化。图 8.2-6 为淮河流域和北美东部年平均 PDSI 平均值分布。由图 8.2-6（a）可以看出，在淮河流域主要存在两个湿润中心，分别位于山东半岛和淮河中游附近；而北美东部湿润中心主要集中在大西洋和墨西哥湾沿岸，其中佛罗里达半岛附近最为明显。两个地区湿润中心的分布差异可能与海陆分布和地形有关。

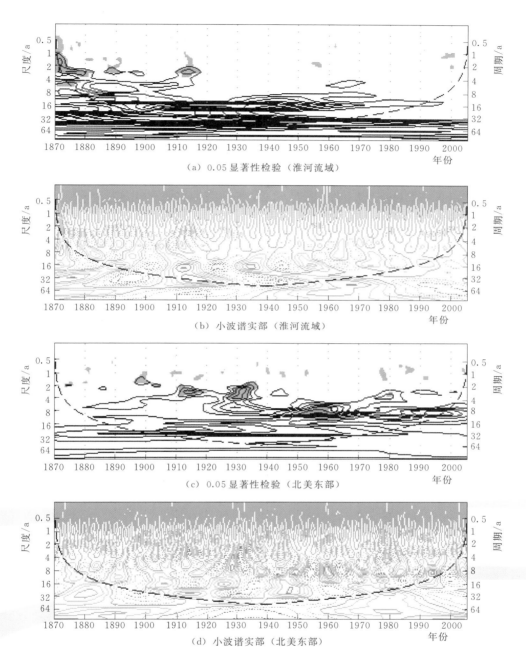

图 8.2-5 淮河流域和北美东部两个区域 PDSI 的 Morlet 小波分析结果

图 8.2-7 为淮河流域和北美东部年平均 PDSI 极大值及其对应年份分布，反映较湿润区域和年份的分布。由图 8.2-7（a）和图 8.2-7（c）看出两个区域极大值分布与平均值相似。由图 8.2-7（b）可以看出，淮河流域极大值主要出现在 1900—1920 年。

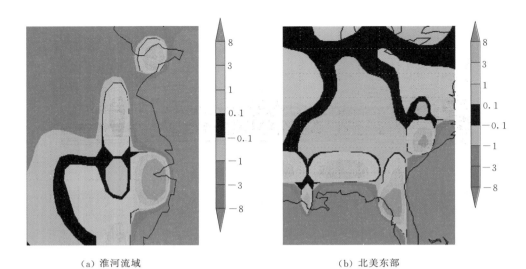

（a）淮河流域　　　　　　　　　　　　（b）北美东部

图 8.2-6　淮河流域和北美东部年平均 PDSI 平均值分布

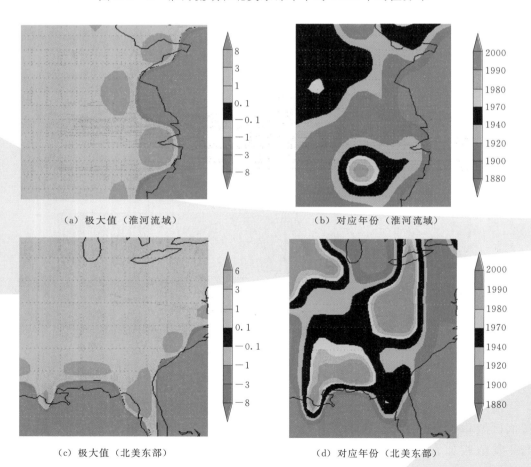

（a）极大值（淮河流域）　　　　　　　（b）对应年份（淮河流域）

（c）极大值（北美东部）　　　　　　　（d）对应年份（北美东部）

图 8.2-7　淮河流域和北美东部年平均 PDSI 极大值及其对应年份分布

由图 8.2-7（d）则可看出，北美东部极大值年份分布较分散，在其西北、西南和中部部分地区 1990 年以后出现极大值。

图 8.2-8 为淮河流域和北美东部年平均 PDSI 极小值及其对应年份分布，反映较干旱区域和年份的分布。由图 8.2-8（a）和图 8.2-8（c）看出两个区域的极小值分布与平均值相似。由图 8.2-8（b）看出，淮河流域的极小值年份主要在 1900—1940 年。而图 8.2-8（d）中北美东部的干旱年份多位于 1931 年和 1954 年前后，而沿海部分地区的较干旱年份则出现在 1980 年以后。由平均值和极值分布分析结果可知，淮河流域有两个极值中心，而北美东部极值中心则主要分布在沿海地区。

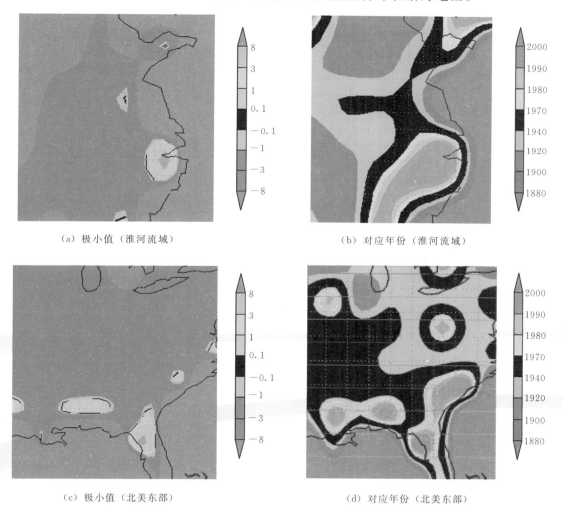

（a）极小值（淮河流域）　　　　　　　　　（b）对应年份（淮河流域）

（c）极小值（北美东部）　　　　　　　　　（d）对应年份（北美东部）

图 8.2-8　淮河流域和北美东部年平均 PDSI 极小值及其对应年份分布

8.2.4　EOF 分析

分别对两个地区作 EOF 分析，分析其空间分布和时间系数变化。由于第 3 模态方差和第 4 模态方差贡献相近，只分析前 3 个模态。

1. 淮河流域 EOF 分析

对淮河流域年平均 PDSI 进行 EOF 分析，取前 3 个模态空间型及时间系数。图 8.2-9 (a)、图 8.2-9 (b) 反映了当时间系数为正值时，淮河流域由南向北湿润程度逐渐降低的趋势；从时间系数来看，主要呈现年际振荡，1900 年以前振幅较大，之后振幅减少，并存在准 50 年周期。图 8.2-9 (c)、图 8.2-9 (d) 反映了淮河流域南北干湿状况反相变化的关系，分界线以北纬 32° 为中心，呈东北—西南走向；时间系数最大振幅也随时间变小，并存在 30~40 年的周期。图 8.2-9 (e)、图 8.2-9 (f) 反映了淮河流域与其周边区域（黄河流域和长江流域）干湿状况的反相变化关系，从时间系数来看，主要呈现年代际振荡，1900 年以前振幅较大，之后振幅减少。

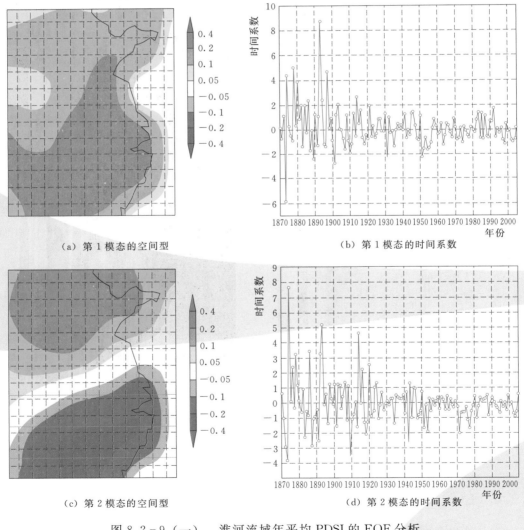

（a）第 1 模态的空间型　　　　　　　　（b）第 1 模态的时间系数

（c）第 2 模态的空间型　　　　　　　　（d）第 2 模态的时间系数

图 8.2-9 （一）　淮河流域年平均 PDSI 的 EOF 分析

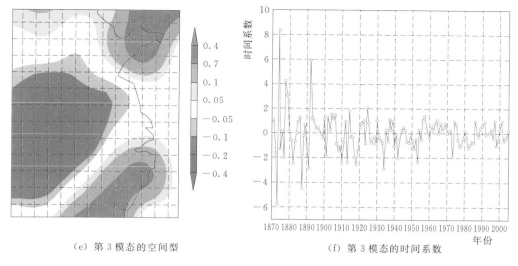

（e）第 3 模态的空间型　　　　　　　　　（f）第 3 模态的时间系数

图 8.2-9（二）　　淮河流域年平均 PDSI 的 EOF 分析

2. 北美东部 EOF 分析

同样对北美东部年平均 PDSI 进行 EOF 分析，取前 3 个模态空间型及时间系数。图 8.2-10（a）、图 8.2-10（b）反映了当时间系数为正值时，北美东部地区由内陆向沿海湿润程度逐渐降低的趋势。时间系数以 1900 年和 1950 年为界，存在两次明显的振幅衰减，并呈现准 50 年周期振荡。图 8.2-10（c）、图 8.2-10（d）反映了北美东部五大湖流域和东南沿海干湿状况反相变化的关系。从时间系数来看，1920 年以后，振幅明显减小，呈现 4～8 年振荡。图 8.2-10（e）、图 8.2-10（f）反映了北美大西洋沿岸与中部地区干湿状况的反相变化关系。20 世纪 60 年代以前，时间系数振幅逐渐衰减；70 年代以后，振幅有增大趋势。

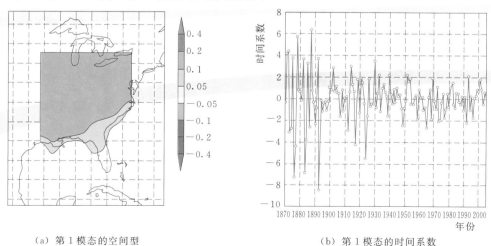

（a）第 1 模态的空间型　　　　　　　　　（b）第 1 模态的时间系数

图 8.2-10（一）　　北美东部年平均 PDSI 的 EOF 分析

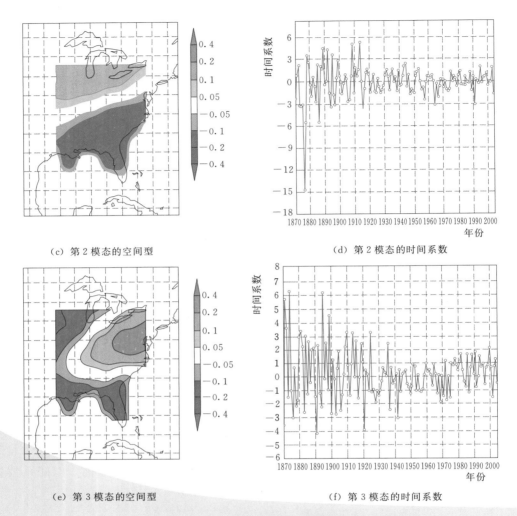

（c）第2模态的空间型　　　　　　　　（d）第2模态的时间系数

（e）第3模态的空间型　　　　　　　　（f）第3模态的时间系数

图8.2-10（二）　北美东部年平均 PDSI 的 EOF 分析

3. 两个地区联合 EOF 分析

对淮河流域和北美东部年平均 PDSI 进行 EOF 分析，取前3个模态空间型及时间系数。图8.2-11（a）、图8.2-11（b）反映北美东部和淮河南北部干湿状况的相关关系。当北美东部整体较湿润时，淮河流域湿润程度较低，在西部和北部甚至出现干旱趋势；从时间系数来看，可能存在准30~40年周期振荡。图8.2-11（c）、图8.2-11（d）反映两个区域南北部分干湿状况的相关关系，当北美五大湖流域和淮河流域南部湿润时，墨西哥湾沿岸和淮河流域北部呈现干旱趋势；从时间系数来看，存在年代际振荡。1870年存在一个时间系数的负极大值，表示当时可能存在明显的淮河南部干旱而北部湿润的年份。

图8.2-11（e）、图8.2-11（f）反映淮河流域和北美东部南北两部分干湿状况的相关关系，当淮河流域湿润时，五大湖流域湿润，而佛罗里达附近表现为干旱趋

势；时间系数表现为准年代际振荡。

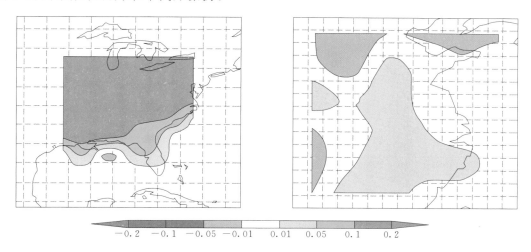

（a）第 1 模态的空间型

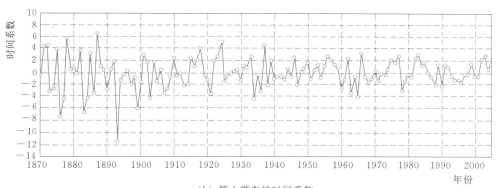

（b）第 1 模态的时间系数

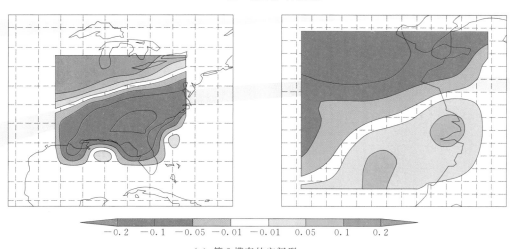

（c）第 2 模态的空间型

图 8.2-11（一）　淮河流域和北美东部年平均 PDSI 的 EOF 分析

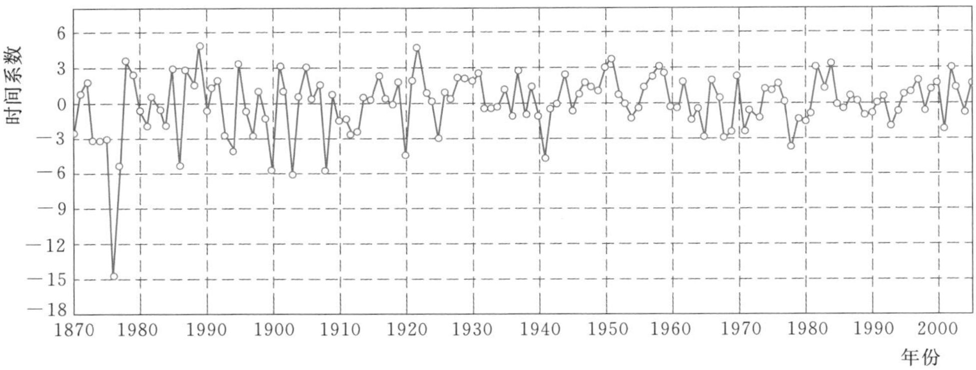

（d）第 2 模态的时间系数

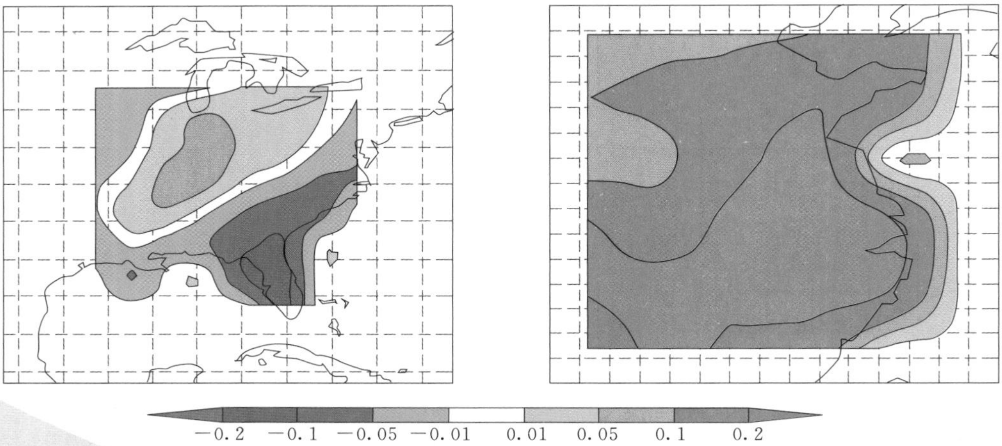

−0.2　−0.1　−0.05　−0.01　　0.01　0.05　0.1　0.2

（e）第 3 模态的空间型

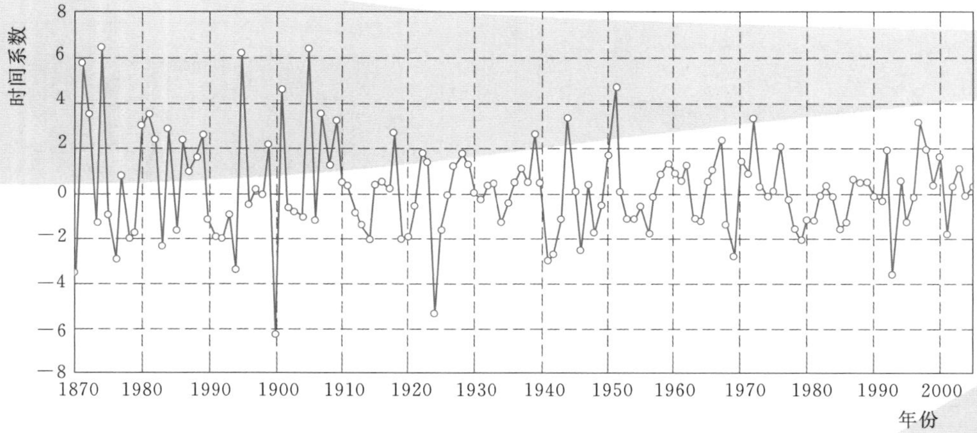

（f）第 3 模态的时间系数

图 8.2−11（二）　淮河流域和北美东部年平均 PDSI 的 EOF 分析

8.2.5　SVD 分析

以淮河流域 PDSI 标准化场为左场，以北美东部 PDSI 标准化场为右场，进行 SVD 分析。前 3 个模态相关系数通过了 0.01 显著性检验，故只分析两个地区年平均 PDSI 指数 SVD 分析结果的前 3 个模态。图 8.2 − 12 中，由同类相关场可知，淮河与北美东部都有一条东北至西南走向的零值线，线两侧区域呈现反相变化关系；而淮河

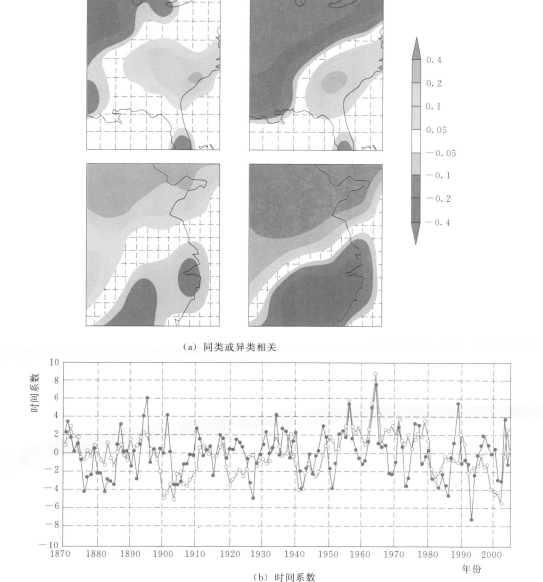

（a）同类或异类相关

（b）时间系数

图 8.2 − 12　SVD 分析第 1 模态同类和异类相关及时间系数

流域南北分界线大致以北纬 32°为中心。由异类相关场可知，两个地区南北部分有反相的对应相关关系。北美东部主要正值中心位于大西洋沿岸，主要负值中心位于五大湖流域西部，而淮河流域主要负值中心靠近长江流域，主要正值中心靠近黄河流域。左右场第一模态相关系数为 0.387，为显著正相关关系。当淮河流域南部干旱北部湿润时，对应北美东部最佳耦合模态为东南部分较湿润，同时西北部分较干旱。

图 8.2-12（a）中，左上为右异类相关，右上为右同类相关，左下为左异类相关，右下为左同类相关；图 8.2-12（b）中，红线为淮河流域，蓝线为北美东部。在 SVD 分析中，左右场相关系数为 0.387，方差贡献为 40.7%，均通过 0.01 显著性检验。图 8.2-13（a）中，左上为右异类相关，右上为右同类相关，左下为左异类相关，右下为左同类相关；图 8.2-13（b）中，红线为淮河流域，蓝线为北美东部。在 SVD 分析中，左右场相关系数为 0.363，方差贡献为 20.7%，均通过 0.01 显著性检验。以淮河流域 PDSI 为左场，以北美东部 PDSI 为右场。

图 8.2-13 中，由同类相关场可知，淮河流域整体与北美东部南北两个部分有不同的对应关系。结合异类相关场可知，淮河流域负值中心位于干流中游，靠近长江流域，从南向北负值逐渐变小；而北美东部负值中心位于五大湖流域南部，正值中

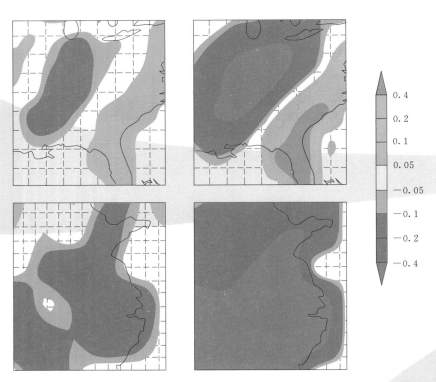

（a）同类或异类相关

图 8.2-13（一）　SVD 分析第 2 模态同类和异类相关及时间系数

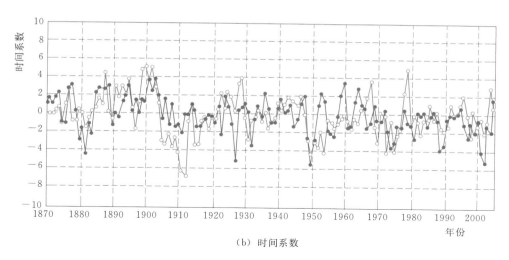

（b）时间系数

图 8.2-13（二） SVD 分析第 2 模态同类和异类相关及时间系数

心位于佛罗里达半岛附近。左右场第 2 模态相关系数为 0.363，为显著正相关关系，表示左右场的变化是同号的。当淮河流域整体干旱并从南向北逐渐减弱时，对应北美东部最佳耦合模态为东南部分较湿润，同时西北部分较干旱。

图 8.2-14 中，由同类相关场可知，淮河流域整体与北美东部大部分地区有正相关关系。结合异类相关场可知，淮河流域负值中心主要位于沂沭泗河水系及淮河干流上游，而北美东部负值中心主要位于五大湖流域，正值中心存在于墨西哥湾沿岸。左右场第 3 模态相关系数为 0.306，为显著正相关关系，表示左右场的变化是同号的。当淮河北部干旱时，对应北美东部最佳耦合模态为以五大湖为中心的大部分地区干旱，墨西哥沿岸部分地区湿润。

图 8.2-14（a）中，左上为右异类相关，右上为右同类相关，左下为左异类相关，右下为左同类相关；图 8.2-14（b）中，红线为淮河流域，蓝线为北美东部。在 SVD 分析中，左右场相关系数为 0.306，方差贡献为 15.3%，均通过 0.01 显著性检验。以淮河流域 PDSI 为左场，以北美东部 PDSI 为右场。

通过 SVD 前 3 个模态分析结果可知，淮河流域和北美东部都大致可以划分为两个部分，同类和异类相关的结果大致反映了这 4 个部分的遥相关及相互影响。而前 3 个模态都呈现显著的正相关，说明两个区域相位变化存在明显的联系。

8.2.6 同纬度对比分析结论

（1）由区域平均的结果可知，在 1870—2005 年 136 年的 PDSI 时间序列中，淮河流域比北美东部干旱，干湿变化的幅度也较大。在 19 世纪末和 20 世纪末，两个区域都存在突变，在 20 世纪初的部分月份和季节也存在突变。

（2）小波分析结果表明，淮河流域和北美东部存在准 2 年至 4 年周期以及年代际周期振荡。

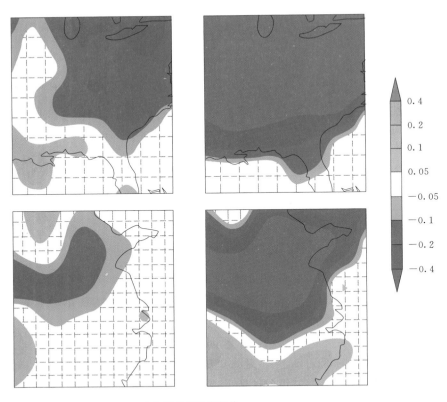

（a）同类或异类相关

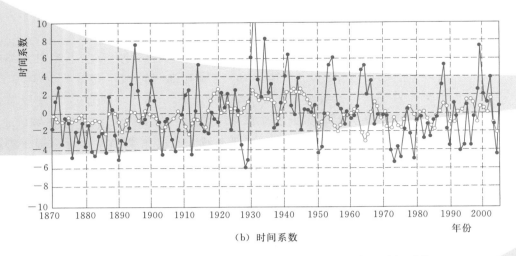

（b）时间系数

图 8.2-14　SVD 分析第 3 模态同类和异类相关及时间系数

（3）极值分析表明，在淮河流域北部和干流中上游附近，各存在一个极值中心，而北美东部极值中心多分布在大西洋和墨西哥湾沿岸。淮河流域极值多出现在 20 世纪上半叶，而北美东部湿润年份多发生在 20 世纪末，干旱年份多位于 1931 年和

1954 年前后。

（4）EOF 和 SVD 的分析结果表明，两个区域整体存在正相关关系，且都可以分为南北两部分，主要存在以下 3 种较显著的空间相关分布：

1）北美东部整体与淮河流域南北两部分干湿状况分别呈正相关和负相关。

2）淮河流域整体与北美东部南北两部分干湿状况分别呈负相关和正相关。

3）淮河流域南部与北美东部区域北部湿润时，对应淮河流域北部与北美东部区域南部干旱。

结合以上分析可以看出，淮河流域与北美东部存在一定相关关系，且淮河流域以北纬 32°为中心，沿东北—西南走向存在一条南北突变带，南北两部分干湿状况存在一定差异，在部分模态中呈现反相变化关系。

8.3　淮河流域降水特征与中国东部季风区降水的关系

中国东部季风区属于东亚季风区的范畴，中国东部季风又分为夏季风和冬季风。季风的特点是冬夏两季盛行，风向相反，存在明显的雨季（汛期）和旱季（非汛期）。夏季风带来的是雨热同季，而冬季风则是寒冷干燥。这主要是由于夏季风是来自于热带海洋的偏南暖湿气流，而冬季风则是来自于西伯利亚干冷的偏北风。淮河流域处在中国东部季风区内，因此，具有夏季雨热同季、冬季寒冷干燥的特点；并且，每年中国东部季风的正常与否都会影响淮河流域的降水。中国东部季风区的雨带每年 3—9 月有一个由南往北的推进过程，6—8 月降水区域主要位于江淮流域，这一时段是淮河流域降水最丰沛时期，被称为主汛期。本节重点分析在中国东部季风区的大背景下淮河流域的降水特征。

8.3.1　降水特点

1. 地区分布

降水量的大小与水汽输入量、天气系统的活动情况、地形及地理位置等因素有关，除了天气成因之外，其中地形对降水影响程度较大。**淮河流域降水量的地区分布差异，主要是由地形差异引起的。**

淮河流域东临黄海，来自印度洋孟加拉湾、南海和西太平洋的水汽，受大别山、桐柏山、伏牛山、沂蒙山及流域内部的局部山丘地形的影响，产生强迫抬升作用，有利于产生降水，并且增强降水强度；而在广阔的平原及河谷地带，因为缺少地形对气流的动力抬升作用，降水强度相对要小。淮河流域降水的总体特点是：降水量自南部、东部往北部、西部递减，同纬度山丘区降水量大于平原区，山脉的迎风坡降水量大于背风坡。

根据 1950 年以来的降水观测资料统计，淮河流域内多年平均降水量变幅为 600～1600mm，南部大别山区为 1600mm，北部黄河南岸为 600mm。流域内有 4

个降水量高值区，均在山丘区：大别山区最高，为 1600mm；次高值区位于伏牛山区，降水量为 1200mm，主峰石人山的迎风坡降水量明显大于周边地区；石漫滩水库和白沙水库上游山区，降水量比周围平原地带大，分别形成 1000mm 和 700mm 小高值区。流域内广阔的平原地区为降水量低值区，降水量在 600～1000mm 范围内变化，其中淮北平原在 600～1000mm 之间，淮河下游平原稳定在 1000mm 左右。安徽池河、洛河上游的河谷地带，地形低于两侧，为水汽畅流通道，形成 900mm 的相对低值区。

淮河中上游山丘区雨量等值线呈东西走向，平原地区大体呈东北—西南走向，大别山、伏牛山等山区的主峰周围有着明显的降水高值区闭合等值线。年降水量等值线的这种走势，是降水分布规律在流域面上的具体表现。

年降水量 800mm 等值线，西起伏牛山北部，经叶县向东略偏南方向延伸到太和县北部，并在此转变方向，沿永城—微山—蒙阴一线向东北伸展，在蒙阴附近向东从沂蒙山南坡绕到五莲山北麓，直至黄海。800mm 等值线是湿润带和半湿润过渡带的分界线，此线以南降水量大于 800mm，属湿润带，降水相对丰沛；以北降水量小于 800mm，属于过渡带，即半干旱半湿润带，降水相对偏少。

2. 年内分配

多年平均降水年内分配的特点表现为汛期集中、季节分配不均匀以及最大月、最小月降水量相差悬殊等，它与水汽输送的季节变化有密切关系。

淮河流域不同地方的汛期起讫时间不完全一致，淮河南部地区汛期一般为 5—8 月，其他地区均为 6—9 月。汛期降水集中，多年平均汛期降水量为 400～900mm，汛期 4 个月的降水量占全年的 50%～75%；降水集中程度自南往北递增，淮河以南山丘区集中程度最低，为 50%～60%；沂沭泗河水系（沂沭河下游平原区除外）为 70%～75%，是集中程度最高的地区。

淮河流域一年四季降水量变化较大。夏季 6—8 月降水最多，降水量为 350～700mm，集中了全年降水量的 40%～65%；降水集中程度自南往北递增，淮河以南山丘区最低，为 40%～50%；沂沭泗河水系（沂沭河下游平原区除外）集中程度最高，为 60%～65%，个别站达到 70%。春季 3—5 月降水量为 100～430mm，占年降水量的 13%～30%，降水集中程度自南向北递减。秋季 9—11 月降水量小于春季而大于冬季，在 100～300mm 之间，地区之间降水集中程度差别不大，都在 20% 左右。冬季 12 月至次年 2 月降水最少，淮南山丘区降水量为 100mm 左右，其他地区降水仅为 20～80mm，集中程度在 3%～10% 之间，自南往北呈递减趋势。

淮河流域年内各月降水量不等，最大月、最小月降水量相差悬殊。多年平均以 7 月降水最多，降水量在 140～270mm，占全年的 15%～30%，并且呈自南向北增加的趋势。降水最小月多出现在 1 月，降水量一般为 5～40mm，占年降水的 1%～3%。同站最大月降水是最小月降水的 5～26 倍，其倍数自南向北递增。淮河流域主要雨量站多年平均降水量年内分配情况见表 8.3-1。

表 8.3-1　　　　淮河流域主要雨量站多年平均降水量年内分配情况

雨量站	地级行政区	年降水量/mm	汛期		3—5月		6—8月		9—11月		12月至次年2月		最大月		最小月		最大月、最小月降水量之比
			降水量/mm	占比/%	降水量/mm	占比/%	降水量/mm	占比/%	降水量/mm	占比/%	降水量/mm	占比/%	降水量/mm	占比/%	降水量/mm	占比/%	
大坡岭	信阳市	994.0	589.9	59.3	231.0	23.2	493.1	49.6	198.2	19.9	71.6	7.2	182.2	18.3	18.4	1.9	9.9
潢川	信阳市	1017.6	577.1	56.7	266.2	26.2	465.6	45.8	195.5	19.2	90.3	8.9	202.9	19.9	21.0	2.1	9.7
梅山	六安市	1402.4	760.1	54.2	362.9	25.9	618.1	44.1	278.4	19.9	143.0	10.2	238.7	17.0	33.4	2.4	7.1
九里沟	六安市	1078.1	572.3	53.1	296.2	27.5	454.3	42.1	210.8	19.6	116.8	10.8	174.6	16.2	28.0	2.6	6.2
定远	滁州市	928.2	531.4	57.3	219.8	23.7	451.6	48.7	173.4	18.7	83.4	9.0	177.7	19.1	18.4	2.0	9.7
蚌埠	蚌埠市	939.0	561.8	59.8	202.3	21.5	477.2	50.8	180.4	19.2	79.1	8.4	196.0	20.9	18.2	1.9	10.8
汝南	驻马店市	893.7	534.1	59.8	194.1	21.7	439.5	49.2	196.6	22.0	63.5	7.1	161.5	18.1	15.3	1.7	10.5
淮阳	周口市	747.7	468.5	62.7	155.1	20.7	387.8	51.9	159.4	21.3	45.4	6.1	177.1	23.7	12.4	1.7	14.2
新郑	郑州市	682.0	441.1	64.7	133.2	19.5	363.0	53.2	153.2	22.5	32.6	4.8	157.0	23.0	9.5	1.4	16.5
阜阳	阜阳市	925.9	546.6	59.0	210.0	22.7	459.4	49.6	182.8	19.7	73.7	8.0	190.9	20.6	17.6	1.9	10.8
亳县	亳州市	802.0	510.3	63.6	163.3	20.4	437.5	54.6	148.0	18.5	53.2	6.6	202.1	25.2	13.8	1.7	14.6
砀山	宿州市	751.0	498.7	66.4	139.4	18.6	422.2	56.2	142.2	18.9	47.2	6.3	188.4	25.1	13.1	1.7	14.4
泗县	宿州市	884.5	560.2	63.3	182.0	20.6	475.5	53.8	163.7	18.5	63.3	7.2	219.4	24.8	15.8	1.8	13.9
徐州	徐州市	856.4	587.0	68.5	150.4	17.6	504.0	58.9	154.2	18.0	47.8	5.6	251.4	29.4	14.0	1.6	18.0

续表

雨量站	地级行政区	年降水量/mm	汛期		3—5月		6—8月		9—11月		12月至次年2月		最大月		最小月		最大月、最小月降水量之比
			降水量/mm	占比/%	降水量/mm	占比/%	降水量/mm	占比/%	降水量/mm	占比/%	降水量/mm	占比/%	降水量/mm	占比/%	降水量/mm	占比/%	
天长	滁州市	1047.4	629.4	60.1	224.3	21.4	533.4	50.9	200.2	19.1	89.5	8.5	228.3	21.8	22.4	2.1	10.2
三河闸	淮安市	993.6	613.7	61.8	203.4	20.5	523.1	52.6	184.9	18.6	82.3	8.3	228.9	23.0	20.0	2.0	11.4
扬州	扬州市	1018.8	576.1	56.6	236.1	23.2	473.1	46.4	209.2	20.5	100.4	9.9	180.0	17.7	25.2	2.5	7.2
淮阴	淮安市	967.1	625.8	64.7	179.1	18.5	526.1	54.4	189.5	19.6	72.3	7.5	226.4	23.4	17.5	1.8	12.9
六闸	扬州市	1000.5	567.5	56.7	225.7	22.6	465.9	46.6	206.7	20.7	102.3	10.2	184.9	18.5	25.9	2.6	7.1
兴化	扬州市	1047.9	634.8	60.6	223.0	21.3	534.9	51.0	199.5	19.0	90.6	8.6	231.5	22.1	22.5	2.1	10.3
盐城	盐城市	1031.1	639.7	62.0	206.3	20.0	527.4	51.2	213.8	20.7	83.5	8.1	232.2	22.5	20.6	2.0	11.3
台儿庄闸	枣庄市	836.2	579.9	69.3	142.6	17.1	506.6	60.6	141.2	16.9	45.8	5.5	239.9	28.7	13.0	1.6	18.5
宿迁闸	宿迁市	898.3	580.7	64.6	177.6	19.8	495.3	55.1	160.2	17.8	65.2	7.3	233.2	26.0	16.3	1.8	14.3
东里店	淄博市	768.5	563.7	73.4	110.7	14.4	495.7	64.5	129.0	16.8	33.1	4.3	230.9	30.0	9.3	1.2	24.8
临沂	临沂市	862.5	619.0	71.8	137.4	15.9	538.1	62.4	146.7	17.0	40.3	4.7	256.2	29.7	12.3	1.4	20.8
滕县	枣庄市	749.8	533.7	71.2	119.7	16.0	463.2	61.8	129.4	17.3	37.5	5.0	204.4	27.3	11.9	1.6	17.2
民权	商丘市	678.4	455.8	67.2	133.4	19.7	384.7	56.7	128.7	19.0	31.6	4.7	179.9	26.5	9.5	1.4	18.9
梁山	济宁市	597.5	423.4	70.9	98.1	16.4	366.2	61.3	111.1	18.6	22.1	3.7	158.1	26.5	6.1	1.0	25.9
曹县	菏泽市	679.1	463.6	68.3	127.0	18.7	390.6	57.5	130.4	19.2	31.1	4.6	166.6	24.5	9.4	1.4	17.7

各种不同降水频率典型年降水量的年内分配，总的趋势类似于多年平均情况。因为典型年的选样是选取年内分配最不利的年份，所以其分配的不均匀性比多年平均大。不同频率典型年降水量年内分配的另一特点是，年内分配的不均匀程度与频率大小成反向变化，即频率越小分配越不均匀，其原因是丰水年与枯水年主要取决于汛期雨量的多少。

3. 年际变化

季风气候的不稳定性和天气系统的多变性导致年际之间降水量差别很大。淮河流域降水的年际变化较为剧烈，主要表现为最大年降水量与最小年降水量的比值（即极值比）较大、年降水量变差系数较大和年际间丰枯变化频繁等特点。

淮河流域雨量站的年降水量极值比一般为 2~4，极值比最大的站点为河南省老君站，1975 年降水量为 2279.2mm，1992 年降水量仅 400.0mm，年降水极值比达 5.7。在流域面上，极值比还表现出南部小于北部、山区小于平原、淮北平原小于滨海平原等特点。

最大年降水量与最小年降水量的差值（即极差），从绝对量上反映降水的年际变化。大多数雨量站的极差在 600~1500mm，极差最大的站点为信阳市大庙畈站，1956 年降水量为 2804.7mm，1957 年降水量为 680.6mm，极差为 2124.1mm。

淮河流域主要雨量站 1956—2000 年系列降水量、极值比与极差情况统计见表 8.3-2。

表 8.3-2　　　淮河流域主要雨量站 1956—2000 年系列降水量、
极值比与极差情况统计

雨量站	最大年		最小年		极值比	极差/mm
	降水量/mm	出现年份	降水量/mm	出现年份		
南湾	1689.3	1982	620.7	1966	2.7	1068.6
平舆	1542.5	1956	470.1	1966	3.3	1072.4
淮滨	1482.9	1991	461.3	1966	3.2	1021.6
老君	2279.2	1975	400.0	1992	5.7	1879.2
鲇鱼山	1841.2	1987	612.9	1966	3.0	1228.3
蚌埠	1565.0	1956	471.5	1978	3.3	1093.5
梅山	1893.9	1987	738.4	1966	2.6	1155.5
响洪甸	1933.7	1991	726.1	1978	2.7	1207.6
中牟	937.0	1964	298.8	1966	3.1	638.2
周口	1319.0	1984	468.8	1993	2.8	850.2
开封	950.8	1984	300.1	1966	3.2	650.7
阜阳	1616.3	1956	478.1	1976	3.4	1138.2
亳县	1465.9	1963	470.2	1978	3.1	995.7
商丘	1186.4	1979	307.8	1966	3.9	878.6

续表

雨量站	最大年		最小年		极值比	极差/mm
	降水量/mm	出现年份	降水量/mm	出现年份		
砀山	1218.4	1963	427.2	1966	2.9	791.2
濉溪	1441.4	1963	502.4	1966	2.9	939.0
三河闸	1625.8	1991	446.6	1978	3.6	1179.2
扬州	1565.2	1991	448.0	1978	3.5	1117.2
高邮	1858.9	1991	478.0	1978	3.9	1380.9
盐城	1726.4	1965	437.3	1978	3.9	1289.1
枣庄	1433.4	1958	507.1	1988	2.8	926.3
兖州	1196.9	1990	364.4	1976	3.3	832.5
梁山	1109.5	1964	297.3	1966	3.7	812.2
宿迁闸	1447.8	1963	535.1	1978	2.7	912.7
临沂	1449.2	1960	523.8	1981	2.8	925.4

年降水量变差系数 C_V 值的大小反映出降水量的多年变化规律，C_V 值越小，降水量年际变化越小；C_V 值越大，降水量年际变化越大。淮河流域年降水量变差系数 C_V 一般为 0.2～0.3。C_V 值的变化总趋势为自南往北增大。南部大别山区 C_V 值约为 0.2，为全区最小，表明该区降水不但丰沛，而且较为稳定。

若从历年同时段（同季或汛期）降水量的角度分析，时段降水量的多年变化则更为剧烈。

4. 连丰、连枯水年分析

连丰、连枯水年分析一般采用偏丰水年和丰水年 $P_i > (\overline{P_N} + 0.33\sigma)$，相应频率 $P < 37.5\%$；偏枯水年和枯水年 $P_i < (\overline{P_N} + 0.33\sigma)$，相应频率 $P > 62.5\%$。其中，$\overline{P_N}$ 为多年平均年降水量；P_i 为逐年年降水量；σ 为均方差。

按照上述标准判别偏丰水年和丰水年、偏枯水年和枯水年。选择 2 年或 2 年以上的连丰年和连枯年，从济南、青岛、蚌埠、淮安 4 个雨量站的年降水量连丰、连枯分析成果看，降水量连丰年数为 2～4 年，连枯年数为 2～7 年，连续枯水的年数明显多于连续丰水的年数。济南站出现连丰年 8 次，最长达 4 年；连枯年 8 次，最长达 4 年。青岛站出现连丰年 8 次，最长达 4 年；连枯年 6 次，最长达 7 年。蚌埠（吴家渡）站出现连丰年 7 次，最长达 3 年；连枯年 6 次，最长达 4 年。淮安站出现连丰年 6 次，最长达 4 年；连枯年 9 次，最长达 6 年。长短系列统计丰、平、枯年型频次分析见表 8.3－3。

8.3.2 淮河流域降水的时空演变特征

江淮区域平均逐候降水呈现单峰型（江南春雨较弱时）或双峰型（江南春雨较

强时）分布，如图 8.3-1 所示。单峰型降水表现为典型的东亚季风气候特点，双峰型降水则表现为春汛（桃花汛）也较为明显。降水从上一年的 12 月开始增加，到 6 月下旬降水量达到最大，然后逐渐减少，12 月降水量达到最低值，降水也主要集中在 4—9 月。相对于华南地区，江淮地区降水变化趋势更为平缓，雨季更难以使用有效的阈值进行确定。从多年平均来看，6—7 月降水距平百分比基本对应了高于 50% 等值线的降水集中时期，峰值在第 35 候，第 34~38 候在时间上基本对应梅雨期的入梅、出梅时间及持续时间，因而 6—7 月可以被认为能够包含江淮雨季，其多年平均年降水量为 398.3mm。

表 8.3-3　　　　　　　长短系列统计丰、平、枯年型频次分析

雨量站	系　列	丰水年		偏丰水年		平水年		偏枯水年		枯水年	
		年数	频次	年数	频次	年数	频次	年数	频次	年数	频次
济南	1916—2000 年	9	10.6	24	28.2	19	22.4	21	24.7	12	14.1
青岛	1898—2000 年	7	7.7	27	29.7	20	22.0	29	31.9	8	8.8
蚌埠	1918—2000 年	9	10.8	24	28.9	20	24.1	22	26.5	8	9.6
淮安	1914—2000 年	12	13.8	20	23.0	25	28.7	19	21.8	11	12.6

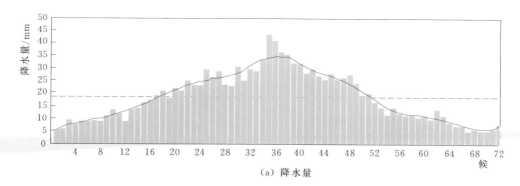

（a）降水量

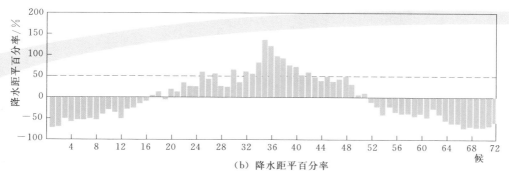

（b）降水距平百分率

图 8.3-1　江淮区域平均逐候降水

从周期性来看，江淮区域平均雨季降水可能存在 3.475 年、6.95 年和 13.9 年周期，其中准 3 年周期通过了 0.05 显著性检验，江淮区域平均雨季降水小波分析如图 8.3-2 所示。20 世纪 50 年代初的 2~8 年周期方差明显偏高，可能与这一时期间歇性的洪涝年份有关，雨季降水最大年份 1954 年也出现在这一时期。20 世纪 60 年代末至 90 年代末存在稳定持续的准 3 年周期，在这一时期有类似的周期缩短现象，从降水趋势来看，江淮雨季降水整体呈增加趋势，而 90 年代末以后年际变化周期性明显减弱。

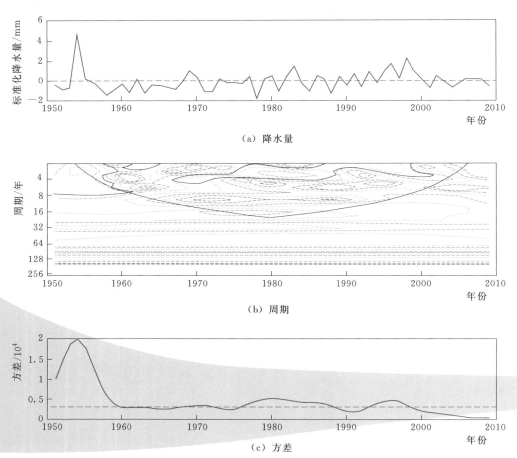

(a) 降水量

(b) 周期

(c) 方差

图 8.3-2　江淮区域平均雨季降水小波分析

选取 1954 年和 1978 年作为江淮区域雨季的典型年份。1954 年为江淮区域雨季降水极大值年份，如图 8.3-3（a）所示，6—7 月的多数候降水量远远大于多年平均候降水，整个雨季降水（784.5mm）也明显多于多年平均雨季降水量，雨季持续时间明显偏长。从 5 月降水来看，由于 1954 年华南前汛期也相对多雨，降水范围延伸到长江流域甚至更北，当年整个中国东部雨季偏涝。1978 年，江淮区域雨季降水明显偏少（251.3mm），如图 8.3-3（b）所示，6 月下旬至 7 月降水均明显低于常年，几乎没有明显的梅雨雨季。

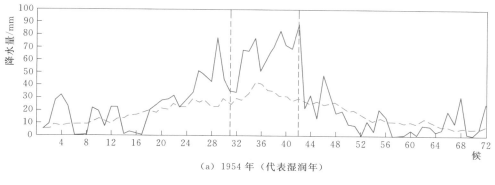

（a）1954年（代表湿润年）

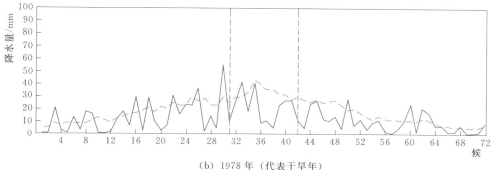

（b）1978年（代表干旱年）

图8.3-3 江淮区域典型年份逐候降水

整个中国东部雨季从总体趋势上来看，华北降水减少，江淮流域降水增加，华南没有明显的增减趋势，但3个区域均在20世纪70年代末存在转型。雨季平均小波分析的结果表明，降水时间变化以准2年和准5年周期的年际变化为主，以20世纪70年代中期以前和90年代中期以后最为明显，而年代际变化较弱。纬向平均降水分布显示了降水南多北少的经向空间分布特征，各纬度降水存在年际变化，70年代末降水的转型也比较明显，之后江淮区域雨季降水明显增加，而华北和华南雨季降水减少。总体可视为华南大部分地区→长江流域南部→长江沿岸→淮河流域→华北地区雨季降水的反相变化。

大范围暴雨往往出现在某种特定的大尺度环流形势下。在这种大尺度环流背景下，冷暖空气不断在淮河流域交绥，使得引起暴雨的天气尺度系统或中尺度系统发展，淮河流域低层形成强而持续的垂直运动和水汽输送，有利于暴雨形成。高低纬度、不同尺度的天气系统相互作用是引发淮河流域暴雨的重要原因。欧亚大陆中高纬度出现的长波系统能使环流形势稳定，或者造成经向度很大的环流形势。副高的位置决定了从海洋向陆地的水汽通道路径，热带环流系统则是暴雨的主要水汽来源，因此对暴雨大形势分型时主要的依据是副高脊线的位置、西风带环流型和低纬度环流型，另外还要着重考虑中低层影响暴雨的主要天气系统。

气候变化与淮河流域旱涝及未来趋势的关系

　　"大雨大灾，小雨小灾，无雨旱灾"是淮河流域历史上旱涝灾害的真实写照，旱涝之频繁，历史之长久，影响之广泛，使淮河流域成为最为严重的旱涝灾害地区之一。从淮河形成以来，由于其特殊的地理和气候环境，淮河流域几乎每年都要受到洪涝或干旱灾害的影响，给人民生活和生产带来严重损失。然而，有关淮河流域严重旱涝灾害气候背景和特征的系统、全面研究并不多见。随着全球极端气候事件越来越频繁，气候变化与人们的日常生活关系越来越密切，气候灾害越来越受到全社会的关注。因此，为了有效地预防淮河流域的旱涝灾害，把灾害的损失减轻到最低程度，保障该流域社会经济的可持续发展，必须对该流域的若干气候问题进行深入研究。

　　长期以来，围绕淮河流域旱涝灾害的一些气候问题主要包括：淮河流域地处北亚热带和暖温带的气候过渡带，其气候特征是什么？对淮河流域的旱涝有何影响？几百年乃至千年以来淮河流域气候和旱涝灾害的变化规律是什么？过去和现代的气候变化对淮河流域旱涝灾害规律有何影响？等等。这些都是必须回答但又相当复杂的问题。本章通过研究分析，结合以往有关研究成果，探寻上述问题的答案。

9.1　淮河流域气候冷暖与旱涝的关系

　　目前尚未发现淮河流域旱涝异常的发生与现代气候变暖有直接关系。鉴于全球变暖研究的不确定性和对温室效应认识的局限性，还不能将淮河流域旱涝趋势简单地与全球变暖直接联系起来。本章根据历史事实资料分析、降水重现期概率分析、联合国政府间气候变化专门委员会（IPCC）情景气候模拟结果和干旱指数 PDSI 的历史演变规律，对 2010—2060 年不同气候情景下淮河流域气候变化趋势进行了推测估计，得出以下初步结果。

9.1.1　旱涝事件与气候冷暖的关系

　　根据淮河流域旱涝灾害发生的频次和年数统计发现，过去 2000 年来旱涝灾害频次随时间波动增加的趋势明显。过去 500 年来淮河流域的冷暖异常与旱涝灾害的组合，在年代际尺度上存在暖旱、暖涝、冷旱和冷涝 4 种形式。从气候韵律趋势看，目前处于暖旱阶段，未来可能进入暖涝转冷旱阶段。

9.1.2 旱涝趋势的极值概率估计

统计气候分析表明，淮河流域日降水、过程性降水和月极端降水都存在明显的南北差异，淮河以南地区受江淮梅雨影响很大，降水量普遍较大，极端天气气候事件频繁发生，而且较其他地区严重。由于流域北部受梅雨锋的影响相对较小，极端降水量比南部小，但对于更加极端的事件，其概率密度较大，与长江流域和淮河以南地区相比较，虽然发生极端事件的频率要小，但异常极端事件的降水量并不小，例如，对于 50 年一遇和 100 年一遇的极端降水，其降水量要大于长江流域。这表明，就一般极端天气气候事件而言，淮河以北地区的降水量小于淮河以南地区，而对于极端之极端事件，淮河以北地区降水量则大于淮河以南地区。从最大日降水量极值重现期空间分布看，沿淮中下游为最小，约在 10～30 年之间，显示该区域发生最大日降水量极值的频率高于其他地区，是暴雨洪涝高发区域。分析最大过程性降水的重现期发现，淮河以北地区为最小，约在 20～40 年，这种时空分布说明淮河中下游区域因极端降水而引发洪涝的概率比其他区域要大。因此，就极值规律分析而言，淮河流域未来 50 年发生极端降水的可能性和频率都较大，需要引起高度重视，采取必要的应对措施。

9.2 水利工程对流域洪涝的调控作用

1991 年汛期淮河发生了自 1954 年以来的又一次流域性大洪水，造成严重洪涝灾害。针对淮河、太湖流域发生严重洪涝灾害所暴露出的问题，1991 年 9 月国务院及时召开治淮治太会议，作出"关于进一步治理淮河和太湖的决定"的战略决策。国家加大了对淮河治理的力度，实施以防洪、除涝为主要内容的治淮 19 项骨干工程建设（图 9.2-1），掀起了中华人民共和国成立后的第二轮治淮高潮。

2003 年大水后，国务院又召开了治淮工作会议，要求加快 19 项骨干工程建设步伐。通过各方面的努力，到 2007 年年底，治淮 19 项骨干工程建设任务基本完成。其中，入江水道巩固工程、分沂入淮续建工程、洪泽湖大堤加固工程、包浍河初步治理工程、怀洪新河续建工程、淮河入海水道近期工程、汾泉河初步治理工程、临淮岗洪水控制工程、洪汝河近期治理工程、大型病险水库除险加固工程、涡河近期治理工程、奎濉河近期治理工程和湖洼及支流治理工程全部完成；淮河干流上中游河道整治及堤防加固工程、防洪水库工程、沙颍河近期治理工程和治淮其他 4 项主体工程基本完成；沂沭泗河洪水东调南下和行蓄洪区安全建设 2 项工程正在加紧建设。19 项治淮骨干工程的完成，实现了进一步治理淮河的目标。这些工程措施有效地改变了淮河干流中游局部河段的束水状况，提高了淮河中游防御大洪水的能力。通过兴建

图 9.2-1 治淮 19 项骨干工程位置示意图

临淮岗洪水控制工程、淮河干流上中游河道整治及堤防加固工程、部分行蓄洪区的退建工程和淮北大堤及淮南、蚌埠城市圈堤加固工程，扩大了泄洪能力，提高了防洪标准，在充分运用淮河干流行蓄洪区和启用临淮岗工程的条件下，淮北大堤保护区和沿淮重要工矿、城市的防洪标准由不足 50 年一遇提高到 100 年一遇。

以 1991 年为时间节点，将淮河流域 1991 年的状况作为 19 项骨干工程未治理前的情况，2003 年的状况作为水利工程正在实施中的情况，2007 年的状况作为治淮 19 项骨干工程治理基本完成后的情况，对淮河治理前后情况进行比较，分析水利工程对洪涝调控的作用。

9.2.1 治淮骨干工程实施前后的洪水比较

1991 年淮河水系发生流域性大洪水，淮河干流全线超过警戒水位，并且多次出现洪水过程，其中淮滨站至正阳关站河段超过保证水位，里下河地区水位超过历史最高。沂沭泗河水系的沂河和泗河发生自 1957 年以来的最大洪水。

2003 年淮河再次发生流域性大洪水。淮河干流主要控制站全线超过警戒水位，其中王家坝站至鲁台子站河段水位超过保证水位。在同时段，沂沭泗河水系也出现洪水，是自 1991 年后第二次淮沂洪水遭遇情况。在 2003 年洪水中，先后运用了 2 个蓄洪区和 7 个行洪区，应用 3 条分洪水道进行分洪，利用淮南山区 5 座大型水库拦蓄洪水。

2007年淮河又一次发生了流域性大洪水。淮河干流全线及部分支流出现超警戒水位洪水，其中淮河干流王家坝站至润河集站河段超保证水位，润河集站至汪集站河段水位创历史新高，王家坝站、鲁台子站最高水位均居历史第二位。王家坝（总）站、润河集站最大流量均为1982年以来的最大值。淮河上游南湾水库最高水位创历史新高。2007年大洪水是1954年以来与2003年大洪水相当的又一次流域性大洪水。

（1）洪水特征值比较。2007年洪水期间，淮河干流息县站至汪集站河段最高水位超过2003年，超幅在0.06～0.37m。鲁台子站最高水位超过1991年，低于2003年。息县站最大流量超过2003年，王家坝（总）站、润河集站、鲁台子站最大流量均超过1991年和2003年。三河闸最大下泄流量及洪泽湖日平均最大出湖流量均大于1991年，低于2003年。

（2）洪水量级比较。2007年淮河水系最大30天面雨量中，淮河干流王家坝站以上为517mm，润河集站以上为510mm，正阳关站以上为428mm，蚌埠（吴家渡）站以上为428mm，洪泽湖中渡站以上为448mm。王家坝站、润河集站、正阳关站、蚌埠（吴家渡）站以上最大30天面雨量重现期为14～17年，洪泽湖中渡站以上为22年。与2003年相比，王家坝站以上最大30天面雨量偏多10％，润河集站、正阳关站、蚌埠（吴家渡）站以上最大30天面雨量偏小2％～3％，洪泽湖中渡站以上最大30天面雨量基本相当。与1991年相比，王家坝站以上最大30天面雨量偏多23.5％，润河集站、正阳关站、蚌埠（吴家渡）站以上和洪泽湖中渡站以上最大30天面雨量偏多11％～15％。

2007年淮河干流最大30天理想洪量，王家坝站为103.5亿m³，重现期为17年；润河集站为133.4亿m³，重现期为13年；正阳关站为206.6亿m³，重现期为13年；蚌埠（吴家渡）站为279.6亿m³，重现期为17年；洪泽湖中渡站为399.2亿m³，重现期为22年。分析显示，2007年淮河干流最大30天理想洪量，王家坝站以上超过2003年和1991年，润河集站与2003年和1991年基本相同，正阳关站以上、蚌埠（吴家渡）站以上和洪泽湖中渡站以上大于1991年，略小于2003年。

（3）河道行洪能力比较。通过对淮河干流主要控制站2007年、2003年和1991年实测洪水的对比分析可知，正是因为1991年大水后19项治淮骨干工程的实施，特别是淮河大规模治理后的2007年，扩大了控制站附近河道断面、提高了河道下泄畅通能力，所以使得各个河段的行洪能力有明显提高。王家坝站水位在警戒水位27.50m以下时，同级水位情况下，流量增加了300～400m³/s；水位在警戒水位27.50m以上时，同级水位情况下，流量可增加500～800m³/s。流量在1500～6000m³/s时，同级流量下水位降低0.2～0.3m。同理，润河集站水位在警戒水位24.30m以下时，流量增加200～400m³/s；水位在警戒水位24.30m以上时，流量可增加700～1000m³/s。鲁台子站水位在警戒水位23.80m以下时，相同水位时的流量比1991年增加了400～700m³/s，水位在警戒水位23.80m以上时，流量比1991年增加了 200～400m³/s；而同一流量条件下，水位比 1991 年降低了 0.2～0.4m。蚌埠（吴家渡）站在相同流量情况下，2007 年水位比 1991 年降低 0.3～0.7m，水位在警戒水位 20.30m 以下时，同级水位所对应的流量可增加 400～600m³/s；水位在警戒水位 20.30m 以上时，同级水位所对应的流量增加 400m³/s 左右。从以上分析可看出，淮河干流王家坝站至蚌埠（吴家渡）站河段在中高水期间，同级水位下流量较工程治理前一般增加 300～800m³/s，同级流量下水位可降低 0.2～0.5m。另外，19 项治淮骨干工程完成后，淮河干流洪水传播时间比治理前缩短了 8～11 小时。

由此可见，水利骨干工程的实施，增强了淮河上游拦蓄洪水的能力，减轻了中游防洪的压力，扩大了下游排泄洪水的出路。根据统计，2007 年大水，淮河流域受灾面积、受灾人口、倒塌房屋、转移人口、直接经济损失等各项灾害指标的绝对值与治理前相比减幅都在 50% 以上。

9.2.2 人类活动的影响

人类活动对旱涝灾害的影响表现在诸多方面。农业方面，主要是种植业的变化和土地利用的变化。工业方面主要是厂区建设、采取地表水和地下水、废水排放等。林业方面主要是山林采伐、毁林造地，也有植树造林等。交通运输方面主要是大量的铁路、公路建设。城镇化发展方面主要是城镇建设占用大量土地，路面硬化改变了地表属性，城市热岛效应和城市防洪问题日益突出。采矿业的弊端主要是破坏了植被和地下水水系，造成地表塌陷等。因此，高密度的人类活动影响，改变了地表的自然生态，通过反馈机制，影响了旱涝灾害发生的范围和程度，也引发了一些次生灾害。

随着社会的发展，人口不断增加，人水争地的矛盾更加突出，河湖滩地的围垦、种植以及行洪滩地的人为或违章建设等，严重影响了河道泄流能力和湖泊的滞蓄洪能力。另外，水土流失、水污染、水资源和土地资源的开发利用不当、城市集镇的盲目发展或缺乏科学规划，使旱涝灾害的灾情加重。

9.3 淮河流域未来气候变化与旱涝趋势的估计

（1）由 IPCC 情景模拟结果估计的未来气候趋势。根据《气候变化国家评估报告》中的 IPCC 气候情景下气候模拟结果预测，未来 50 年淮河流域年平均温度可能升高 2℃ 左右，年降水量增加 2%～3%。区域气候模式模拟结果显示，淮河流域夏季降水量可能增加 8%～10%，温度升高 2℃ 左右。可以看出，全球和区域模式模拟的结果存在一定差异，但其降水增加趋势是一致的。应当指出的是，虽然 IPCC 模拟给出的是一个气候情景估计，而不是实际气候变化，也不能反映出年际异常变化，但其总体估计与本章第 9.1 节的气候韵律趋势估计基本是吻合的，即淮河流域未来气候可能进入暖湿阶段。

（2）基于旱涝历史演变规律的未来趋势估计。从淮河流域夏季干旱指数 PDSI 历史演变的规律研究得出，淮河流域夏季旱涝存在约 50 年的周期：1890—1945 年和 1945—2000 年两个阶段分别经历过"旱—涝—旱"的演变。按此韵律，20 世纪最后 10 年为偏旱趋势，进入 21 世纪头 10 年，淮河流域进入一个由偏旱向偏涝相对急剧的转变，旱涝异常加剧（如 2003 年、2007 年的大涝和 2001 年的大旱），此后可能持续偏涝一段时间再转入偏旱，完成一个"旱—涝—旱"的准 50 年振荡。因此，在未来 50 年，淮河流域可能前期以偏涝为主，而后期则以偏旱为主。

可以看出，基于资料分析，未来可能的旱涝趋势与 IPCC 情景模拟结果不完全吻合。从客观上讲，目前的模式模拟考虑的是单一的温室气体排放因素（如仅考虑 CO_2）其趋势预测是单向的，尚不能包含更多的正负反馈机制的影响，其结果仅提供一种特定条件下的潜在可能性。因此，综合而言，未来 50 年淮河流域随着降水重现期的延长和极端值出现的概率增大，其极端降水量也增大。气候过渡带越发脆弱，旱涝交替的发生频率增高，年内和年际降水的差异性很大，暴雨天气的组合更加多样和复杂，再加上淮河流域地理条件的特殊性，这些因素决定了未来淮河流域旱涝灾害将长期存在，且灾害的强度、频率都有增加的趋势。

10

结 论 与 建 议

淮河流域在历史上曾经是一个美丽富饶的家园，民间有"走千走万，不如淮河两岸"的谚语，也有"江淮熟，天下足"的美誉。然而，12世纪后，天灾人祸导致民不聊生。这里的"天灾"除了黄河夺淮外，就是指天气和气候极端事件引发的灾害。本书通过对1000年以来的历史文献等资料的研读，利用近百年来的测量资料的分析，基于水文气象学、气候学和地理学等方法，分析研究了淮河流域旱涝演变过程，重点研究了当代的气候演变特征。结果表明：淮河流域过渡带气候脆弱；极端气候事件的发生频率高；降水变率大、旱涝并重、大旱大涝、旱涝交替现象突出，且旱涝急转时有发生。未来极端事件的发生频率还有增加的趋势，迫切需要加强防范，制订应对方案。

10.1 气候变化背景下淮河流域旱涝特征

随着全球气候的变化，气候异常似乎成为常态，气候的自然变化叠加人类活动的影响，未来气候如何变化具有不确定性。在这样的气候背景下，淮河流域的旱涝和冷暖气候也发生了相应的改变，过渡带气候的脆弱性充分显现，旱涝特征突出体现在以下几个方面：

（1）淮河流域南北气候分界线的位置与夏季降水量呈明显的负相关。气候分界线向北移动，表明冷空气弱，淮河流域夏季降水量减少；而气候分界线向南移动，则表明冷空气强，淮河流域夏季降水会增多。淮河流域过去60年（1951—2010年）中北亚热带和暖温带的气候界线南北振幅变大，平均位置有北移趋势。其中，降水量资料是从1953年开始统计，温度资料是从1952年开始统计。

（2）60年来的气候变化中，多年平均年降水量总体变化不大（图10.1-1）。年降水量无明显的增加或减少趋势，但汛期降水量增加显著（图10.1-2）。从年降水量的年代际分析可看出（图10.1-1），降水量最多为20世纪50年代，多年平均年降水量为952mm；其次为60年代的907mm。最近20年的多年平均年降水量为872mm，比历年平均值898mm偏少约3%。21世纪前10年平均年降水量为916mm，比历年平均值偏多约 2%。

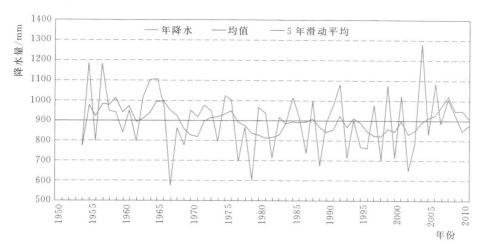

图 10.1-1　1951—2010 年淮河流域年降水量变化图

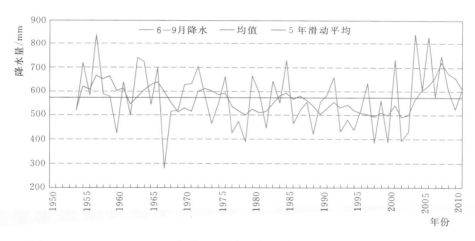

图 10.1-2　1951—2010 年淮河流域历年汛期（6—9 月）降水量变化图

（3）60 年气候变化中，多年平均温度升高十分明显（图 10.1-3）。从淮河流域历年的气温变化看，从 20 世纪 70 年代开始，年平均气温持续上升。淮河流域年平均气温为 14.5℃，20 世纪 60—80 年代，温度有一定幅度的下降；而进入 90 年代后，特别是 1995 年以来，温度持续上升；21 世纪的前 10 年温度增暖趋势尤其明显，年平均温度达到了 15.2 ℃，比 20 世纪 50 年代的 14.1℃上升了 1.1℃。淮河流域年平均最高气温出现在 2007 年，为 15.7℃。冬季气温升高是最明显的特征，连续出现暖冬现象。

（4）梅雨降水异常仍然是流域性大洪水的主要原因。梅雨期间，在副高和高纬度阻塞形势相对稳定的条件下，副高脊线在北纬 23°～25°附近稳定少动，配合北方冷空气南下，中低层切变线、低涡、低空急流与地面梅雨锋、江淮气旋立体组合，极易在

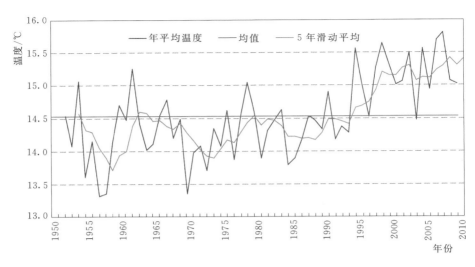

图 10.1-3　1951—2010 年淮河流域平均温度变化图

淮河流域形成持续性暴雨、大暴雨，从而形成大涝年，而低空急流、低涡切变线、气旋波、西风槽就是造成江淮流域降水异常的主要天气系统。根据 1951—2010 年资料统计分析，淮河流域暴雨的 76％ 与低空急流有关，68％ 受低涡切变线影响，49％ 来自于气旋波，35％ 的受西风槽控制。另外，台风或台风倒槽形成的暴雨约占 12％。

　　（5）淮河流域中游的严重洪涝灾害是由该区域特殊的降水气候特征决定的，导致严重洪涝的日降水量、过程降水量和月极端降水量在该区域都存在明显的高值区和低重现期。由于致洪暴雨天气系统的组合集中交汇点也处于该区域，加之受江淮梅雨影响，淮河中游地区降水量普遍较大，极端降水事件发生更频繁。

　　（6）淮河流域历史上经历过多次极端异常的旱涝事件，与历史时期极端旱涝事件相比较，现代的极端旱涝事件没有超出历史时期的幅度，处在相同的变化范围内。历史和现代气候变化与淮河流域旱涝表现出不同的特点，但某些方面也有相似性。

　　（7）淮河流域旱涝与气候变化具有暖涝、暖旱、冷涝、冷旱 4 种组合。根据历史对比法、概率估计法和数值模拟方法分析结果，未来 50 年淮河流域仍以旱涝异常气候为特点，可能经历"暖涝转冷旱"的趋势，前期以暖涝及旱涝异常幅度加大为主要特征，后期可能进入偏冷和偏旱阶段。

　　无论是各种情景模式预测，还是我国气象学家的研究结果都显示，未来 50 年淮河流域随着降水重现期的延长和极端值出现概率的增大，其极端降水量也将增大。在全球平均温度上升的气候变化背景下，未来 50 年淮河流域旱涝灾害依然会交替出现，气候变化幅度增大所引发的高影响天气事件、极端天气事件以及气候异常事件发生的概率也将增加。淮河流域的特殊地形和下垫面条件，加上南北气候过渡带气候的脆弱性、旱涝急转的频发性、降水时空分布的不均匀性和致洪暴雨天气系统组合的多样性，决定了淮河流域旱涝灾害复杂多变的特征；旱涝灾害不仅长期存在，而且灾害的强度和发生频率也将有增加的趋势。因此，应该高度关注和重视淮河中游地区的洪涝灾害问题，在未来的淮河治理重大问题研究中，应提出有针对性的工程措施和非工程对策。

10.2 应对措施建议

淮河流域地处沿海向内陆过渡带、南北气候过渡带、中纬度过渡带，其特殊的地形、复杂的气候和高密度的人类活动使得淮河治理极其复杂和困难。如上所述，未来淮河流域气候脆弱性不会发生改变，气候变化幅度有可能增大，极端天气气候事件的发生频率将增高；另外，随着社会经济的发展和人类活动的加剧，未来极端旱涝事件对社会经济造成的损失会越来越大，灾害防御成本越来越高。因此，管控和降低淮河流域旱涝灾害风险是一项复杂的、多学科的、长期而艰巨的任务。为此，提出以下建议：

（1）加强法治建设和宣传教育，提高全社会防洪抗旱的减灾意识。

旱涝灾害危及千家万户，将灾害的损失减小到最低是全社会的共同责任，必须依靠全社会的重视、关心和积极参与。历史经验证明，遇同等旱涝灾害时，抗灾意识强、准备充分的地方，灾害的损失就相对较小；反之则损失重大。因此，充分利用各种手段和途径提高全民的避灾、防灾、抗灾、减灾和救灾意识，是一项基本任务，并非权宜之计，要居安思危，未雨绸缪，时刻警惕可能发生的旱涝灾害，设计各种预案和方案。提高全民的减灾意识和对防御措施的理解与支持，不仅要提高人们遵守为减轻旱涝灾害而制定的各项法规的自觉性，还要真正做到治理、预防、避险相结合，积极参与防灾减灾；社会各行业、各部门之间在避灾、防灾、抗灾、减灾和救灾方面要有效协调配合、分工合作，充分发挥防灾减灾体系的作用。

（2）开展旱涝灾害的成因和规律性研究，提高雨情和水文预报的精度。

对于淮河流域的旱涝灾害，虽然不同行业和部门已经在涉及本部门业务方面进行了初步的分析研究，但是在成因和发生规律方面还需要进一步深入系统地开展研究。从已取得的洪涝研究成果来看，还应该重点关注暴雨成因，着重分析研究长期持续洪涝的大气环流条件和气候背景、致洪暴雨天气系统及其组合的不同条件，提出新的理论基础；利用"3S"（RS、GIS、GPS）的先进手段和数值模拟技术对洪水的形成与演进规律进行详细研究，尤其是人类活动的水文响应研究，如防洪的工程措施与非工程措施运用后对洪水要素的影响等，为洪水预报模型的创新与应用提供基础信息，从而不断提高暴雨和洪水预报的精度和延长预报的预见期，为洪水调度方案的形成与决策提供科学依据。对于干旱，应在对已发生旱灾的演变过程和各种类型的干旱成因与发生规律进行研究的基础上，探讨干旱形成机理，深入分析气候异常的早期信号，建立流域重点易旱区的旱情信息（墒情、地下水、湖库、河道蓄水等）采集处理和分析系统，制定抗旱规划和调水预案，开展区域气候异常与流域旱涝灾害的长期预测研究，为提高雨情和水情的预报精度提供技术支持。

（3）建立洪涝与干旱的监测、快速评估和预警系统。

旱涝灾害的监测，包括建立布局合理的监测站网和通过地面台站网络系统进行监测、采用遥感技术进行大面积实时监测两种方式。建设自动化程度较高的高效、快速的灾情评估和预警系统，可以及时地了解和发布旱涝灾害的发生、发展、持续和缓解过程与灾情实况。充分利用现代化的遥感、信息采集与传递以及网络通信技术等，建立和应用灾害监测、评估和预警系统，可将灾害信息的接收、处理、分析和发布的全过程融入灾害发生的动态过程中，以赢得抗灾救灾时间，提高指挥决策的科学水平，将灾害的损失减小到最低。

附录 A

DEOF 方法介绍

1. 时间序列分析中的零假设

在时间序列分析中，常常基于一阶自回归过程估计序列的频谱。Hasselmann 提出的随机气候模型，其最简单的形式就是一阶自回归过程，可以由以下微分方程定义：

$$\frac{\mathrm{d}\Phi}{\mathrm{d}t} = c_{\mathrm{damp}}\Phi + f \tag{A.1}$$

式中：Φ 为任意物理量；c_{damp} 为阻尼常数；f 为白噪声。

物理量 Φ 间隔时间 τ 的自相关系数为：

$$c(\tau) = \mathrm{e}^{-\tau/t_0} \tag{A.2}$$

其中 $t_0 = 1/c_{\mathrm{damp}}$。通过方程（A.2）可求得物理量 Φ 零假设谱分布的解析形式。在时间序列分析中，常常通过对比物理量 Φ 的频谱和拟合的零假设过程的频谱，来估计物理量 Φ 的时间变化特征。

2. 气候模态的定义以及它们的局限性

经验正交函数（EOF）展开能够将多维随机变量的时间与空间变化分离开来，用尽量少的模态表达出变量场中主要的空间和时间变化，是气象和海洋资料分析的常用方法。它将资料场 $X(t)$ 分解为 k 个固定的空间型 π_i，再加上误差 $\xi(t)$：

$$X(t) = \psi(t)\Pi + \xi(t) \tag{A.3}$$

其中，Π 是由空间型 π_i 构成的矩阵，$\psi(t)$ 是时间系数矩阵，k 一般远小于 X 的维度。一般几个主要的 EOF 模态被看作是物理过程或者遥相关型的反映。但是 EOF 方法得到的空间型与方法本身有很大关系，有研究认为 EOF 方法常常找不出气候资料中的遥相关型，气候资料中是否存在遥相关型并不清楚，怎样估计它们也不清楚。其根本的问题是需要确定一个准则，根据这个准则找出要素场的矩阵 Π。换句话说，应该拟合一个零假设过程来代表要素场中背景噪声，找出与背景噪声相比最突出的空间型，该空间结构就是对要素场物理过程或者遥相关型的最佳估计，这就是 DEOF 方法的核心思想。

3. 气候变率空间结构的随机零假设

分析时间序列时，常常拟合一阶自回归过程作为零假设，通过对比变量的频谱与拟合的自回归过程来研究变量的时间变化特征。这里引入扩散过程将一阶自回归模型拓展到二维空间：

$$\frac{\mathrm{d}\Phi}{\mathrm{d}t} = c_{\mathrm{damp}}\Phi + c_{\mathrm{diffuse}}\ \nabla^2\Phi + f \tag{A.4}$$

式中：Φ 为气候要素；t 为时间；c_{damp} 为阻尼常数；c_{diffuse} 为扩散系数；f 为时间和空间上的白噪声。

式（A.4）中引入的扩散过程只具有统计上的意义，用来表示要素场中两空间点的相关关系，两空间点的相关系数为：

$$c(r) = \mathrm{e}^{-r/d_0} \tag{A.5}$$

式中：r 为两点之间的距离；d_0 为去相关长度。

若 c_{damp} 和 c_{diffuse} 均不随空间变化，那么式（A.4）表示的模型就是均匀外强迫 f 驱动的各向同性扩散过程，也是空间上的一阶自回归过程。那么要素 Φ 的协方差场为：

$$\sum_{ij} = \sigma_i\sigma_j\,\mathrm{e}^{-d_{ij}/d_0} \tag{A.6}$$

式中：σ_i 为要素场 Φ 第 i 个空间点的标准差；d_{ij} 为第 i 和第 j 个空间点之间的距离。

式（A.4）和式（A.6）表示的各向同性扩散过程即为气候要素 Φ 空间特征的零假设。

有效空间自由度 N_{eff} 表征多元变量在空间上的有效维度，是估计区域空间变率复杂程度的统计量：

$$N_{\mathrm{eff}} = \frac{1}{\sum e_i^2} \tag{A.7}$$

其中

$$\sum e_i = 1$$

式中：e_i 为要素场 EOF 分析的特征值。

N_{eff} 与独立的空间模态数量相对应，可用来对去相关特征长度 d_0 进行初始估计。

4. 各向同性扩散过程的拟合实例

根据式（A.5）和式（A.6）可以计算零假设过程的 EOF 特征值和特征向量。取 $\sigma=1$，$d_0=0.615$（单位为经纬度），矩形区域为东经 $111°\sim122°$、北纬 $31°\sim37°$，区域空间一阶自回归过程 EOF 分析的前 8 个特征向量如图 A.1 所示，EOF 分析解释方差如图 A.2 所示。

特征向量按照一定的规律分布。第 1 特征向量是以区域中心为圆心的单极子分布，第 2 特征向量是纬向的偶极子分布，而第 3 特征向量是经向的偶极子分布，依此类推。特征向量的形状与区域维度以及 d_0 都有关。

第 1 特征向量的中心位于区域中心，这是因为区域中心与区域内所有其他点的平均距离最短，因为与其他点的协方差最大。σ 和 d_0 不随空间变化，则区域内所有点的统计特征都是一致的，第 1 特征向量主要受区域几何形状影响，它表示物理量变率不存在任何结构，仅仅反映了协方差随着距离衰减。

在时间序列分析中，一阶自回归过程连续谱的谱系数并不是反映振荡特征，而是

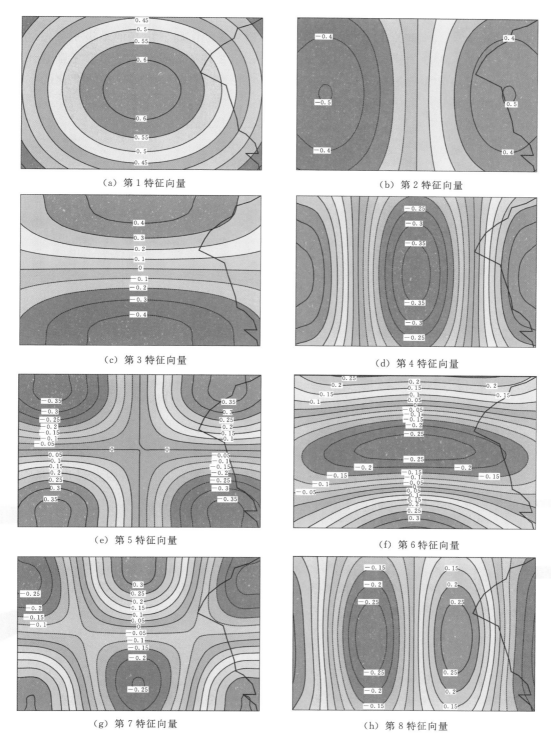

（a）第 1 特征向量　　　　　　　　　　（b）第 2 特征向量

（c）第 3 特征向量　　　　　　　　　　（d）第 4 特征向量

（e）第 5 特征向量　　　　　　　　　　（f）第 6 特征向量

（g）第 7 特征向量　　　　　　　　　　（h）第 8 特征向量

图 A.1　区域空间一阶自回归过程 EOF 分析的前 8 个特征向量

表示不同的时间尺度。这里空间上一阶自回归过程的特征向量并不表示变量场中存在任何遥相关型，而是表示不同的空间尺度。例如，第 1 特征向量的单极子分布反映了变量变率的最大空间尺度，与区域尺度相当；第 2 特征向量反映变量变率随着纬向变化的空间尺度，大致为区域纬向长度的 1/2；第 3 特征向量则反映经向变化的空间尺度，依此类推。

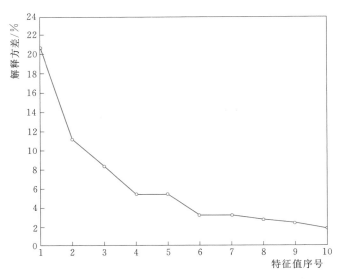

图 A.2　区域空间一阶自回归过程的 EOF 分析解释方差

5. 要素场 EOF 空间型与零假设过程 EOF 空间型对比

将零假设过程 EOF 分析的特征向量 $\vec{E}_j^{\text{null}}$ 投影到要素场 EOF 分析的特征向量 $\vec{E}_i^{\text{obs}}$ 上，就可以对比要素场 EOF 分析的特征向量 $\vec{E}_i^{\text{obs}}$、特征值 e_i^{obs} 与零假设过程 EOF 分析的特征向量 $\vec{E}_j^{\text{null}}$ 以及特征值 e_j^{null}：

$$c_{ij} = \frac{\vec{E}_i^{\text{obs}} \vec{E}_j^{\text{null}}}{|\vec{E}_i^{\text{obs}}| \, |\vec{E}_j^{\text{null}}|} \tag{A.8}$$

这里 c_{ij} 是这两个空间型的相关系数。由特征值 e_j^{null} 和 c_{ij} 可计算出特征向量 $\vec{E}_i^{\text{obs}}$ 对零假设过程的解释方差：

$$e_i^{\text{obsnull}} = \sum_{j=1}^{N} c_{ij}^2 e_j^{\text{null}} \tag{A.9}$$

6. 显著的（Distinct）EOFs

如果要素场主要的空间型与零假设过程的空间型有一定差异，那么选取要素场一定数量的空间模态进行正交旋转，使得它们的差异达到最大，那么旋转之后得到的空间模态可用来估计气候模型中的潜在物理过程或者遥相关型。即逐步进行正交旋转得到新的空间模态，它对原要素场的解释方差为 $\text{Var}_{\text{obs}}(\vec{D}^{\text{obs}})$，对零假设过程的

解释方差为 $\mathrm{Var_{null}}(\vec{D}^{\mathrm{obs}})$，一直旋转直到二者之间的差 Δ_{var} 达到最大为止：

$$\Delta_{\mathrm{var}} = \mathrm{Var_{obs}}(\vec{D}^{\mathrm{obs}}) - \mathrm{Var_{null}}(\vec{D}^{\mathrm{obs}}) \tag{A.10}$$

此时，$\vec{D}^{\mathrm{obs}}$ 称为显著的（distinct）EOFs（DEOFs），相应的时间系数称为 DPCs，主要 DEOF 模态 Δ_{var} 的显著性检验可参见相关的文献。

附录 B

淮河流域典型大洪水和典型干旱

B.1 典型大洪水

B.1.1 历史大洪水

（1）1593 年洪水。1593 年淮河发生全流域性特大洪涝灾害。该年雨期早，汛期多次出现大暴雨甚至特大暴雨，洪汝河、沙颍河以及淮南山区史河、淠河接连发生大洪水，造成自 1470 年以来 500 多年中最为严重的一次洪涝灾害。

该年四月淮河流域开始进入雨期，直至八月、九月，个别地区甚至到十月，淫雨时间长达 5～6 个月，在此期间又多次出现集中的暴雨或大暴雨。大雨区范围包括了淮河流域（涵盖沂沭泗河水系）、山东半岛沿海以及长江流域的唐白河水系，范围约为 27 万 km^2；主要暴雨区位于大别山、桐柏山和豫西山丘区，笼罩面积约为 11.8 万 km^2。1593 年流域内各地降雨持续时间见表 B.1-1。

表 B.1-1　　　　1593 年流域内各地降雨持续时间记载摘要表

地　点	内　　容	地　点	内　　容
确山	淫雨自三月至八月	鹿邑	夏五月连雨至九月
汝阳	大雨自三月至八月	淅川	淫雨自四月朔日至七月止
上蔡	春夏淫雨入秋更甚	内乡	四月雨至七月方止
商水（周口）	四月初旬淫雨抵八月方止	裕州（方城）	五月大雨至七月
项城	四月初淫雨至八月	禹州（禹县）	五月大雨至七月
曹县	大雨自四月至八月不止	诸城	六月至七月淫雨四十余日
定陶	大雨自四月至八月不止	胶州（胶县）	霖雨自五月至八月不止
城武（成武）	大雨自四月至八月不止	莱州（掖县）、平度	淫雨四十余日
鲁山	大霖雨四月至八月		

注　括号内为该地现名。

淮河南部支流淠河上游四月发生了大洪水。洪汝河汝阳"大雨自三月至八月，黑风四塞，雨若悬盆，鱼游城阁，舟行树梢，连发十有三次"，新蔡"夏洪水自西北澎湃而来，平地水深数丈"，最大洪水大约出现在八月、九月。史河固始"七月二十七日夜南山蛟蜃同起，雷雨大作，水漫山腰"。沙颍河颍州"夏淫雨漂麦，水涨及城秋始平，八月八日大水……"。涡河鹿邑"夏五月连雨至九月，麦禾俱不登"。淮河凤阳"淮水涨，平地行舟，大水进城（临淮）"，盱眙"水漫泗州，城民半徙城墉，半徙盱山"。曹州府（今菏泽）"五月大雨（黄）河决单县黄堌口"。沂河郯县"五月大雨，郯城陷水中"。

该年洪涝灾害发生范围广，包括淮河流域的洪汝河、沙颍河、涡河、包浍河、淮河干流、淮南地区、沂沭泗及相邻的唐白河水系和山东半岛地区。自淮河干流以北，京广线以东，废黄河以南广大平原地区沦为大片洪泛区，淹没范围约 11.7 万 km²，灾情惨重，在历史上极为罕见。

（2）1631 年洪水。根据《安徽省志（气象志）》记载："明崇祯四年（1631 年）农历五月，六安、萧县等地雨雹；夏，沿淮、淮北大雨成灾。砀山：夏秋淫雨。萧县：五月州境雨雹，大如鸡卵，屋瓦皆裂，鸟兽死伤甚众。泗县：淮涨由北堤入城。五河：大雨，淮涨，城市水深数尺。怀远：大水入城。"

（3）1649 年洪水。据"中国灾害查询系统"网站和《安徽省志（气象志）》记载："清顺治六年农历五月，沿淮、淮北暴雨成灾。萧县：五月淫雨。泗县：夏淮大溢，灌城，官民居十圮四五，田尽没。五河：夏五月麦熟，淫雨、狂风昼夜不息，垣屋俱坏，客水四至，一望如海，平民集木而居，风发堕水，溺无算。怀远：大水，城市行舟，二麦淹。颍州：夏五月十八日，淮河水从西来，平地数丈，坏民庐舍、牛畜数千家。颍上：淮水溢，坏民田庐。蒙城：六月皆大雨，坏城。凤阳：五月淫雨八昼夜，淮水冲临淮城，东北仅露垛口，南西两隅如小洲，官廨、学舍、民居尽为漂没，四乡禾麦淹损十之八九。寿州：大水。霍邱：夏五月淮海，水陆从西北来，平地数丈，坏庐舍，溺牛畜，滨渭两岸殆尽。"

（4）1730 年洪水。1730 年（清雍正八年），沂沭泗河水系六月至七月长期淫雨，发生了历史上罕见的大洪水。《莒州志》第 15 卷记载："自五月初阴雨四十余日，至六月十九日大雨七昼夜，洪水横流四十余里，冲毁城垣，漂没庐舍，东西关外溃成深渊，淹毙五六千人，沙压良田，沧桑尽为改变。"《沂水县志》记载："六月十九日大风雨，沂水溢，淹田禾庐无算。""沂沭两河大决于沂水、莒州、临沂、郯城、大溜直注郯（县）、宿迁、苏北一带尽成泽国"。《滕县志》记载："大水，米贵如珠，藻满市，人相食。"《定陶县志》："夏雨连绵，至七月雨如倾盆，遍地皆水，墙垣多坏。（雍正）九年春，民多逃亡。"《山东省历史洪水调查资料》记述："是年六月十九日暴雨，自江苏赣榆县，经山东省日照、莒县、沂水、临朐，东南西北走向，暴雨中心在沂沭河上游沂蒙山区，历时长，强度大，范围广，灾情重，群众传说至今，在沂河、沭河、弥河、淄河等河道均调查到这次洪水。"该年洪水导致山东省大小河流几乎都决溢，无数的田地和房屋被淹没，冲毁，受灾范围达 83 州县。

据调查估算，这次洪水，沂河在沂水许农湖乡赵家楼洪峰流量为 17500m³/s，临沂市西朱旺洪峰流量为 30000m³/s，沭河至临沭县大官庄洪峰流量为 15300m³/s，是近 500 年来沂沭泗水系最大的一次洪水。

（5）1921 年洪水。1921 年淮河流域汛期频繁发生暴雨，淮河上游洪水以 7 月中旬最大，7 月 11 日淮河洪河口出现年最高水位，8 月及 9 月上旬又连续出现洪峰；淮河干流中游各站从 7 月中旬至 9 月下旬持续处于高水位状态。正阳关站 7 月 19 日出现第一次洪峰水位为 22.96m，在水位下落约 1m 后 8 月 2 日继续上涨，至 8 月 30 日出现年最高水位 23.50m。蚌埠（铁路桥）站水位 7 月上旬从 15.50m 起涨，7 月 27 日水位为 19.96m，之后到 9 月 17 日水位持续在 19.90m 以上，8 月 19 日出现年最高水位 20.09m，根据水文分析计算，蚌埠（吴家渡）站理想洪峰流量为 17800m³/s。洪泽湖蒋坝站 9 月 7 日最高水位达 16.00m，仅次于后来的 1931 年。

据统计，淮河流域淹没田地 4529 万亩，禾稼损失 3260 万石，房屋毁坏 88 万间，牲畜死亡 23.2 万口，建筑物损失 55.8 万银元，受灾人口达 762.78 万人，死亡 2.49 万人，直接经济损失达 2.16 亿银元。其中以安徽、江苏两省灾情最重（表 B.1-2）。

表 B.1-2　　　　　　　　　淮河流域 1921 年洪涝灾害损失表

省　份	河南	安徽	江苏		山　东	合　计
河流水系	淮河	淮河	淮河	运、泗、沂、沭河	运、泗、沂、沭河	
淹没耕地/万亩	757	1560	632	993	587	4529
受灾人口/万人	183.31	339.79	15.10	170.58	54	762.78
直接经济损失/万银元	3206.69	8034.68	920.43	8572.94	881.49	21616.23

注　资料来源于《中国实业》第 1 卷第 10 期，1935 年 10 月。

（6）1931 年洪水。1931 年淮河流域分别于 6 月 17—22 日、7 月 3—12 日和 7 月 15—25 日连续发生三次大暴雨过程，其中以第二次的范围最广、强度最大。第一次暴雨过程主要发生在淮河上游干流及淮南各支流，次雨量均在 200mm 以上。第二次暴雨过程主要发生在淮河润河集站以上淮南山区、洪泽湖南部及苏北泰县附近，次雨量均超过 400mm，暴雨中心点潢川站、盱眙站和泰县站的次雨量分别为411.5mm、546.1mm 和 589.6mm。第三次过程主要发生在淮南潢河、史灌河和苏北泰县附近，中心降水量超过 300mm。

淮河干流水位从 6 月中旬起涨，正阳关站 7 月 14 日水位涨到 24.02m，之后下落不到 1m 后又上涨，27 日出现年最高水位 24.76m，到 8 月 1 日水位退至 23.80m 以下。蚌埠（吴家渡）站 6 月中旬起涨后，7 月 15 日出现年最高水位 20.45m，15 日后水位稍有回落，7 月 30 日水位又涨至 20.41m，实测最大流量为 8730m³/s。根据水文分析计算，蚌埠（吴家渡）站理想洪峰流量达 26500m³/s，浮山站 7 月 31 日出现洪峰流量 16100m³/s，洪泽湖蒋坝站 8 月 8 日出现最高水位 16.25m，中渡站 8 月 13 日洪峰流量为 11112m³/s。

1931 年夏季洪水是自 1840 年以来淮河发生的最大一次洪涝灾害。河水陡涨，豫、皖两省沿淮堤防漫决 60 余处，大片地区洪水漫流，"庐舍为墟""遍地尸漂"。据统计，全流域受灾耕地面积为 7775 万亩，受灾人口为 2002.4 万人，死亡 15.95 万人，直接经济损失为 5.64 亿银元（表 B.1-3）。

表 B.1-3   1931 年淮河流域灾害情况统计表

省份	受灾耕地/万亩	受灾人口/万人	死亡人口/万人	损毁房屋/万间	直接经济损失/万银元
河南	1172	749.8	13		18879.5
安徽	2106	479.5	1.13	66.8	14981.4
江苏	3232	653.8	1.82	2096.3	20183.6
山东	1265	119.3			2378.7
合计	7775	2002.4	15.95	2163.1	56423.2

注　表中数据资料来源于 1931 年《国民政府救济水灾委员会工赈报告》和 1931 年《中国水利问题》。

B.1.2　现代大洪水

（1）1950 年洪水。1950 年 7 月淮河水系出现大洪水，洪水历时比 1921 年、1931 年的短，但蚌埠（吴家渡）站以上洪水水位均超过 1921 年和 1931 年的洪水水位，上中游洪灾比 1931 年还严重。

6 月上中旬全流域干旱少雨，6 月 25 日以后西南暖湿气流加强，西南低涡东移，淮河出现第一场暴雨；6 月 26—30 日降水遍及全流域，淮河上中游及徐淮地区出现暴雨，强暴雨集中在 29 日。7 月上、中旬由于西南低涡及江淮气旋影响，淮河水系连续出现两场暴雨过程，7 月 2—5 日淮河上游干流两岸、洪汝河及淮南山区出现大雨—暴雨，7 月 7—16 日淮河水系又出现暴雨，皖北、苏北出现次雨量超过 300mm 的暴雨区，洪汝河、沙颍河一些站点超过 250mm。

6 月底淮河干流中游各站水位开始起涨，7 月 2 日长台关站水位上涨 4m，4 日出现年最高水位。三河尖站 7 月 7 日出现年最高水位 27.78m，正阳关站以下各站水位迅速上涨。

7 月 7 日起洪汝河、沙颍河及淮河干流沿淮普降暴雨，淮河干流正阳关站以下各站水位持续快速上涨，18 日正阳关站出现年最高水位 24.91m，相应最大流量为 12770m³/s（包括沙颍河来水及颍河口决口流量），为近代历史上最大，略大于 1954

年。蚌埠（吴家渡）站 24 日最高水位为 21.15m，相应的最大流量为 8900m³/s。洪泽湖在淮河干流及各支流同时来水的情况下，中渡站下泄流量不断增大，8 月 13 日出现最大流量为 6950m³/s，蒋坝站 8 月 10 日出现最高水位 13.38m。蚌埠（吴家渡）站以上的最高水位都超过了 1921 年和 1931 年的洪水水位，但蚌埠（吴家渡）站以下的最高水位低于 1921 年和 1931 年的洪水水位。

淮河支流汝河新蔡站 6 月 15 日水位达到 34.47m，洪汝河 16 日出现最大流量约为 3100m³/s（分析值），沙颍河周口站 6 月 11 日、6 月 14 日连续出现两次洪峰，最大洪峰流量为 1240m³/s，阜阳站 6 月 16 日出现年最高水位为 30.29m，相应的最大流量为 2560m³/s。

1950 年洪水导致洪泽湖以上沿淮干流决口 10 余处，蚌埠（吴家渡）站以上区域阜南、阜阳、临泉、颍上、太和、凤台、怀远等地一片汪洋，数十里不见边际。正阳关站至三河尖站水面东西长 100km，南北宽 20～40km，一望无际，近河村庄仅见树梢。蚌埠至五河不分河与道，大水连成一片。安河决口 9 处，灵璧、泗洪一带尽成泽国。据统计，全流域成灾面积为 4697 万亩，受灾人口为 1300 余万人，倒塌房屋 89 万间。

（2）1954 年洪水。1954 年大洪水为江淮梅雨所造成。7 月江淮流域上空长期维持东北至西南向的切变线，低涡不断沿着切变线东移，受到 7 次气旋波的影响，淮河流域出现 5 次大范围的降水过程。7 月 1—7 日降水过程造成王家坝站周围大片暴雨区；9—11 日淮北宿县周围、沙颍河中游、淮南史灌河上游出现大暴雨；15—17 日暴雨区稍北移且西伸至伏牛山区，暴雨集中在洪汝河上游、沙颍河中游，强度稍减；19—21 日暴雨主要在沙颍河、涡河中下游及淮河上游淮南山区；26 日、28 日暴雨中心位于洪河、白露河上游，以及洪泽湖、淮阴一带。

淮河干流各站水位从 7 月初起涨，至 9 月底水位方落至汛前水位。王家坝站 7 月 6 日水位超过 28.30m，濛洼开闸蓄洪，11 日后水位稍有回落，17 日再次起涨，23 日出现年最高水位 29.59m，相应的最大流量为 9600m³/s。润河集站 24 日出现年最高水位 27.63m，相应的最大流量 8300m³/s。正阳关站 7 月 26 日出现年最高水位 26.55m，相应鲁台子站的最大流量为 12700m³/s。蚌埠（吴家渡）站 7 月 17 日水位涨到 20.65m，8 月 5 日出现年最高水位 22.18m，相应的最大流量为 11600m³/s。洪泽湖三河闸在 7 月 6 日全部开启，最大下泄流量为 10700m³/s，8 月 16 日蒋坝站出现最高水位 15.23m。里下河地区连续暴雨，各河水位猛涨，出现严重内涝，南官河兴化站、西塘河建湖站最高水位分别达到 3.08m 和 2.29m。

淮河各支流 7 月出现多次洪水过程。潢河潢川站、史灌河蒋家集站和淠河横排头站的最大流量分别为 1650m³/s、2740m³/s（上游决口还原后为 4600m³/s）和 3950m³/s。洪汝河班台站 7 月 22 日实测最大流量为 1990m³/s（包括洪河分洪道流量）。沙颍河阜阳站 7 月 13 日、7 月 22 日先后出现两次洪峰，洪峰流量分别为 2260m³/s 和 3120m³/s。涡河蒙城站 7 月中旬出现 3 次大于 1000m³/s 的洪峰流量，其中 20 日最大洪峰流量为 1680m³/s。濉潼河峰山站 7 月 25 日、29 日洪峰流量分别为 2030m³/s 和 2040m³/s。由于淮北大堤毛滩（五河县境内）决口，淮水汇入漴潼河，8 月 13 日峰山站出现年最大流量 2410m³/s。

洪水期间已建的石漫滩、板桥、薄山、南湾、白沙、佛子岭水库发挥了拦蓄洪水作用。濛洼蓄洪区是建成后第一次运用，但由于圈堤决口，未能充分发挥蓄洪作用。润河集枢纽进湖（城西湖）闸 7 月 7 日开闸后因工程事故而又关闸，11 日扒堤进洪，23 日上格堤决口。城东湖、瓦埠湖因内水较大，蓄洪作用不明显，瓦埠湖与寿西湖洪水期间洪水连成一片。淮北大堤禹山坝（凤台县境内）和毛滩（五河县境内）分别在 7 月 27 日和 31 日漫决。本年淮河干流启用的行洪区有南润段、润赵段、赵庙段（邱家湖）、姜家湖、寿西湖、便峡段（董峰湖）、六坊堤、石姚段、荆山湖、曹临段（方邱湖）、霍小段（花园湖）、香浮段。其他破堤启用的堤防有临王段、正南淮堤等。

1954 年洪水是中华人民共和国成立以来淮河水系发生的最大一次洪水。全流域成灾面积达 6123 万亩，安徽省灾情最重，成灾面积为 2616 万亩；河南、江苏成灾面积均为 1540 万亩，山东省灾情较轻。淮河水系 1954 年 30 天降水量虽较 1931 年大，但由于淮河流域得到初步治理，洪峰有所削减，特别是洪泽湖出口三河闸、高良涧闸及苏北灌溉总渠等水利工程建成运用，加大了下泄流量，洪泽湖、高邮湖水位均低于 1931 年，里运河东堤没有溃决。这一年因水灾死亡人数安徽省 1098 人，江苏省 832 人，仅相当于 1931 年死亡人数的 1%。

（3）1956 年洪水。与 1954 年相比，1956 年洪水高水位持续时间更长，内涝灾害更严重。

6 月上旬出现大面积暴雨，6 月 2—11 日，受 3 次低涡切变线影响，淮河干流沿岸出现大片暴雨区，暴雨中心主要在淮河上游浉河、洪汝河及沙颍河下游地区。6 月 20 日—7 月 1 日，淮河上中游再次出现暴雨。8 月初 1956 年第 4 号台风"Wanda"自南向北经过流域，大片地区出现强度大、历时短的暴雨。8 月下旬 21 日、22 日及 27 日、28 日，淮北地区及淮南部分山区先后出现两次暴雨。9 月初流域东部的苏北地区受台风影响，局部地区出现暴雨。

淮河干流息县站 6 月 8 日出现年最大流量 7270m³/s，超过 1954 年的最大流量。淮河上游干支流各站水位起涨，息县站 7 月 1 日出现本年第二大洪峰，流量为 5570m³/s。王家坝站 6 月 3 日水位急速上涨，9 日晨水位超过 28.30m，濛洼开闸进洪，9 日夜出现年最高水位 28.98m，相应的最大流量为 7850m³/s。润河集站 11 日出现年最高水位 26.61m，相应的最大流量为 7340m³/s，到 18 日水位退至 26.00m 以下。正阳关站 6 月 16 日出现第一次洪峰水位 25.27m，相应鲁台子站的最大流量为 7320m³/s，为本年最大；7 月 6 日正阳关站出现年最高水位 25.44m，相应鲁台子站的流量为 7150m³/s。蚌埠（吴家渡）站 6 月 19 日出现本年最高水位 20.90m，相应的最大流量为 6770m³/s。

淮河各支流出现多次洪水过程。洪汝河班台站在上游分洪后于 6 月 12 日出现年最大流量 1240m³/s。史灌河蒋家集站 6 月 8 日、6 月 30 日和 8 月 4 日出现洪峰流量分别为 2020m³/s、2520m³/s 和 2860m³/s。沙颍河阜阳站 6 月 10 日、7 月 2 日和 8 月 7 日分别出现洪峰流量为 2320m³/s、2310m³/s 和 2650m³/s。潩河横排头站 6 月 29 日和 8 月 3 日出现洪峰流量为 1570m³/s 和 6280m³/s。

本年洪水期间，史灌河梅山水库已建成并发挥了拦洪作用。洪河老王坡、吴宋湖、蛟停湖等滞蓄洪区工程均启用。沙颍河之泥河洼先后启用两次。淮河干流除启用濛洼、城东湖蓄洪区外，还有南润段、润赵段、赵庙段、姜家湖、便峡段、正南淮堤、荆山湖、临曹段、浮苏段等 17 处破堤过水。

1956 年汛期发生多次洪水，淮河干流长时间持续高水行洪，内水久久不能外排，退水慢，夏、秋两季接连发生水灾，涝灾重于洪灾。据民政部门统计，全流域成灾面积达 6232 万亩，超过 1954 年。其中安徽省受灾最重，成灾 2356 万亩；河南省成灾 2058 万亩；江苏省成灾 1390 万亩；山东省成灾 428 万亩。

（4）1957 年洪水。1957 年洪水发生在沂沭泗河水系和淮河水系北部地区。7 月，由于副高位置偏北，副高西南侧西南暖湿气流与北侧西风带冷空气在流域北部持续交绥，3 次高空涡切变出现而引发暴雨，强降水造成沂沭泗河水系及淮河沙颍河、涡河上游的大洪水。

7 月 6—26 日，淮河流域北部连续出现 3 次降水过程，其中沂沭泗河水系出现 7 次暴雨。7 月 6—8 日降水过程的暴雨中心在沙颍河上游，沂河、沭河上中游及南四湖湖西地区。沙颍河独树站降水量为 367.1mm，其中 7 月 6 日降水量为 366.9mm。沭河崖庄站次雨量为 208.9mm，湖西复程站降水量为 188.8mm，该次降水基本上集中在 6 日。7 月 9—16 日出现一次更大范围的降水，从沙颍河上游往东至沂沭泗地区出现大片暴雨区，次雨量普遍达到 300mm 以上，沂沭泗地区出现多处降水量超过 500mm 的暴雨区，角沂站、蒋自崖站、黄寺站的次雨量分别达到 561.0mm、530.8mm 和 514.7mm。7 月 17—26 日再次出现大降水过程，暴雨先出现在沙颍河上游，随后向东扩展到沂沭泗地区，最大暴雨中心出现在南四湖湖东，泗水站、蒋自崖站、邹县站的次雨量分别为 404.2mm、329.5mm 和 285.8mm。7 月 6—26 日，降水量超过 400mm、600mm 和 800mm 的笼罩面积分别为 77840km²、35240km² 和 2760km²；暴雨中心沂沭泗河水系蒋自崖站、角沂站、复程站和淮河水系沙颍河鲁山站的总降水量分别为 975.2mm、874.3mm、846.4mm 和 862.0mm。

本年沂沭泗河水系出现 1949 年中华人民共和国成立后的最大洪水，沂河、沭河 7 月出现 6～7 次洪峰。沂河临沂站 7 月 13 日、16 日、19 日连续出现 3 次洪峰，其中 7 月 13 日、19 日洪峰流量均超过 10000m³/s，19 日最大流量达 15400m³/s。沂河华沂站经上游分沂入沭和江风口分洪后，20 日出现最大流量 6420m³/s。沭河大官庄站 11 日出现年最大流量 4910m³/s。老沭河新安站在上游新沭河最大分泄流量 2950m³/s 及分沂入沭来水情况下，16 日出现年最大流量 2820m³/s。泗河书院站 24 日出现年最大流量 4020m³/s。南四湖汇集湖东、湖西同时来水，最大入湖流量约为 10000m³/s。南四湖南阳站 25 日出现年最高水位 36.48m，微山站 8 月 3 日出现年最高水位

36.28m。由于洪水来不及下泄，南四湖周围出现严重洪涝。中运河运河镇站承接南四湖泄水及邳苍地区来水，7月23日出现年最高水位26.18m，相应的最大流量为1660m³/s。骆马湖在没有闸坝控制、又经黄墩湖蓄洪的情况下，7月21日洋河滩站最高水位为23.15m。新沂河沭阳站7月21日出现年最大流量3710m³/s。

（5）1963年洪水。1963年是淮河流域典型的洪涝灾年。这一年，5月淮河流域出现大范围暴雨，7月、8月淮河水系北部及沂沭泗河水系阴雨连绵不断，且接连出现大雨、暴雨，造成沂沭泗河水系及淮河水系北部地区大洪涝，淮河干流长时间持续高水位，支流洪水受干流高水位顶托而不能外泄，造成沿淮、淮河以北地区严重的内涝灾害（关门淹）。

5月中下旬从沙颍河上游往东至江苏沿海大片地区出现暴雨。7月，淮河流域东部地区及大别山区降水偏多，安徽淮河以北地区、江苏徐淮地区及山东沂沭河地区月降水量超过400mm，连续暴雨天数达到5天以上，其中7月18—22日受台风低压影响造成的暴雨强度最大，沂河东里店站、大棉厂站次雨量分别为437.3mm和385.8mm，其中，大棉厂站7月19日降水量为272.5mm，洪泽湖附近的香成庄站降水量为265.5mm。8月，淮河流域西部地区及沂沭泗河水系南四湖周围、邳苍地区连续出现多次暴雨，淮河干流上游、洪汝河、沙颍河等淮北支流上游及南四湖、邳苍地区月降水量均在300mm以上。亳县、刘山闸及洪汝河双庙站月降水量分别为639.7mm、469.7mm和663.6mm。

淮河干流各站在5月中下旬至6月初、7月中旬、8月中下旬至9月上旬发生3次洪水过程。王家坝站、润河集站7月、8月出现两次大小相近的洪峰，王家坝站洪峰水位均超过28.30m，7月13日王家坝站出现年最高水位28.45m，相应的最大流量为4390m³/s；润河集站8月26日出现年最高水位26.50m；蚌埠（吴家渡）站9月2日出现年最大流量6520m³/s；洪泽湖蒋坝站8月30日最高水位为13.66m，同日三河闸最大下泄流量为8010m³/s。

淮河水系的洪汝河、沙颍河、涡河出现大水，沙颍河泥河洼、洪汝河老王坡蓄滞洪区在8月3日均开闸进洪，涡河蒙城站8月10日出现自1949年中华人民共和国成立后的最大洪峰流量2080m³/s。

沂沭泗河水系也出现大洪水，沂河临沂站7月20日出现年最大流量9090m³/s（经水库还原计算后为15400m³/s），7月下旬后又连续出现6～7次洪峰，但流量均在4000m³/s以下。沭河大官庄站7月20日最大总流量为2570m³/s（经水库还原后为4980m³/s）。南四湖各支流本年最大流量均不大，但南四湖30天洪量达50亿m³，仅次于1957年和1958年。骆马湖8月3日在退守宿迁控制站后出现最高水位23.87m，汛期实测来水量为150亿m³，大于1957年同期来水量。嶂山闸8月3日最大泄量2640m³，新沂河沭阳站7月21日出现最大洪峰流量4150m³/s。

据统计，1963年淮河流域发生的特大涝灾，造成农作物受灾面积超过1亿亩。其中，灾情较重的河南省安阳、新乡两地受灾耕地达1215万亩，绝收达630万亩；

6200 余个村庄被水包围，倒房 199 万间，死 586 人，伤 4000 余人；安徽省宿县（现名宿州）、阜阳两地受淹农田 1110 万亩，水围村庄 3200 个，倒房 9 万余间，死亡 26 人，伤 40 人。

（6）1968 年洪水。本年汛期在切变线、低涡等天气系统影响下，暴雨连连，淮河干流上游出现异常洪水。引发洪水的降水过程主要集中在 7 月 10—21 日，大暴雨区域在淮河干流息县以上。7 月 12—17 日，淮河干流上游各地大暴雨不断，一些站连续 3 天出现大暴雨。13—15 日乌龙店站降水量 623.1mm，12—14 日长台关站、新店站的降水量分别为 619.9mm 和 515.2mm，14 日尚河站降水量为 376.9mm。

由于本年暴雨时空分布比较集中，淮河上游出现特大洪水，王家坝站以上干流各站出现有记录以来最大洪水。淮河长台关站、息县站包括堤内外洪水的最大流量分别为 7570m³/s 和 15000m³/s。淮滨站 7 月 13 日起涨后，15—16 日县城北岗行洪、上游朱湾决口，16 日淮滨站出现洪峰水位 33.29m，相应的流量（包括行洪、决口）为 16600m³/s。淮滨县城堤防在大水期间漫决，城内进水。王家坝站在 16 日出现历史最高水位 30.35m，上游来水冲决左岸洪洼圈堤，濛洼王家坝进水闸两侧决口 12 处，经推算，17 日 14 时王家坝站的最大总流量为 17600m³/s。15 日淮河上游洪水冲决淮河右岸临王段，之后城西湖上格堤决口，大量洪水注入城西湖，润河集站失去控制。18 日润河集站出现最高水位 27.25m，相应的最大流量为 7780m³/s。据调查，决口还原后的润河集站最大流量达到 17500m³/s。正阳关站 7 月 22 日出现最高水位 26.50m，相应的鲁台子站最大流量为 8940m³/s。蚌埠（吴家渡）站 7 月 26 日出现最高水位为 21.18m，相应的最大流量为 6760m³/s。洪水经洪泽湖调蓄后，蒋坝站最高水位为 13.16m。

处于暴雨中心附近的淮南支流浉河、竹竿河、潢河同时也出现大洪水。浉河南湾水库 7 月 15 日的最大入库流量为 2570m³/s，竹竿河南李店站、潢河潢川站同期出现的最大流量分别为 3260m³/s 和 3330m³/s。

（7）1969 年洪水。本年 7 月上中旬，由于 3 次高空涡切变天气系统的影响，淮南大别山区出现大暴雨，降水主要集中在 7 月 11—14 日。降水过程从 7 月 3 日开始，到 7 月 16 日才结束，最大暴雨点出现在淮河流域边界附近的陶家河站，次雨量达1188.6mm。淠河上游花屋站的次降水量为 1134.5mm，其中 10—16 日为 797.1mm，13—15 日为 550.1mm。14 日暴雨强度最大，天河站、花屋站日降水量分别达到315.8mm 和 311.7mm。流域内 7 天降水量超过 400mm 的笼罩面积为 6180km²，分布在淠河、史灌河上游山区。

淮河干流洪水主要来自淮南支流潢河、史灌河、淠河。淮河王家坝站 7 月 16 日出现年最高水位 28.74m，相应的最大流量为 4560m³/s，濛洼开闸进洪。润河集站 7 月 17 日出现的最高水位为 26.78m，相应的最大流量达到 6720m³/s。正阳关站 19 日出现最高水位 25.85m，相应的鲁台子站最大流量为 6940m³/s。蚌埠（吴家渡）站 22 日出现最高水位 20.41m，相应的最大流量为 6340m³/s。由于洪泽湖以上来水不是太大，经调蓄后，7 月 30 日蒋坝站最高水位为 12.74m。

淮南山区的潢河、史灌河、淠河均出现 1949 年以来最大洪水。由于暴雨集中在诸河的上游，其各大水库的拦洪作用十分显著。潢河潢川站 7 月 12 日最大流量为 3500m³/s，史河梅山水库 7 月 11 日最大入库流量为 13980m³/s，最大出库流量为 1560m³/s，灌河鲇鱼山站 14 日最大流量为 3750m³/s，蒋家集站 15 日最大流量为 4550m³/s（经决口还原后为 5900m³/s）。淠河响洪甸水库 14 日最大入库流量为 10200m³/s，最大下泄流量不到 100m³/s。淠河磨子潭、佛子岭水库上游暴雨最大，来水超过设计标准，库水漫坝而下，据分析佛子岭水库最大入库流量达到 12250m³/s，淠河横排头站 7 月 14 日洪峰流量为 6420m³/s。

7 月上旬洪水导致淠河出现严重洪涝灾害。佛子岭水库持续 25 小时 15 分钟的漫顶洪水形成高速水流冲坏发电厂房，大坝两岸山坡、坝后基岩冲刷严重。洪水期间霍山县近郊 27 座小型水库超蓄漫坝溃决，洪水冲坏农田。据统计，霍山县全县重灾 13 个乡镇，成灾面积达 4.7 万亩，其中 3.66 万亩绝收，毁房 8089 间，冲坏小水库 27 座，六安市受灾耕地 36.8 万亩，绝收 18 万亩，受灾人口 33 万人，倒房 7.2 万间。

（8）1974 年洪水。1974 年 8 月，在 197413 号热带风暴"Lucy"的影响下，沂沭泗河水系的沂河、沭河、邳苍地区和淮河水系洪泽湖一些支流出现大暴雨，造成沂沭泗河水系及淮河洪泽湖周边一些支流的大洪水。暴雨集中在 11—13 日，从洪泽湖往北至沂沭河出现南北向的大片暴雨区。12 日暴雨强度最大，刘圩站一天降水量 553.6mm。13 日暴雨中心移至沂沭河，沂河李家庄站、沭河蒲汪站日降水量分别为 295.3mm 和 262.5mm。降水过程从 8 月 10 日起到 14 日结束，次雨量以洪泽湖支流老濉河刘圩站和沭河蒲汪站最大，分别为 613.1mm 和 475.7mm。次雨量超过 300mm 的面积达到 17730km²。

沂沭泗河水系沂河临沂站 8 月 13 日早上流量从 79m³/s 起涨后，14 日凌晨出现最大流量 10600m³/s。经分沂入沭和江风口闸分洪后，14 日沂河堰上站最大流量为 6380m³/s。沭河大官庄同日出现洪峰，新沭河和老沭河溢流堰的最大流量分别为 4250m³/s 和 1150m³/s。老沭河新安站在上游和分沂入沭来水情况下，14 日出现最大流量 3320m³/s。邳苍地区处于暴雨中心区边缘，中运河运河镇站 15 日出现中华人民共和国成立以来的最高水位 26.42m，相应的最大流量为 3790m³/s。骆马湖在沂河、邳苍地区同时来水情况下，16 日嶂山闸最大下泄流量 5760m³/s，同日骆马湖退守宿迁大控制，洋河滩站出现历史最高水位 25.47m。新沂河沭阳 16 日晚出现最高水位 10.76m，相应的最大流量为 6900m³/s。根据水文分析计算：沂河临沂站还原后的最大流量为 13900m³/s，3 天洪量为 13.0 亿 m³，与 1957 年的 13.2 亿 m³ 接近。沭河大官庄站还原后的最大流量为 11100m³/s，相当于 100 年一遇，3 天洪量为 10.1 亿 m³，为历年最大。邳苍地区 7 天、15 天洪量分别为 21.7 亿 m³ 和 35.9 亿 m³，均超过 1957 年为历年最大。

（9）1975 年洪水。1975 年 8 月上旬，1975 年第 3 号台风"Nina"在福建登陆后减弱为低气压，在"鞍型场"天气形势作用下，台风深入内陆到河南境内并停滞少动，高空天气形势场上又呈现"北槽南涡"的恶劣形态，加上伏牛山区特殊的喇叭口地形起到的强迫抬升作用，导致淮河流域沙颍河、洪汝河上中游和长江流域唐白河上游出现举世闻名的"75·8"特大台风暴雨，特大降水造成淮河流域洪汝河、沙颍河发生特大洪水。

8 月 4—8 日共有 3 次暴雨过程，2 次在上游山区，1 次在洪汝河中游。暴雨中心为淮河流域汝河上游林庄站、沙颍河支流澧河郭林站、洪河上游油房山站和洪汝河中游上蔡站，其总降水量分别达到 1631.1mm、1517.0mm、1411.4mm 和 847.3mm。5—7 日 3 天降水量占总降水量的 95% 以上。7 日暴雨最大，林庄站 1 天降水量达 1005.4mm、最大 6 小时降水量达 830.1mm，老君站最大 1 小时降水量达 189.5mm，下陈站最大 60 分钟降水量达 218.1mm，暴雨强度之大为国内外罕见。淮河流域总降水量超过 400mm、600mm 和 1000mm 的笼罩面积分别为 14130km^2、7810km^2 和 1520km^2，超过著名的海河流域獐么"63·8"暴雨。

暴雨开始前洪汝河、沙颍河大部分水库及河道底水较低，8 月 4 日开始降雨后，各河流相继上涨。与暴雨过程相对应，山区河流出现两次洪水过程，其中 7—8 日第二次洪峰更大。洪汝河上中游处于暴雨中心，汝河板桥水库 7 日夜第二次入库流量达 13000m^3/s，8 日 1 时水位超过坝顶，水库溃决失事，估计最大出库流量达 78800m^3/s。汝河下游河道堤防冲决，在遂平水面宽展至 10km，平地水深为 4.5m 左右。洪河石漫滩水库 8 日 0 时 30 分也因库水位超过坝顶而失事，下游老王坡滞洪区全线漫决。臻头河薄山水库、汝河宿鸭湖水库由于来水过大，库水位均超过设计标准，险情屡现。当洪汝河上中游洪水汇泄至班台站时，河堤到处漫决，班台站失去控制，经调查分析，班台站最大流量达到 6610m^3/s，班台站以下洪洼堤防全面溃决。沙颍河的暴雨中心在其支流澧河和沙河上游，澧河支流干江河官寨站 8 日的最大流量为 12100m^3/s，下游堤防普遍漫决，并且洪水窜入洪汝河水系。沙河泥河洼蓄洪区堤防全线漫决，周口以上沙河左堤也决口。沙颍河周口站 9 日出现最大流量 3450m^3/s。洪汝河、沙颍河洪水互窜，其中下游不少失去控制，沙颍河阜阳站在上游及汾泉河大量洪水缓慢汇入的情况下，14 日出现最大流量 3280m^3/s。

由于洪汝河出现特大洪水，8 月 15 日淮河王家坝站出现最高水位 28.71m，濛洼蓄洪区开闸进洪，同日王家坝站最大总流量为 7230m^3/s。8 月 14 日前后，淮南山区史灌河、淠河降雨量较大，淮河润河集站 18 日出现最高水位 27.44m，相应的最大流量为 5970m^3/s。正阳关站 22 日出现最高水位 26.39m，鲁台子站相应的最大流量为 7990m^3/s。蚌埠（吴家渡）站 25 日出现最高水位 21.06m，相应的最大流量为 6900m^3/s。上游来水经洪泽湖调蓄后，蒋坝站最高水位不到 13.00m，三河闸最大下泄流量为 5780m^3/s。

在"75·8"特大暴雨洪水中，洪汝河、沙颍河河堤决口 2180 处，漫决总长

810km，中下游平原最大积水面积为 1.2 万 km²。据统计，河南省 26 个县（市）425 个乡（镇）遭受严重灾害，受灾人口 1030 万人，有 450 万人处于洪水包围中，冲走和水浸粮食近 10 亿 t，约 1788 万亩绝收，倒塌房屋 524 万间；遭受毁灭性灾情 106 万人，淹死 2.6 万人。京广铁路冲毁 102km。遂平、西平、汝南、平舆、新蔡、漯河、项城、临泉等县（市）全被水淹没，平地水深为 2～4m。"75·8"特大暴雨洪水中，垮坝失事的有板桥和石漫滩两座大型水库、两座中型水库以及 58 座小型水库；泥河洼、老王坡两个滞洪区漫溢决堤；冲毁涵洞 416 座、护岸 47km，河堤决口 2180 处，漫决总长 810km；冲毁水利工程 2045 处，机井 6 万眼，灌区 174 处。安徽省成灾面积达 912 万亩，受灾人口为 458 万人，倒塌房屋 99 万间，损失粮食 3 亿 kg，死亡人口 399 人，水毁堤防 1145km 和其他水利工程 600 余处。沿淮及界首、临泉、太和、阜阳、六安等县（市）都是重灾区。

（10）1982 年洪水。本年汛期降水开始偏晚，到 7 月上旬后期才开始出现大范围降水。7 月、8 月淮河上中游大片地区连遭暴雨袭击，淮河上游干支流、沙颍河出现多次洪峰，其中个别水文站出现历史最大洪水。淮河干流中游各站连续出现两次洪水，高水位持续时间长，从 7 月中旬起涨至 9 月中下旬洪水才徐徐退完，不少水文站水位超过保证水位。

本年汛期暴雨大体分为 7 月中下旬、7 月底 8 月初和 8 月中下旬 3 个阶段，除 7 月底 8 月初暴雨集中在沙颍河上游外，其余两次暴雨中心均发生在淮河上游淮南山区和洪汝河上中游。7 月暴雨因流域上空稳定的东西向切变线所造成，8 月暴雨因 3 个低涡随短波槽东移所造成，另外两次台风低压加剧了暴雨的发生、发展。7 月 12—24 日第一次暴雨过程，五岳站、驻马店站次雨量分别为 568.9mm 和 487.1mm。7 月 29 日—8 月 4 日沙颍河上游的暴雨过程，暴雨集中在 29—31 日，排路站 3 天降水量为 812.2mm。8 月 11—24 日的暴雨过程，前期暴雨主要在洪汝河，11—14 日东风站、驻马店站降水量分别为 528.5mm 和 492.8mm，后期暴雨区主要出现在淮南山区，17—24 日五岳站、通城店站降水量分别为 417.2mm 和 334.7mm。

淮河干流息县站 7 月、8 月分别出现 4 次洪峰，7 月出现年最大流量 4700m³/s。王家坝站 7 月 25 日出现年最高水位 29.50m，相应的最大流量为 7640m³/s，8 月 24 日出现第二次洪峰水位达到 28.87m，7 月、8 月两月濛洼先后两次开闸进洪。润河集站 7 月 25 日最高水位为 27.75m，相应的最大流量为 7320m³/s，8 月 24 日第二次洪峰水位为 27.47m。正阳关站 7 月 27 日出现洪峰水位为 25.71m，8 月 25 日再次出现洪峰水位 26.44m。蚌埠（吴家渡）站 8 月 5 日、29 日洪峰水位分别为 20.77m 和 21.28m，29 日相应的洪峰流量为 7050m³/s。洪泽湖洪水来临前水位较低，蒋坝站 8 月 13 日的汛期最高水位为 12.94m。

洪汝河班台站 7 月 25 日出现年最高水位 36.38m，相应的最大流量为 2235m³/s，8 月 17 日第二次洪峰水位为 36.27m，相应的流量为 2390m³/s。沙颍河洪水主要来自沙河漯河站以上，7 月 30 日北汝河紫罗山站出现 1949 年以来最大流量 7050m³/s；8

月 2 日漯河站洪峰水位为 61.79m，相应的最大流量为 2610m³/s，8 月 14 日出现洪峰水位达 62.34m，相应的最大流量为 3600m³/s，仅次于 1975 年；周口站 8 月上中旬出现两次洪峰流量均超过 2500m³/s；阜阳站 8 月 17 日出现最大流量为 3010m³/s。洪泽湖水系之新汴河、濉河在 7 月下旬因淮北局部地区大暴雨而造成大洪水。

淮河干支流本年启用了淮河濛洼、洪河老王坡、沙河泥河洼和濉河老汪湖等蓄滞洪区，濛洼及老王坡都先后启用两次。淮河干流 7 月、8 月启用的行洪区有 14 处。

(11) 1983 年洪水。本年 7 月下旬淮河上中游出现一场大洪水，苏北徐淮地区同期也发生严重洪涝，10 月淮河出现少见的两场汛后洪水，秋汛导致部分支流出现本年最大洪峰。

7 月 17—24 日淮南支流史灌河、潢河一带、洪汝河上中游及徐淮地区骆马湖、阜宁一带出现一场强降水过程。淮南山区白雀园站、洪汝河杨庄站次雨量分别为 521.1mm 和 237.9mm，骆马湖附近窑湾站降水量为 563.2mm。10 月 3—7 日自北向南出现大范围大雨甚至暴雨，淮河上中游干流沿岸及淮南山区降水量超过 100mm，淮南山区、沙颍河上游局部地区降水量超过 200mm。

7 月淮河洪水因暴雨相对集中，淮河干流洪水表现为峰高量小、涨落快，大洪峰出现在润河集站以上。淮河干流息县站、淮滨站的最大流量分别为 3840m³/s 和 5590m³/s。王家坝站 24 日上午水位为 29.20m 时濛洼蓄洪区开闸进洪，25 日出现最高水位 29.44m，相应的最大总流量为 8730m³/s。润河集站最高水位为 27.23m，相应的最大流量达 8220m³/s。正阳关站、蚌埠（吴家渡）站最高水位分别为 25.34m 和 19.93m。10 月淮河干流出现两次洪峰，王家坝站最大流量为 3110m³/s。正阳关站先后出现洪峰水位为 22.33m 和 23.76m，相应的鲁台子站洪峰流量为 2780m³/s 和 4090m³/s。蚌埠站在 10 月 27 日出现最高水位 18.85m，相应的最大流量为 4350m³/s。

7 月，淮河上游竹竿河南李店站 22 日出现最大流量 2970m³/s，潢河潢川站 23 日出现最大流量 3060m³/s，洪汝河班台站最大总流量为 1854m³/s，史灌河蒋家集站最大流量为 3900m³/s，水位为 33.36m，超过了 1969 年最高水位。徐淮地区出现大面积洪涝，骆马湖洋河滩站 26 日出现汛期最高水位为 23.01m，新沂河沭阳站 22 日最高水位为 8.93m，最大流量为 2060m³/s。

10 月，洪汝河、沙颍河出现本年最大洪水。上旬汝河遂平站出现最大流量 1380m³/s，洪汝河班台站最大总流量为 1393m³/s。北汝河大陈闸站出现年最高水位，相应的最大流量为 2400m³/s。沙河漯河站 6 日出现年最高水位为 61.44m，相应的最大流量 2900m³/s。沙颍河周口站、阜阳站的最大流量分别为 2420m³/s 和 2140m³/s。10 月中下旬上述地区再次出现大洪水，洪河老王坡蓄滞洪区本年第二次开闸进洪，洪汝河班台站总流量达到 1563m³/s。颍河李湾站出现年最大流量 209m³/s，沙颍河周口站、阜阳站的最大流量分别为 1650m³/s 和 1860m³/s。

(12) 1987 年洪水。1987 年入汛以后，淮河中上游、淮南山区、里下河南部地区降水量充沛，发生严重洪涝。

7月，淮河流域大部分地区降水量为100～500mm。300mm以上的降水量分布在洪汝河、颍河下游和淮河上游、淮南各支流以及苏北里运河大部地区，其中以淮河上游新店站降水量521mm为最大；8月，全流域降水量一般在100mm以上，其中淮河干流降水量在200mm以上，500mm以上雨区位于淮河润河集站以上淮南山区及洪泽湖南侧。暴雨中心在竹竿河、小潢河上游，月降水量在600mm以上，其中以涩港店站的降水量1104mm为最大。

淮河干流汛期7—8月间发生5次洪水过程，其中8月底淮河干流出现的第五次洪水过程，是本年汛期最大的洪峰。息县站8月29日出现最高水位42.51m，最大流量为5010m^3/s。8月31日淮滨站出现最高水位30.92m，同期王家坝站最高水位为28.45m，相应的最大流量为4060m^3/s。8月27日润河集站最高水位为26.80m，相应的最大流量为4200m^3/s。9月1日正阳关站最高水位24.08m，相应的鲁台子站最大流量为4580m^3/s，同期蚌埠（吴家渡）站最高水位19.08m，相应的流量为4850m^3/s。

7月上旬，支流竹竿河、潢河和史灌河均发生超保证水位洪水。上游竹竿河南李店站6日出现最高水位54.67m，相应的流量为2580m^3/s。7日潢河潢川站最高水位为40.37m，最大流量为1700m^3/s。史灌河蒋家集站最高水位为32.48m，最大流量为3530m^3/s；中旬洪汝河出现该年汛期最大洪水，19日板桥站最高水位为94.47m，相应的流量为3350m^3/s，同期遂平站最高水位为65.16m，相应的流量为2910m^3/s；21日班台站最大流量为1560m^3/s，上述各站均超过保证值；8月底竹竿河出现历史最大洪水，28日竹竿河南李店站洪峰水位为55.25m，相应的洪峰流量为3480m^3/s，超过保证值。

淮河汛期洪水总量：王家坝站为102.6亿m^3，蚌埠（吴家渡）站为258.5亿m^3。其中，8月息县站、王家坝站、蚌埠（吴家渡）站分别为23.0亿m^3、39.3亿m^3、72.9亿m^3。淮河干流除润赵段行洪区行洪外，其他行蓄洪区均未运用。

（13）1991年洪水。本年淮河于5月19日提前入梅，与1954年相仿，梅雨期长达50多天。在高空西风槽、低空急流、涡切变和江淮气旋等天气系统的影响下，5月中旬至7月下旬，流域大部分地区连降大雨、暴雨、大暴雨和特大暴雨，形成自1954年以来又一次流域性大洪水。

5月18—25日出现第一次流域性降水过程，淮河上游、淮北各支流中游地区以及骆马湖地区普降暴雨到大暴雨，局部地区特大暴雨。5月28日—6月2日再次出现一次范围大、但强度小的降水过程。进入汛期后，6月10日—9月5日先后出现了6次强降水过程。其中以6月中旬和7月上旬两次暴雨过程最强。6月10—14日全流域普降大到暴雨，局部大暴雨，沿淮淮南、里下河地区以及南四湖上级湖湖东到沂沭河中上游地区降水量超过100mm，王家坝站到蚌埠（吴家渡）站河段沿淮降水量超过300mm，局部超过400mm。6月28日—7月10日出现本年汛期历时最长、范围最广、次降雨量最大的一次降水过程。7 月 23—29 日沂沭河和新汴河中上游出现大到暴雨，局部大暴雨。

淮河干流本年先后出现 4 次洪水过程。由于 5 月下旬至 6 月初的汛期第一次暴雨，淮河干流出现一次洪水过程。随后，6 月中旬至 8 月上旬的几次暴雨，导致淮河干流又出现 3 次洪水过程，在第二次洪水过程中，淮河润河集站以上各站出现本年最大洪峰。6 月 15 日早上王家坝闸开闸蓄洪，王家坝站当日出现年最高水位 29.56m，相应的最大总流量为 7610m³/s，润河集站 16 日出现年最高水位 27.61m，相应的最大流量为 6760m³/s。正阳关站 18 日出现最高水位 25.74m，相应的鲁台子站最大流量为 6180m³/s。蚌埠（吴家渡）站 20 日出现最高水位 20.65m，相应的最大流量为 6340m³/s。

在第二次洪水过程尚未退尽时，6 月底至 7 月中旬的持续暴雨造成干流润河集站以下出现本年最大洪水。王家坝闸 7 月 7 日再次开闸蓄洪，8 日王家坝站出现最高水位 29.25m，相应的最大总流量为 5910m³/s。润河集站 7 日出现最高水位 27.55m，相应的最大流量为 6350m³/s；正阳关站 11 日在城西湖分洪的情况下，出现年最高水位 26.52m，相应的鲁台子站最大流量为 7480m³/s。蚌埠（吴家渡）站 14 日出现年最高水位 21.98m，相应的最大流量为 7840m³/s。洪泽湖蒋坝站 15 日出现年最高水位 14.08m，16 日三河闸最大下泄流量为 8450m³/s。

淮南诸支流及淮北洪汝河发生洪水。潢河、史灌河、淠河和池河出现多次洪峰，潢河潢川站 7 月 4 日最大洪峰流量为 1710m³/s，同期史灌河蒋家集站出现最大洪峰流量为 3490m³/s，淠河横排头站 11 日出现最大洪峰流量 5570m³/s，池河明光站 9 日出现最大洪峰流量为 2160m³/s。洪汝河班台站 6 月 14 日出现年最大总流量为 2170m³/s，同日沙颍河阜阳站年最大流量为 1480m³/s。

7 月下旬沂沭泗河水系也出现洪水。沂河临沂站 7 月 24 日出现的洪峰流量为 7590m³/s，泗河书院站 7 月 25 日出现仅次于 1957 年的最大流量 1710m³/s。洪泽湖在 7 月上中旬通过二河闸、淮阴闸向新沂河泄洪，以致出现淮沭河开挖以来第一次淮沂洪水遭遇。

本年淮河干流启用了濛洼、城西湖、城东湖 3 个蓄洪区，以及童元、黄郢、建湾、南润段、润赵段、邱家湖、姜家湖、董峰湖、唐垛湖、上六坊堤、下六坊堤、石姚段、洛河洼、荆山湖 14 个行洪区，瓦埠湖蓄洪区因内水大而未启用。

（14）2003 年洪水。本年由于高空西风槽、切变线结合西南涡及低空急流等天气原因，淮河流域发生大面积、长时间暴雨，淮河水系发生流域性大洪水，与此同时，沂沭泗河水系也出现较大洪水，以致淮河流域出现淮沂洪水遭遇。

6—10 月，淮河水系发生多次暴雨过程。6 月 28 日—7 月 5 日出现本年强度最大、持续时间最长、范围最广的暴雨过程，暴雨中心颍河太和站、泉河胡集站、茨河关集站、涡河蒙城站及中运河刘老涧站次雨量分别为 546.0mm、534.6mm、523.9mm、474.0mm 和 424.9mm。7 月 7—17 日再次发生全流域暴雨，暴雨中心史河马宗岭站、淠河前畈站、韩庄运河阴平站和六塘河史集站次雨量分别为 418.5mm、

417.9mm、535.0mm 和 348.4mm。8 月 8—18 日、8 月 21—26 日和 8 月 28 日—9 月 3 日暴雨主要发生在淮河淮滨至正阳关沿淮淮南、沙颍河、涡河上中游、洪泽湖南部及新沂河部分地区。9 月 30 日—10 月 12 日再次发生遍及淮河水系甚至全流域的暴雨。

本年淮河干流共出现 3 次洪水：6 月下旬至 7 月底、8 月中旬至 9 月中下旬和 10 月洪水，其中淮河干流在 6 月下旬至 7 月底连续出现 3 次洪峰，淮河干流水位全线超过警戒水位，润河集站至淮南站河段水位超过历史最高水位。息县站在 7 月 21 日出现最大流量 2320m³/s，王家坝站在 7 月 3 日出现年最高水位 29.42m，相应的最大流量为 7610m³/s。润河集站 7 日出现年最大流量 7170m³/s，11 日出现年最高水位 27.66m。鲁台子站 3 日出现年最大流量 7890m³/s，正阳关站 12 日出现年最高水位 26.80m。在第一次启用怀洪新河分洪的情况下，蚌埠（吴家渡）站 6 日出现年最高水位 22.05m，相应的最大流量为 8620m³/s。蒋坝站 14 日出现年最高水位 14.38m，洪泽湖总出湖最大日平均流量为 12700m³/s，入江水道金湖站和高邮湖高邮站分别在 11 日、14 日出现历史最高水位 11.98m 和 9.52m。入海水道建成后首次启用，利用二河新闸泄洪，7 月 16 日最大下泄流量为 1870m³/s。

淮河南岸诸支流在 6 月下旬至 7 月底出现大洪水，潢河潢川站、史灌河蒋家集站、淠河横排头站和池河明光站最大流量分别为 2180m³/s、3880m³/s、3250m³/s 和 1950m³/s。淮河北岸诸支流在 8 月中旬至 9 月中下旬出现大水，沙颍河、洪泽湖水系濉河、老濉河出现超历史洪水。洪汝河班台站、沙颍河阜阳站和涡河蒙城站的最大流量分别为 2200m³/s、2480m³/s 和 2030m³/s。里下河地区阜宁站、建湖站、盐城站在 7 月中旬出现历史最高水位分别为 2.46m、2.87m 和 2.66m。

本年利用淮河水系 18 座大型水库实行拦洪错峰，启用茨淮新河、怀洪新河等分泄洪水，启用了濛洼等 9 个行蓄洪区行洪、蓄洪，充分利用入江水道、入海水道、分淮入沂和灌溉总渠加快洪泽湖泄洪，实施"上拦、中控、下泄"科学调度，有效地减轻了灾害损失。淮河流域洪涝受灾面积为 5770 万亩，成灾 3886 万亩，绝收 1692 万亩，受灾人口为 3728 万人，因灾死亡 29 人，倒塌房屋 74 万间，直接经济损失达 285 亿元（表 B.1-4）。

表 B.1-4　　　　　2003 年淮河流域洪涝灾害损失统计表

省份	受灾面积/万亩	成灾面积/万亩	绝收面积/万亩	受灾人口/万人	死亡人口/人	倒塌房屋/万间	经济损失/亿元
河南	935	627	279	534	9	4	19
安徽	2842	2066	883	2035	17	57	138
江苏	1993	1193	530	1159	3	13	128
合计	5770	3886	1692	3728	29	74	285

（15）2007 年洪水。2007 年梅雨期强降水致使淮河发生流域性大洪水。梅雨期间，淮河流域先后出现 6 次大范围降水过程，即：6 月 19—22 日、6 月 26—28 日、6 月 29 日—7 月 9 日、7 月 13—14 日、7 月 18—20 日和 7 月 21—25 日。本年淮河洪水主要由第三次至第六次降水过程所致。

6 月 29 日—7 月 9 日淮河水系绝大部分地区降水量超过 200mm，300mm 以上的降水区位于沿淮及淮河各大支流的中下游、洪泽湖周边及里下河大部地区。其中，淮河干流中游北部支流中下游、洪泽湖及周边地区降水量为 400mm 以上，暴雨中心高良涧闸降水量为 545mm。洪汝河水系、沙颍河和涡河中下游地区普降暴雨、大暴雨；7 月 6 日以后，随着副高减弱，雨区再度南移，淮河上游、淮南山区及洪泽湖周边地区出现大到暴雨；7 月 13—14 日，流域再降暴雨，淮河上游沿淮及以南、大别山区局部、洪汝河、淮河中游北部支流中上游地区降水量为 50mm 以上。其中，淮河上游及淮南山区、洪汝河上游、沙颍河中上游降水量超过 100mm，暴雨中心石山口水库上游涩港店站次雨量为 363mm。

淮河干流以及入江水道全线超过警戒水位，超警幅度为 0.26～4.65m。其中，王家坝站至润河集站河段超过保证水位 0.29～0.82m。王家坝站 7 月 11 日出现本年最高水位 29.59m，相应的最大流量为 8020m³/s。润河集站 11 日出现年最高水位 27.82m，相应的最大流量为 7520m³/s，同日正阳关站出现年最高水位 26.40m，相应的鲁台子站最大流量为 7970m³/s。蚌埠（吴家渡）站 20 日出现本年最高水位 21.38m，相应的最大流量为 7520m³/s。蒋坝站 15 日水位最高涨至 13.89m，为本年最高洪水位，洪泽湖 7 月 8 日出现最大日平均入湖流量 14300m³/s。三河闸 7 月 15 日最大泄洪流量为 8920m³/s，二河闸最大流量为 2510m³/s（7 月 11 日），淮沭河淮阴闸最大过闸流量为 550m³/s（7 月 11 日）。入海水道二河新闸 7 月 24 日最大分洪流量为 2080m³/s。洪泽湖 7 月 13 日出现最大日平均出湖流量 11100m³/s。

洪汝河、沙颍河、竹竿河、潢河、白露河、史灌河、池河等均出现超警戒水位甚至超保证水位洪水，洪汝河班台站、竹竿河竹竿铺站、潢河潢川站、白露河北庙集站分别超过保证水位 0.17m、0.14m、0.88m 和 0.42m。淮北支流洪汝河班台站 7 月 9 日最高水位为 35.80m，相应的最大流量为 2390m³/s。沙颍河阜阳站 7 月 22 日出现最大流量 2120m³/s，23 日出现最高水位 31.46m。涡河蒙城站 7 月 7 日出现最高水位 24.17m，7 月 7 日出现最大流量 1150m³/s。淮南支流史灌河蒋家集站 7 月 10 日出现最高水位 32.86m，相应的最大流量为 3110m³/s。淠河横排头站 7 月 10 日出现最高水位 47.25m，相应的流量为 471m³/s。

本年利用大型水库实行拦洪错峰，启用怀洪新河等分泄洪水，启用了洪汝河老王坡、淮河濛洼、南润段、邱家湖、姜唐湖、上六坊堤、下六坊堤、石姚段、洛河洼及荆山湖共 10 处行蓄洪区行洪、蓄洪。充分利用入江水道、入海水道和灌溉总渠加快洪泽湖泄洪，各类水利工程在防御 2007 年淮河流域性大洪水中发挥了重要作用，防洪效益显著。2007 年全流域受灾面积达 3747.8 万亩，成灾 2379.7 万亩，倒塌房屋 11.534 万间，直接经济损失达 155.18 亿元（表 B.1-5）。

表 B.1-5   2007 年淮河流域洪涝灾害损失统计表

省份	受灾面积/万亩	成灾面积/万亩	绝收面积/万亩	受灾人口/万人	死亡人口/人	倒塌房屋/万间	经济损失/亿元
河南	900.9	557.6	247.5	706	0	2.03	34.19
安徽	1998.0	1465.5	789.0	1435	3	8.94	88.42
江苏	815.4	344.0	136.9	359	0	0.55	31.89
山东	33.5	12.6	44.3	4	1	0.014	0.68
合计	3747.8	2379.7	1217.7	2504	4	11.534	155.18

B.2 典型干旱

淮河流域历史上的特大旱灾年有明末崇祯年间的 1640 年和清光绪年间的 1877 年，20 世纪以来典型旱灾年有 1928 年、1942 年和 1959 年、1966 年、1978 年、1988 年、1991 年、1992 年、1994 年和 1999—2001 年。

B.2.1 历史干旱

（1）1640 年干旱。明崇祯年间，1637—1641 年发生历时 5 年的连年干旱，1640 年为旱灾最严重的一年。该干旱期开始在淮河上游，后发展为全流域特大旱灾，其灾区之广、历时之长、灾情之重为历史罕见。根据史志资料记载，1637 年夏季，全流域普遍出现旱蝗灾害，以河南、山东两省最为严重；1638 年灾情进一步加重；1640 年，旱灾区逐渐扩大到陕西、山西、浙江等省，无雨期达 13～17 个月。该年淮河上游"井泉干涸，河沟扬土，飞蝗蔽天，野无青草，病疫流行，田无人耕"。淮河中游的淮北、宿州、泗州"旱蝗蔽天，田禾食尽"。淮河下游的盐城、高邮，"人旱疫病大作，民疫死者无数"。沂沭泗流域的曹州府菏泽、单县、东明等县，"春、夏、秋三季连旱，井泉干涸，灾荒灾民无食"。

（2）1877 年干旱。本次大旱始于 1875 年，1876—1878 年降水量比常年显著偏少，特别是 1877 年，淮河流域北部部分地区降水量偏少 40%～80%，旱情十分严重。这次旱灾从 1875 年夏秋季开始出现，淮河上游的许州"旱灾民饥，灾民逃亡饿死，道馑相望"。1876 年春夏大旱，旱区扩大到豫东、豫西地区，夏秋作物失收，灾民饥寒交迫，豫东地区"灾民死而填沟者十之三"。苏北大旱荒，灾民逃亡到苏南常州等地。山东省大旱，"赤地千里无禾，民大饥"。1877 年是连续干旱年最严重的一年，旱灾区扩大到晋、陕、冀等地。据史料记载，清光绪二年至四年发生的长达 18 个月的特大旱灾是清代最为严重的旱灾，也是我国近代史上因旱死亡人数最多的一次旱灾。河南偃师县《防旱碑记》及博爱县的《旱灾记》碑以及旱区众多史志记载了这次灾情。

河南境内"特大旱年，春久旱荒，夏秋又大旱无禾，三季未收，秋冬大饥，受灾八十余州县，饥民五六百万人，草根树皮剥掘殆尽"，新安、修武、获嘉、辉县、新乡、林县、武陟、郑州、汝南等地均有"人相食"记载。1877 年 9 月 13 日《申报》记载"但秋后旱情仍继续发展，终至酿成奇荒"。"全省大旱，夏秋全无收，赤地千里，大饥，人相食"（袁保垣：《文成公集·奏议》）。据史料记载，河南境内饿死者近 200 万人，为全省人口的 1/10。1877 年 6 月 30 日《申报》记载"江苏全省被虫、被旱及被潮地方包括兴化、东台等六十五州县，暨苏州、太仓、镇海、金山、淮安、大河、扬州、徐州、镇江九卫"。

（3）1928 年干旱。1928 年河南省继上年干旱之后，旱灾继续发展，几乎有土皆赤，无县不灾。《各省灾情概况》载"该省 112 县共有灾民 400 余万人"。《申报》的一份调查材料称"112 县共有灾民 761 万余人"。华洋义赈会称"受灾者 106 县，自本年至次年春灾民累计 3000 万人"。

"苏省江北各县，春夏之际，天时亢旱，田畴大半未能栽插，入秋复遭蝗害，以致赤地遍野，弥望蓬蒿。灾情之惨，以宝应、淮安为最"（1929 年 3 月 22 日《申报》）。合计江北蝗灾之区，"共有 19 县：铜山、沛县、丰县、邳县、睢宁县、宿迁、萧县、泗阳、淮阴、高邮、宝应、阜宁、涟水、南通、泰县、盐城、淮安、如皋、靖江"（1929 年 7 月 29 日《大公报》）。其中"盐城、阜宁两县，更因海潮倒灌之害，受祸亦浩，居民强以盐蒿之种作食"。"再北之萧县，地处鲁豫之交，亦为河南旱灾所波及，始患蝗蝻，继遭大水，遍野哀鸿，死亡枕藉"，全县灾民达 105200 余人（《各省灾情概况》，第 209、第 211 页）。

"皖北大旱，洪泽湖水涸，麦尚未种"［10 月 17 日（九月初五日）《大公报》］。《各省灾情概况》载"皖省被蝗、旱、水、火、风、雹等灾"，"统计全省四十一县，共旱灾一次，蝗灾一次，大水灾两次，青虫灾一次，蟆虫灾一次，灾民五百四十六万一千八百余人。"

（4）1942 年干旱。1942 年淮河流域降水较历年同期偏少四成至六成。"自春至秋，流域内旱魃肆虐，赤地千里，几至无县无灾，无灾不重"。河南省灾情较重，安徽次之，其中豫东最为严重，为近代中国灾害最重的一次。这次干旱灾情由 1941 年冬开始，持续到 1943 年夏季，其中，1942 年为特大灾荒年。淮河上游，夏季高温少雨，秋季连旱，还有 32 县旱区受到干热风袭击，旱情更严重。1943 年，有 39 县遭蝗蝻灾害，农业严重减产失收。

这次连年旱荒，灾情之重历史罕见。据《河南省三十五年治蝗调查报告》的统计，1942—1945 年，河南省出现历史罕见的蝗灾，受灾县达 109 个，其中淮河流域有 54 个县，4 年累计受灾面积达 5492 万亩，其中 1943 年、1944 年分别为 2051 万亩、1962 万亩。受灾面积大于 200 万亩的有 8 个县，舞阳、襄城两县最大分别为 514

万亩、317 万亩。

B. 2. 2 现代干旱

（1）1959 年干旱。1959 年春夏季节，淮河流域降水偏少，7—10 月，淮河上、中、下游降水均比历年同期少 50％以上，出现多年少有的夏、秋连旱现象。当年汛期淮河干支流几乎全部断流。8 月，淮河干流淮滨站月平均流量为 6.26m³/s，9 月和 10 月的流量只有 0.57m³/s，洪汝河班台站 8—10 月的平均流量只有 0.4～0.1m³/s。洪泽湖水位已接近死水位，许多地方出现人畜饮水困难，各省秋旱严重，全流域受旱成灾面积为 5971 万亩，受灾人口达 1750 万人，减产粮食 34.2 亿 kg。

1959 年大旱后，淮河流域又接连出现 1960 年、1961 年、1962 年 3 年大旱。豫、皖两省旱情最为严重。1960 年 10 月—1961 年 7 月，河南省周口、开封、许昌 3 个地区干旱少雨，10 个月降水量只有历年同期平均降水量的 54％～68％。当年河南干旱少雨时间发生在夏秋作物生长大量需水的时期，所以造成的减产特别严重。由于降水少、气温高、蒸发量大，淮河干、支流河道来水量小，有的甚至断流。淮河支流沙颍河周口水文站 6 月平均流量只有 0.37m³/s，洪河也几乎断流。安徽全省降水量很少，1960 年 1—7 月，江淮之间和淮北降水量比常年偏少 150～300mm。发生严重伏旱，以 7 月旱情最重，六安、滁县两地丘陵地区的水稻全部枯黄，点火可燃，肥东等县人畜饮水发生困难。

据民政部门统计，全流域因旱农作物受灾面积达 12318 万亩，成灾面积为 5971 万亩，受灾人口为 1750 万人，减产粮食 342 万 t。其中河南省因干旱有 90 多个县受旱灾，受旱面积达 1000 万亩。安徽省淮河流域农作物受旱面积达 3789 万亩（占耕地面积的 70％以上），成灾面积达 2645 万亩；夏粮减产 72.73 万 t，秋粮减产 140.96 万 t。江苏省至 8 月下旬受旱面积已达 2800 万亩，占秋作物播种面积（5400 万亩）的 52％，其中水稻 974 万亩，旱作物 1826 万亩；山区塘坝和小水库有 37 万座干涸，占全省 56 万余座小水库、塘坝的 67％。山东省干旱持续 100 余天，到 8 月上旬已遍及 74 个县，有 7370 万亩农田受旱，占耕地面积的 58％，成灾面积达 3401 万亩。

（2）1966 年干旱。1966 年夏至 1967 年冬，淮河流域连续两年发生大旱，河南省汛期降水量只有历年同期的 54％，信阳、驻马店两地区汛期降水量只有历年平均值的 30％左右，6 月至 11 月上旬大旱 160 天，造成稻田干裂，河沟断流，塘堰干涸，山丘地区人畜饮水发生困难。

8—10 月，淮河中游降水量均比历年同期偏少 70％～80％；下游降水量比历史同期偏少超 40％。春、夏、秋 3 季连旱。淮河上、中、下游地区出现河道断流，土地干裂，农作物枯死。1966 年和 1967 年出现连旱年，当年冬，洪泽湖最低水位降至死水位以下 1m 多，南四湖整个汛期几乎没有来水，骆马湖长期在死水位以下，许多大、中型水库水位降至死水位以下或空库无水，塘坝绝大部分干涸，旱情严重的地方，井泉枯竭，人畜饮水困难。

据民政部门统计，1966 年全流域成灾面积达 4432 万亩，减产粮食 192 万 t，受灾人口达 2207 万人。其中，安徽省旱情最重，农作物受灾面积为 3206 万亩，占耕地面积的 45％左右。

（3）1978 年干旱。1978 年淮河流域又发生大旱，冬无雪，春少雨，夏秋干热，岁末干旱。梅雨季节无梅雨，淮河中游降水量比历年同期偏少 40％～60％，地表径流只占历年平均值的 33％。汛期无汛情，连续干旱 250 多天。1978 年 6 月至 1979 年 4 月上旬，淮河干流处于连续 10 个月的枯水阶段，蚌埠闸关闭 8 个月，全年下泄水量不到 27 亿 m³，不足多年平均值的 1/10。6 月，淠史杭灌区梅山、佛子岭、响洪甸、磨子潭等 5 座大型水库蓄水已经放空，中小水库、塘坝基本干枯。河湖出现历史最枯水位，淮河及中、小支流出现断流。

该年淮河中、下游降水量之少，旱情之重，持续时间之长，水位之低，都是历史少见。据民政部门统计，淮河流域农作物受旱面积达 10837 万亩，受旱率达到 33.9％，成灾面积为 4103 万亩，因旱受灾人口为 1997.4 万人，粮食减产达 319.0 万 t，减产率达到 7.9％（表 B.2－1）。大旱不仅造成农作物受灾面积大，工业也严重缺水，蚌埠、徐州、淮北等城市供水严重不足。淮河各地工厂一般缺水 3～4 个月，苏北里下河等地区 3000 多万亩农田严重缺水。

表 B.2－1　　　　　　　　1978 年淮河流域旱灾情况统计表

受旱面积 /万亩	受旱率 /％	成灾面积 /万亩	成灾率 /％	受旱人口 /万人	受旱人口率 /％	粮食减产 /万 t	粮食减产率 /％
10837	33.9	4103	12.8	1997.4	17.5	319.0	7.9

（4）1988 年干旱。20 世纪 80 年代，淮河流域旱情又有新的发展，1981—1983 年，1986—1989 年，全流域发生了连续 3 年和连续 4 年的大旱，其中以 1988 年旱灾最严重，全流域成灾面积为 5908 万亩，粮食减产 827 万 t，受灾人口达 4953 万人。

1988 年是继 1986 年和 1987 年全流域干旱后的又一大旱年，3 年连续干旱累计成灾面积 1.24 亿亩，累计减产粮食 1400 万 t，累计受灾人口 9259 万人。

1986—1988 年旱灾是 1949 年中华人民共和国成立后淮河流域较为严重的连年干旱期。它开始于 1985 年的冬旱，1986 年春、夏连旱，主要旱区在淮河上游，汛期无汛，大型水库蓄水不足，中小水库干涸，沙颍河、洪汝河河道流量仅为历年同期流量均值的 1％～7％，涡河断流。河南省周口、平顶山、漯河、商丘等地区地表水和地下水源严重短缺。平顶山市 9 座大中型水库中有 3 座无水，小型水库全部干涸，18 万人缺少饮用水。商丘地区的地下水位深达 9m，机井抽提无水，秋种缺水，无法播种。郑州市秋作物旱死 70 万亩，41 万人、10 万头大牲畜缺饮用水。虽经旱区军民奋力抗旱，夏粮仍严重减产失收，仅开封、商丘、驻马店 3 个地区夏粮减产 21.5 万 t，秋作物减产 343.5 万 t。1986 年 6 月沂沭河基本断流。1987 年流域干旱有所缓和。

1988 年全流域严重干旱，河南省 5 月下旬以后干旱加重，6—11 月降水偏少，降水量比历年平均值偏少 20%～35%。淮河干流长台关站河段几次断流，淮滨站河段主汛期 7 月 21 日流量仅有 8m³/s，沙颍河周口站河段流量仅为 1m³/s，地下水无水可抽，群众饮水困难。舞阳县就有 11 万人饮水困难。河南省周口、驻马店、商丘、信阳等地灾情严重。安徽省冬春少雨，梅雨期空梅无雨，早春作物干旱严重，伏旱特重，秋作物无法播种，190 万人饮水困难。江苏省的旱情超过 1978 年，江苏淮北地区，5—9 月播种期干旱成灾率高达 70%，徐州地区严重缺水。山东省 6 月下旬干旱少雨，农业灌溉高峰期无水灌田，1/3 的稻田改种旱作物，秋种季节连续 60 天无降水。南四湖上级湖干涸，下级湖水位在死水位以下，河床龟裂，地下水位深达 20m 以下，6—7 月干旱缺水期长达 40 多天，百万人口出现饮水困难。

（5）1991 年干旱。1991 年继夏季特大洪涝灾害之后，又遇到持续 3 个多月的干旱少雨天气，发生严重的干旱，先涝后旱，形成了十分典型的"旱涝交替"年。1991 年自 7 月中旬起全流域降水偏少，许多地方连续无雨日数长达 110 多天，大量农田严重受旱，全流域受灾面积达到 8700 多万亩，成灾面积为 3380 万亩，对当年秋种秋收造成极大的困难，仅河南、安徽两省就减少了小麦播种面积 1500 多万亩，60% 麦田缺苗断条，导致 1992 年小麦严重减产。

1991 年的干旱是河南省自 1942 年以来遭受的最为严重的干旱，不少地方库塘干涸，河水断流，地下水位严重下降，长时间连续无降水造成大范围的严重干旱和数百万人口的饮水困难，给整个农业生产和人民生活，乃至工业生产都带来了严重影响。淮河流域 9—11 月平均降水量为 81mm，比历史上最干旱的 1942 年同期还少 35.4mm。特别是平顶山、郑州市的西部，从 7 月开始就一直干旱少雨，是 50 年来最旱的一年，80% 以上的小型水库、塘坝、河道都已干涸、断流。史河、淮河、洪河等河流 11 月底合计流量只有 113m³/s，只占历史同期平均流量 327m³/s 的 35%。

10 月，安徽省淮河流域基本无雨。11 月沿淮淮北地区持续无雨，局部地区降水量为 1～10mm。特别是阜阳地区，3 个月基本无降水，阜阳市仅降水 7mm，9 月 11 日—12 月 21 日的降水量比 1954 年、1956 年、1963 年等洪涝之后秋冬干旱的降水量还少，基本上是 1949 年以来同期最小值，其中淮北地区降水量为 10～40mm，比历年同期少 70%～90%。进入 10 月，由于秋种造墒用水量剧增，又无降雨补给，沿淮淮北主要支流和大中型沟渠水位骤降，蓄水不能满足沿河、沿沟渠农田的浇灌需要；山丘区汛期小塘坝水毁严重，蓄水少，至 10 月下旬，部分山区抗旱水源开始短缺。大别山区淠史杭灌区的五大水库至 11 月 15 日蓄水仅有 13.5 亿 m³（其中佛子岭、磨子潭两水库已低于死水位），仅为兴利库容的 38%，抗旱水源十分紧张。

江苏省 8—9 月淮北地区面平均降水量为 130mm，不足历史同期的一半。10 月大部地区滴雨未下，据统计，10 月 1 日—12 月 20 日的 80 多天内，淮北地区降水量仅为 18mm，较历年同期偏少 80%。降水量之少为 40 多年来同期所少见。各地水库、湖泊在雨季蓄水不足，汛后无水可蓄。徐州、连云港两市水库蓄水比历史同期少 1.4

亿 m³，山丘区和高岗地区塘坝大部没有蓄到水。8 月下旬，江苏淮北地区的徐州、连云港两市就出现旱情，到 9 月中旬，受旱面积就达到 470 多万亩，农作物如花生、大豆叶片干枯萎缩，提前成熟，给秋熟作物带来了不利影响，大部分塘坝干涸，湖库没有蓄到水，水位较低，致使秋播秋种用水相当紧张。

山东省 9 月中旬提前进入枯季，蓄水量减少，汛末 10 月 1 日全省地上蓄水 48.499 亿 m³，分别比上年和历年少蓄 16.337 亿 m³ 和 1.328 亿 m³。5 月，河口段一度断流，夏秋干旱期间，来水量大幅度减少，对抗旱夏灌和秋种影响较大。

（6）1992 年干旱。1992 年淮河流域出现了罕见的夏季大旱，全流域 5—7 月降水量比历年同期偏少 20%～80%。全流域受旱农田达 5700 万亩，成灾面积达 2757 万亩，直接经济损失超过 100 亿元。1992 年 5—7 月，河南省持续少雨，汛期出现了连续高温天气，85% 左右中小型水库干涸；安徽省 5—8 月普遍干旱少雨，淮河干流接近断流，全省有 1700 多万亩农田严重受旱，蚌埠、淮南等城市居民生活用水都出现了困难，山区有 290 万人、60 万头大牲畜缺饮用水；江苏省 5—7 月降水量比常年少 50%～80%，特别是连云港、淮阴、徐州、盐城等地市旱情更重，苏北地区水源全线告急，400 万亩水稻缺水，严重受旱，200 多万亩旱作物未能种上，内河航运量减少 30%～70%，仅连云港市就有 200 多家工厂因缺水停产或限产，直接经济损失超过 6 亿元；山东省 1992 年 5 月中旬至 7 月中旬，全省平均降水量仅为 30mm 左右，比历年同期偏少 84%，旱情极其严重，南四湖干涸，3 万多眼机电井及 3000 多座抽水站无水可抽，全省 70% 以上农田严重受旱，300 多万人饮水十分困难，据统计，全省棉花、花生等经济作物因旱减产，损失达 13.6 亿元，林、果损失达 14.5 亿元，干旱共造成 90 多亿元经济损失。

（7）1994 年干旱。1994 年淮河流域遭受了严重的干旱，从春末到盛夏，降水持续偏少。汛期平均降雨量为 464mm，比历年同期偏少近 20%，其中淮河水系平均降雨量为 440mm，较历年同期偏少 23.6%；沂沭泗河水系平均降雨量为 527mm，较历年同期偏少 9.7%。6—7 月，淮河流域持续高温少雨，一反往年梅雨季节多雨的常态，整个梅雨季节降雨稀少，出现了"空梅"情况。进入 8 月，旱情有增无减。流域绝大部分地区遭受了一场罕见的干旱袭击，中小水库、池塘干涸，河流多处断流，洪泽湖在死水位以下运行多日。汛期淮河干流王家坝站总来水量为 15.83 亿 m³，较历年同期偏少 73%，正阳关站为 33.77 亿 m³，较历年同期偏少 76%，蚌埠（吴家渡）站为 22.57 亿 m³，较历年同期偏少 87%。全流域农作物受灾面积达 1 亿亩，成灾面积达 7552 万亩，其中重灾面积为 4200 万亩，干枯面积为 1200 万亩，粮食减产 560 万 t；有 900 万人、150 万头大牲畜饮水严重困难；淮河干流断流时间长达 120 天以上；直接经济损失超过 160 亿元。其中旱灾最重的江苏、安徽两省，是 1934 年以来同期受旱最重的一年，两省受灾面积达 8884 万亩，成灾面积达 5608 万亩，其中绝收达 1059 万亩，减产粮食达 385 万 t，经济损失十分严重。本年干旱的特点是：旱情延续时间长，从春末一直到 8 月下旬；受旱范围广，遍及淮河水系和沂沭泗河中下游地区；灾情重，对农业生产、人民生活和国民经济造成了严重损失。

（8）1999 年干旱。1999 年淮河流域汛期降水偏少，平均降水量为 360mm，比历年同期减少 37.5%，其中，淮河水系和沂沭泗河水系平均降水量分别为 334mm、417mm，分别比历年同期偏少 42.7% 和 27.7%。由于整个汛期降水持续偏少，且前期干旱，再加上水库拦蓄，淮河干流王家坝站出现了 1949 年中华人民共和国成立以来的第 3 个断流年份（表 B.2-2），时间从 8 月 17 日 7 时开始至 8 月 19 日 7 时结束；蚌埠闸 8 月 1—28 日连续关闸，致使蚌埠（吴家渡）站断流（1—9 月累计断流 107 天）。汛期总来水量，王家坝站 9.89 亿 m³、润河集站 13.6 亿 m³、鲁台子站 36.9 亿 m³、蚌埠（吴家渡）站 36.4 亿 m³，分别比常年同期少 80%～90%。流域内绝大部分大型水库汛期蓄水位偏低，骆马湖汛期来水仅 1.5 亿 m³。洪泽湖、骆马湖长期在死水位以下运行，时间分别长达 63 天和 59 天，微山湖自 6 月 26 日起水位一直低于死水位，汛末水位比死水位低 0.68m。

表 B.2-2　　　　　　淮河干流王家坝站主要干旱年份断流情况统计表

站　名	年份	断　流　日　期	断流次数 /次
王家坝	1999	8 月 17—19 日	1
	1966	9 月 15—22 日；10 月 17 日—11 月 12 日	2
	1959	8 月 20 日—9 月 3 日；9 月 7 日—12 月 8 日	2

1998 年 8 月下旬至 1999 年 3 月 5 日，河南全省持续出现少有的温度偏高、降水偏少的天气，省内淮河流域平均降水量为 56mm，只有历年均值的 26.4%。入夏后，持续高温少雨，土壤失墒严重，出现了大面积的严重伏旱。6 月至 9 月上旬，有 91 个市县降水量较常年偏少 10%～90%。特别是信阳市 6 月降水量仅为 60.5mm，较历年同期减少 53.7%；7 月降水量仅为 8.1mm，平桥、息县、淮滨、罗山、固始等县（区）较常年同期少 95%，是 1951 年有气象记录以来的次低值，加之气温持续偏高，土壤失墒快，旱情急剧发展。地下水位普遍下降 2～4m，旱情严重的地区下降达 20m 以上。河南省淮河流域受灾面积为 2282 万亩，严重受旱面积达 932.4 万亩，干枯面积达 219 万亩，造成 32.1 万人、8.9 万头大牲畜饮水困难。

安徽省 1998 年秋至 1999 年春的 6 个月内，淮河以北地区降水量为 30～70mm，不足多年平均降水量的 1/4，为 1949 年以来最少的一年。其中亳州、砀山、萧县、濉溪、涡阳等地 198 天基本无雨，气温普遍比历年同期偏高 2℃，总积温比历年均值多 280～300℃，致使土壤墒情不断下降，形成上年秋冬旱连着当年春旱。全年受灾面积达 3627.5 万亩，占耕地面积的 83%，成灾面积占受旱面积的 58%。

江苏省淮北地区降水量自 1998 年汛后就持续偏少，1999 年 6 月 1 日进入主汛期至 8 月 17 日降水量仅有 214mm，为多年同期平均降水量的 50%。1—7 月淮北地区平均降水量为 437mm，较常年同期偏少 32%，特别是农业用水高峰期的 7 月 8 日—8

月 17 日 41 天时间内，淮北地区平均降水量仅为 54mm，比常年同期偏少 85％。徐州、宿迁两市平均降水量分别为 40mm 和 19mm，比常年同期分别偏少 86％和 93％。同时，入汛以后，淮河上游、沂沭泗河上游来水量极少，出现了汛期无水的状况。6 月至 8 月底洪泽湖以上来水量仅为 24.4 亿 m³，比常年同期偏少 83％，淮河干流蚌埠闸断流 68 天，超过了大旱的 1992 年、1994 年同期断流天数。骆马湖上游来水量仅为 1.34 亿 m³，比常年同期偏少 50％，比特大干旱的 1988 年同期还少 3.7 亿 m³，来水之少为历史同期所没有。另外，1999 年年初水库蓄水较常年少 20％，到春末夏初水稻大栽插前较常年偏少 40％，水稻栽插后水位急剧下降，洪泽湖水位最低降至 10.70mm（8 月 28 日）、骆马湖水位最低降至 19.36m（8 月 30 日）、微山湖水位最低降至 30.81m（9 月 2 日），分别低于死水位 0.67m、1.44m 和 0.69m。其中骆马湖水位已低于 1988 年以来的最低值，洪泽湖水位也已接近 1944 年特大干旱年的最低值 10.65m。7 月下旬至 8 月中旬，受旱面积一度达 1105 万亩，成灾面积达 841 万亩，绝收 34 万亩。有 5 万～6 万人和 0.9 万头牲畜饮水发生困难，直接经济损失 16.4 亿元。

自 1998 年 9 月以后，山东省遭受了历史罕见的四季连旱现象，气温高、降水少，且分布不均。到 1999 年 11 月底，全省平均降水量为 505mm，比历年同期偏少 27％。7 月、8 月全省平均降水量仅为 183mm，比历年同期偏少 49％，降水量之少为 1949 年以来历史同期之最（1989 年同为 183mm）。气温之高也创历史之最，全省大部分地区气温较常年偏高 2～3℃，局部偏高 4℃，加之干旱持续时间长，受旱范围广，成灾严重。另外，水利工程蓄水严重不足，9 月 1 日，全省各类水利工程蓄水仅为 51.5 亿 m³，比历年同期偏少 31 亿 m³，城市用水受到严重影响。

（9）2001 年干旱。继 2000 年冬季干旱后，2001 年淮河流域发生了春、夏、秋连续干旱的大旱年，该年汛期（6—9 月）全流域平均降水量为 385mm，比历年同期偏少 33％，其中，淮河水系平均降水量为 320mm，比历年同期偏少 44％。流域内大部分地区降水量均偏少 30％以上，其中，淮河干流上游、淮南山区大部、洪汝河、沙颍河中下游、浍河、沱河、新汴河均偏少 50％以上，西淝河利辛站降水量最小，比常年同期偏少 88％。

7 月，流域内大部分地区降水量较常年同期偏少，一般偏少 20％～60％，其中淮河息县站偏少 99％。8 月，淮河流域平均降水量为 71mm，比历年同期偏少 52％，其中淮河水系月平均降水量为 55mm，比历年同期偏少 62％。与历年同期相比，除日照水库周边降水量偏多外，流域其他地区降水量均偏少，流域西半部偏少 50％以上，其中，洪汝河、沙颍河、涡河上中游及南四湖西北局部地区偏少 80％以上，涡河砖桥闸站偏少 98％。9 月，淮河流域平均降水量只有 9mm，比历年同期偏少 90％，淮河水系月平均降水量为 8mm，比历年同期偏少 91％，沂沭泗河水系月平均降水量为 10mm，比历年同期偏少 88％。

总体上，汛期淮河流域降水较常年偏少，河道来水量偏枯，洪泽湖水位长期处于死水位以下。7月，淮河蚌埠闸以上水位出现自1965年以来同期最低值。为了缓解洪泽湖周边地区的旱情，江苏省成功地实施了江水北调工程。

淮河流域大部分地区降水持续偏少，出现严重的春、夏、秋3季连旱，干旱持续时间长，受灾面积广，一些地区人畜饮水发生困难，沿淮淮北大部分中小河流、沟渠、池塘干涸。据民政部门统计，旱灾导致河南省农作物受灾面积为3630万亩，成灾面积为2310万亩；安徽省农作物受灾面积为3825万亩，成灾面积为2340万亩；江苏省农作物受灾面积为1008万亩，成灾面积为720万亩。

（10）2002年干旱。继2001年干旱后，2002年，淮河流域沂沭泗河水系又遭受了严重的干旱，沂沭泗河水系全年降水量为417mm，较历年同期偏少42%，汛期（6—9月）降水量为218mm，比历年同期偏少58%，为自1953年有连续资料记录以来同期降水量最少的一年。南四湖流域是沂沭泗河水系中最为典型的干旱区，南四湖流域2002年降水量为417mm，与历史干旱年1978年、1982年相比，分别偏少248mm、199mm。非汛期1—5月降水比历年同期略多，10—12月流域平均降水量为43mm，较历年同期偏少38%，少于历史干旱年的1978年、1982年，略多于1988年（表B.2-3）。由于天干雨少，南四湖流域各河道均未有明显的汛情，南四湖的10条主要入湖河道年最小流量均为0，全部断流，与历史干旱年的1978年、1982年和1988年情况相同，南四湖上、下级湖各出水闸均未泄洪。由于各河道长时间没有明显汛情，大部分河道干涸，水库、湖泊蓄水量严重不足，南四湖地区的生态系统遭受了严重破坏，水资源短缺，使工业、农业、航运、渔业等损失惨重，部分农村人口饮水和生活困难。2002年旱情持续时间之长、受灾范围之广、经济损失之大、影响程度之深，都是历史上少有的。据统计，山东省济宁地区部分企业停产、限产，秋粮绝产53万亩、减产43.5万t，内河航运中断，渔业遭受灭顶之灾，造成32万农村人口饮水困难，直接经济损失达30亿元。菏泽地区受旱面积为640万亩，重灾面积为192万亩，绝产面积为37万亩，94.2万农村人口饮水困难，减产粮食68.95万t，经济作物损失达4.15亿元，工业经济损失达1.84亿元，航运经济损失达3.8亿元。

表 B.2-3　　　　南四湖流域 2002 年与历史干旱年降水量比较　　　　单位：mm

年　份	1—5月	6月	7月	8月	9月	10—12月	汛期	全年
1978	66	99	278	130	30	62	537	665
1982	98	46	179	154	49	90	428	616
1988	103	15	200	35	16	35	266	404
2002	156	85	56	39	38	43	218	417
多年平均	137	94	200	150	69	69	513	719
2002年距平/%	14	−10	−72	−74	−45	−38	−58	−42

　　为了拯救南四湖湖内濒临死亡的物种，保护湖内生物物种延续和多样性，国家防汛抗旱总指挥部决定，紧急实施从长江向南四湖应急生态补水。根据调水计划累计向南四湖的下级湖和上级湖分别补入水量 0.6 亿 m³ 和 0.5 亿 m³，有效地缓解了南四湖地表水资源紧缺的危机，保证了南四湖湖内生态链的完整和生物物种的延续。

　　(11) 2009 年干旱。2008 年冬季至 2009 年春季，淮河流域持续干旱少雨，流域豫、皖、苏、鲁 4 省发生了严重的冬春连旱。据统计，2009 年全流域因旱受灾面积为 7886 万亩，成灾面积为 1755 万亩。2008 年 11 月至 2009 年 2 月 10 日，淮河流域降水量仅为 31.1mm，淮河以北地区、沂沭泗河水系中北部地区降水均偏少 70% 以上，流域大部分地区超过 100 天无有效降水。受降水严重偏少影响，淮河干支流来水量与历年同期相比偏少 4%～30%，大型水库及湖泊总蓄水量减少 23.62 亿 m³。淮河流域大部分地区发生了严重干旱。

　　2008 年冬季至 2009 年春季，河南全省持续 107 天无有效降水，降水较历年同期偏少近 80%，各地出现不同程度的旱情，部分地区出现特大干旱。全省受旱麦田面积最高时达 5500 万亩，山丘区最多时有 45 万人、9 万多头大牲畜出现临时性饮水困难。安徽省淮北地区降水较历年同期偏少 80%，干旱重现期约为 50 年一遇，局部发生特大干旱；淮南南部江淮丘陵区发生中度干旱，局部严重干旱。秋、冬、春连季干旱导致全省受旱面积达 2906 万亩，其中严重干旱面积为 1229 万亩。江苏省持续干旱少雨，徐州、连云港、宿迁等地出现重旱，干旱重现期为 15 年一遇至 20 年一遇，受旱面积为 962 万亩，其中，小麦受旱面积为 794 万亩，成灾面积为 296 万亩，因旱干枯改种面积为 29 万亩。山东省降水量较历年同期偏少 56%，全省发生大面积春旱，全省受旱面积达到 3411 万亩，其中重旱面积为 1192 万亩。干旱重现期为 30 年一遇，其中鲁北、鲁西北部分地区达到 50 年一遇。

　　山东省 2009 年 9—10 月再度出现旱情。全省平均降水量仅为 38mm，较历年同期偏少 52%。全省农田受旱面积一度达 1805 万亩，其中重旱面积达 180 万亩。

附录 C

淮河流域历史旱涝年表

（一）1400—1949 年部分年份旱涝灾害实况

时　　间	旱涝灾害实况
1403 年（明永乐元年）	六月，五河、凤阳等地大水灾
1404 年（明永乐二年）	凤阳、泗州等地大水灾
1405 年（明永乐三年）	夏季，流域山东旱灾
1406 年（明永乐四年）	五河等地大水灾
1407 年（明永乐五年）	颍州、扬州、淮安等地水灾
1409 年（明永乐七年）	淮安等地涝
1410 年（明永乐八年）	部分地区大水灾
1411 年（明永乐九年）	邳县等地涝
1412 年（明永乐十年）	徐州等地水灾
1413 年（明永乐十一年）	部分地区旱
1414 年（明永乐十二年）	新蔡、鲁山、汝阳、西华及扬州等地水灾
1415 年（明永乐十三年）	凤阳、徐州等地旱灾
1420 年（明永乐十八年）	凤阳旱灾
1421 年（明永乐十九年）	凤阳水涝
1422 年（明永乐二十年）	夏、秋季，河南北部和凤阳水灾
1423 年（明永乐二十一年）	下游部分地区涝灾
1424 年（明永乐二十二年）	寿州等地大水灾
1425 年（明永乐二十三年）	四月，山东诸郡及淮安、徐州等地旱涝交替
1426 年（明宣德元年）	徐州等地旱灾
1428 年（明宣德三年）	徐州等地涝灾
1432 年（明宣德七年）	寿州涝灾

时　　间	旱涝灾害实况
1433 年（明宣德八年）	流域部分地区出现旱灾
1434 年（明宣德九年）	自春到秋，流域出现特大旱灾
1437 年（明正统二年）	流域出现特大水灾
1438 年（明正统三年）	下游水灾
1439 年（明正统四年）	寿州涝灾
1441 年（明正统六年）	泗州涝，定远、五河旱
1442 年（明正统七年）	五月至六月，淮安、凤阳、徐州等地涝灾
1444 年（明正统九年）	淮安地区旱
1446 年（明正统十一年）	徐州、淮安涝
1448 年（明正统十三年）	部分地区水灾
1449 年（明正统十四年）	泰州等地涝灾
1450 年（明景泰元年）	定远旱；徐州涝灾
1452 年（明景泰三年）	淮安等地水灾
1453 年（明景泰四年）	六月，中下游旱；七月，部分地区水灾
1454 年（明景泰五年）	流域涝灾
1456 年（明景泰七年）	六月至七月，凤阳、淮安、扬州等地旱灾
1457 年（明天顺元年）	夏季，淮安、徐州地区大水灾
1460 年（明天顺四年）	七月，流域大水灾
1462 年（明天顺六年）	七月，淮安地区大水灾
1463 年（明天顺七年）	五月，流域大水灾
1465 年（明成化元年）	下游部分地区旱灾
1466 年（明成化二年）	部分地区水灾，江淮旱灾
1467 年（明成化三年）	七月，太和、丰县等地涝灾
1470 年（明成化六年）	五河、怀远、霍邱、扬州、泰州等地涝灾
1471 年（明成化七年）	下游部分地区大水灾
1472 年（明成化八年）	凤阳地区大雨
1474 年（明成化十年）	春季，江淮部分地区大水灾
1475 年（明成化十一年）	凤阳、庐州等地涝灾
1476 年（明成化十二年）	八月，流域涝灾

续表

时　　间	旱涝灾害实况
1477 年（明成化十三年）	流域涝灾
1478 年（明成化十四年）	八月，凤阳、高邮、徐州等地涝灾
1479 年（明成化十五年）	流域部分地区旱灾
1480 年（明成化十六年）	河南开封、怀庆、卫辉、彰德诸府县偏旱
1481 年（明成化十七年）	流域水旱灾害互见
1482 年（明成化十八年）	流域旱灾
1483 年（明成化十九年）	凤阳、淮安、扬州三地大部分地区涝
1484 年（明成化二十年）	流域部分地区出现旱涝灾害
1485 年（明成化二十一年）	邳州、徐州等地涝灾
1486 年（明成化二十二年）	凤阳、淮安等地涝灾
1487 年（明成化二十三年）	流域旱；九月，下游水灾
1488 年（明弘治元年）	霍邱、凤阳等地旱灾
1489 年（明弘治二年）	流域涝灾
1491 年（明弘治四年）	夏季，下游地区偏涝
1492 年（明弘治五年）	六月，流域涝
1493 年（明弘治六年）	局部旱涝互见
1494 年（明弘治七年）	四月，颍州地区雨雹
1495 年（明弘治八年）	春季，流域偏涝
1496 年（明弘治九年）	流域基本正常，亳州等地雨雹
1497 年（明弘治十年）	淮安、徐州旱灾
1498 年（明弘治十一年）	六月，流域涝灾
1499 年（明弘治十二年）	流域偏涝
1500 年（明弘治十三年）	徐州等地涝灾
1501 年（明弘治十四年）	流域基本正常；四月，中下游部分地区雨雹
1502 年（明弘治十五年）	八月，流域偏涝
1503 年（明弘治十六年）	流域旱灾
1504 年（明弘治十七年）	河南、山东、江北及北直隶一带春夏旱
1505 年（明弘治十八年）	流域偏旱
1506 年（明正德元年）	七月，流域涝灾

时　间	旱涝灾害实况
1507 年（明正德二年）	徐州、沛县、凤阳等地涝灾
1508 年（明正德三年）	淮河流域旱灾
1509 年（明正德四年）	夏季，流域大部分地区旱灾
1510 年（明正德五年）	春季，流域涝灾
1511 年（明正德六年）	春旱；夏季淮河洪水泛滥
1512 年（明正德七年）	部分地区偏旱，部分地区水灾
1513 年（明正德八年）	部分地区涝灾
1514 年（明正德九年）	七月，流域旱灾
1515 年（明正德十年）	十月，流域旱灾
1517 年（明正德二年）	夏季，流域涝灾
1518 年（明正德三年）	九月，流域涝灾
1519 年（明正德十四年）	五月，山东水、旱交替；八月，流域涝灾
1520 年（明正德十五年）	大部分地区旱灾
1521 年（明正德十六年）	淮安地区涝
1522 年（明嘉靖元年）	大部分地区涝
1523 年（明嘉靖二年）	流域特大旱灾，部分地区水灾
1524 年（明嘉靖三年）	十一月，流域部分地区先旱后涝
1525 年（明嘉靖四年）	秋季，部分地区水灾
1526 年（明嘉靖五年）	部分地区水旱互见
1527 年（明嘉靖六年）	自春至秋，流域旱灾
1528 年（明嘉靖七年）	流域旱灾
1529 年（明嘉靖八年）	七月，流域旱灾
1530 年（明嘉靖九年）	部分地区水旱灾害互见
1531 年（明嘉靖十年）	庐州、凤阳、淮安、扬州及徐州、滁州、和州偏旱
1532 年（明嘉靖十一年）	流域旱灾
1533 年（明嘉靖十二年）	九月，流域旱灾
1534 年（明嘉靖十三年）	部分地区旱
1535 年（明嘉靖十四年）	春、夏季，淮河流域旱灾
1536 年（明嘉靖十五年）	春、夏季，流域偏旱

续表

时　　间	旱涝灾害实况
1537 年（明嘉靖十六年）	夏季，中下游部分地区水灾
1538 年（明嘉靖十七年）	部分地区旱
1539 年（明嘉靖十八年）	流域基本正常，闰七月，下游部分地区有海潮
1540 年（明嘉靖十九年）	流域水旱互见
1541 年（明嘉靖二十年）	十二月，流域旱
1542 年（明嘉靖二十一年）	徐州、沛县等地涝灾
1543 年（明嘉靖二十二年）	流域基本正常，局部水旱互见
1544 年（明嘉靖二十三年）	春至秋不雨，流域偏旱
1545 年（明嘉靖二十四年）	部分地区旱灾
1546 年（明嘉靖二十五年）	流域偏旱
1547 年（明嘉靖二十六年）	流域基本正常，徐州等地水灾
1548 年（明嘉靖二十七年）	流域基本正常，徐州等地水灾
1549 年（明嘉靖二十八年）	下游部分地区水灾
1550 年（明嘉靖二十九年）	夏、秋季，流域大部地区旱灾
1551 年（明嘉靖三十年）	下游部分地区水灾
1552 年（明嘉靖三十一年）	淮河流域大水灾
1553 年（明嘉靖三十二年）	春季，流域涝灾
1554 年（明嘉靖三十三年）	流域旱灾
1555 年（明嘉靖三十四年）	流域大部分地区涝灾
1556 年（明嘉靖三十五年）	夏季，山东旱；九月，部分地区涝
1557 年（明嘉靖三十六年）	流域基本正常，局部大水灾
1558 年（明嘉靖三十七年）	流域基本正常；七月，部分地区大水灾
1559 年（明嘉靖三十八年）	流域旱灾；夏季滁州水灾
1560 年（明嘉靖三十九年）	盱眙涝灾
1561 年（明嘉靖四十年）	春、夏季，部分地区涝灾
1562 年（明嘉靖四十一年）	十月，流域偏涝
1563 年（明嘉靖四十二年）	徐州地区水灾
1564 年（明嘉靖四十三年）	部分地区水灾
1565 年（明嘉靖四十四年）	六月，流域部分地区水灾

时　　间	旱涝灾害实况
1566 年（明嘉靖四十五年）	夏季，流域涝灾
1567 年（明隆庆元年）	流域基本正常，部分地区水灾
1568 年（明隆庆二年）	局部地区旱涝交替
1569 年（明隆庆三年）	流域涝灾
1570 年（明隆庆四年）	四月，流域下游部分地区水灾
1571 年（明隆庆五年）	夏季，流域偏涝
1572 年（明隆庆六年）	流域偏涝
1573 年（明万历元年）	流域先旱后涝
1574 年（明万历二年）	八月，流域涝灾
1575 年（明万历三年）	流域涝灾
1576 年（明万历四年）	流域基本正常；秋季，部分地区水灾
1577 年（明万历五年）	春、夏季，流域大部地区涝灾
1578 年（明万历六年）	夏季，部分地区涝灾
1579 年（明万历七年）	五月，流域涝灾
1580 年（明万历八年）	七月，流域涝灾
1581 年（明万历九年）	春、夏季，流域涝灾
1582 年（明万历十年）	秋季，徐州等地涝灾
1583 年（明万历十一年）	部分地区旱灾，部分地区水灾
1584 年（明万历十二年）	泰州等地旱灾
1585 年（明万历十三年）	流域基本正常；四月至七月，部分地区旱灾
1586 年（明万历十四年）	春、夏季，流域涝灾
1587 年（明万历十五年）	夏季，大部分地区水旱互见
1588 年（明万历十六年）	夏、秋季，流域特大旱灾
1589 年（明万历十七年）	流域旱灾
1590 年（明万历十八年）	先旱后水灾，流域偏涝
1591 年（明万历十九年）	夏、秋季，流域涝灾
1592 年（明万历二十年）	夏季，下游水灾
1593 年（明万历二十一年）	春、夏季，流域特大涝灾
1594 年（明万历二十二年）	七月，流域涝灾

续表

时　　间	旱涝灾害实况
1595 年（明万历二十三年）	春、夏季，流域涝灾
1596 年（明万历二十四年）	流域基本正常；夏季，下游部分地区水灾
1597 年（明万历二十五年）	流域基本正常，部分地区旱涝交替
1598 年（明万历二十六年）	秋季，下游部分地区水灾
1599 年（明万历二十七年）	部分地区旱灾，部分地区水灾
1600 年（明万历二十八年）	流域基本正常，部分地区水灾
1601 年（明万历二十九年）	自春入夏，部分地区涝灾
1602 年（明万历三十年）	春、夏季，流域涝灾
1603 年（明万历三十一年）	自春季至秋季，流域涝灾
1604 年（明万历三十二年）	流域部分地区水灾
1605 年（明万历三十三年）	部分地区大水灾，部分地区大旱灾
1606 年（明万历三十四年）	流域基本正常，局部水灾
1607 年（明万历三十五年）	春、夏季，部分地区旱涝交替
1608 年（明万历三十六年）	夏、秋季，部分地区水旱互见
1609 年（明万历三十七年）	流域基本正常，部分地区水旱互见
1610 年（明万历三十八年）	流域基本正常；六月，部分地区大水灾
1611 年（明万历三十九年）	部分地区旱灾，部分地区水灾
1612 年（明万历四十年）	七月，部分地区大水灾
1613 年（明万历四十一年）	春、夏季，流域偏旱
1614 年（明万历四十二年）	部分地区水灾，部分地区旱灾
1615 年（明万历四十三年）	四月至八月，流域旱灾
1616 年（明万历四十四年）	夏季，流域旱灾
1617 年（明万历四十五年）	夏季，流域旱灾
1618 年（明万历四十六年）	部分地区旱灾，部分地区水灾
1619 年（明万历四十七年）	春、夏季，流域旱灾
1620 年（明万历四十八年）	五月至六月，流域偏涝
1621 年（明天启元年）	流域基本正常；五月，部分地区雨雹
1622 年（明天启二年）	江淮地区涝灾
1623 年（明天启三年）	流域基本正常，部分地区旱灾

时　　间	旱涝灾害实况
1624 年（明天启四年）	流域偏旱
1625 年（明天启五年）	夏季，流域旱灾
1626 年（明天启六年）	九月，流域旱灾
1627 年（明天启七年）	春季，流域偏涝
1628 年（明崇祯元年）	安东大水灾
1629 年（明崇祯二年）	秋季，流域偏涝
1630 年（明崇祯三年）	流域基本正常，部分地区雨雹
1631 年（明崇祯四年）	流域涝灾
1632 年（明崇祯五年）	八月，流域水灾
1633 年（明崇祯六年）	二月，河南大旱灾；夏季，中下游涝灾
1634 年（明崇祯七年）	夏季，部分地区涝灾
1635 年（明崇祯八年）	部分地区旱，部分地区水灾
1636 年（明崇祯九年）	夏季，流域偏涝
1637 年（明崇祯十年）	徐州等地旱灾
1638 年（明崇祯十一年）	部分地区水旱互见
1639 年（明崇祯十二年）	流域旱灾
1640 年（明崇祯十三年）	夏季，流域特大旱灾
1641 年（明崇祯十四年）	春、夏季，流域特大旱灾
1642 年（明崇祯十五年）	流域基本正常；夏、秋季部分地区雨雹、水灾
1643 年（明崇祯十六年）	春、夏季，流域涝灾
1644 年（清顺治元年）	流域基本正常，个别地方水旱互见
1645 年（清顺治二年）	夏季，水灾，流域偏涝
1646 年（清顺治三年）	部分地区水灾
1647 年（清顺治四年）	夏、秋季，流域涝灾
1648 年（清顺治五年）	春、夏季，流域偏涝
1649 年（清顺治六年）	五月至六月，流域涝灾
1650 年（清顺治七年）	夏六月，流域偏涝
1651 年（清顺治八年）	中下游部分地区涝灾
1652 年（清顺治九年）	五月至九月，流域旱灾

续表

时　间	旱涝灾害实况
1653 年（清顺治十年）	大部地区偏旱
1654 年（清顺治十一年）	部分地区水灾，部分地区旱灾
1655 年（清顺治十二年）	夏四月，流域涝灾
1656 年（清顺治十三年）	部分地区旱灾，部分地区水灾
1657 年（清顺治十四年）	部分地区旱灾
1658 年（清顺治十五年）	流域涝灾
1659 年（清顺治十六年）	春、夏季，流域特大涝灾
1660 年（清顺治十七年）	流域正常，局部雨雹
1661 年（清顺治十八年）	部分地区旱灾
1662 年（清康熙元年）	七月，流域涝灾
1663 年（清康熙二年）	秋季，部分地区旱灾；夏季，部分地区水灾
1664 年（清康熙三年）	部分地区水灾，部分地区旱灾
1665 年（清康熙四年）	三月至六月，流域涝灾
1666 年（清康熙五年）	流域基本正常，部分地区水灾
1667 年（清康熙六年）	部分地区水灾，部分地区旱灾
1668 年（清康熙七年）	五月，流域涝
1669 年（清康熙八年）	五月，流域涝
1670 年（清康熙九年）	夏季，流域涝
1671 年（清康熙十年）	流域旱灾
1672 年（清康熙十一年）	大部分地区水灾
1673 年（清康熙十二年）	大部分地区偏涝
1674 年（清康熙十三年）	部分地区旱灾，部分地区水灾
1675 年（清康熙十四年）	六月，大部分地区涝
1676 年（清康熙十五年）	五月至六月，徐州等地涝
1677 年（清康熙十六年）	春季，流域偏涝
1678 年（清康熙十七年）	春季，流域旱
1679 年（清康熙十八年）	夏季，流域特大旱灾
1680 年（清康熙十九年）	六月至七月，流域中下游涝
1681 年（清康熙二十年）	夏、秋季，大部分地区旱

续表

时　　间	旱涝灾害实况
1682 年（清康熙二十一年）	夏六月，部分地区水灾
1683 年（清康熙二十二年）	流域基本正常，下游部分地区大水灾
1684 年（清康熙二十三年）	秋季，下游部分地区水灾
1685 年（清康熙二十四年）	四月至七月，流域涝灾
1686 年（清康熙二十五年）	流域旱灾
1687 年（清康熙二十六年）	流域基本正常，部分地区水旱互见
1688 年（清康熙二十七年）	下游秋雨，流域涝
1689 年（清康熙二十八年）	流域基本正常，部分地区水灾
1690 年（清康熙二十九年）	春季，局部涝
1691 年（清康熙三十年）	春季，河南武阳等二十三州旱
1692 年（清康熙三十一年）	部分地区旱
1693 年（清康熙三十二年）	夏季，流域偏旱
1694 年（清康熙三十三年）	流域基本正常，部分地区水灾
1695 年（清康熙三十四年）	徐州等地水灾
1696 年（清康熙三十五年）	八月，流域涝
1697 年（清康熙三十六年）	七月，流域偏涝
1698 年（清康熙三十七年）	五月大水灾，流域涝
1699 年（清康熙三十八年）	流域基本正常，部分地区水灾
1700 年（清康熙三十九年）	夏七月，流域涝
1701 年（清康熙四十年）	夏季，部分地区水灾，部分地区旱灾
1702 年（清康熙四十一年）	春、夏季，部分地区水灾，高邮大旱灾
1703 年（清康熙四十二年）	四月至五月，局部水旱互见
1704 年（清康熙四十三年）	部分地区水灾，部分地区旱灾
1705 年（清康熙四十四年）	夏六月，流域特大涝灾
1706 年（清康熙四十五年）	夏、秋季，流域涝
1707 年（清康熙四十六年）	夏、秋季，淮河以南旱
1708 年（清康熙四十七年）	高邮、兴化等地涝
1709 年（清康熙四十八年）	夏秋淫雨，流域涝
1710 年（清康熙四十九年）	流域基本正常，部分地区水灾

续表

时　　间	旱涝灾害实况
1711 年（清康熙五十年）	春、夏季，流域旱
1712 年（清康熙五十一年）	春、夏季，流域偏旱
1713 年（清康熙五十二年）	部分地区旱灾，部分地区水灾
1714 年（清康熙五十三年）	河南郑州、祥符等二十六州县旱灾
1715 年（清康熙五十四年）	部分地区旱灾，部分地区水灾
1716 年（清康熙五十五年）	六安、寿州夏秋俱旱，沛县、清河秋大水灾
1717 年（清康熙五十六年）	流域基本正常
1718 年（清康熙五十七年）	春季，下游局部旱
1719 年（清康熙五十八年）	流域大涝灾
1720 年（清康熙五十九年）	流域基本正常，下游部分地区大水灾
1721 年（清康熙六十年）	流域基本正常；夏秋，部分地区旱
1722 年（清康熙六十一年）	流域基本正常，泗州旱
1723 年（清雍正元年）	部分地区水旱互见
1724 年（清雍正二年）	流域基本正常，局部水旱互见
1725 年（清雍正三年）	六月，流域部分地区涝
1726 年（清雍正四年）	部分地区偏涝
1727 年（清雍正五年）	七月，流域偏涝
1728 年（清雍正六年）	六月，流域水灾
1729 年（清雍正七年）	九月，流域涝
1730 年（清雍正八年）	夏、秋季，流域涝灾
1731 年（清雍正九年）	部分地区水灾，部分地区旱灾
1732 年（清雍正十年）	夏六月，大雨涝
1733 年（清雍正十一年）	秋季，流域偏涝
1734 年（清雍正十二年）	流域偏涝，凤阳、来安、五河、徐州等地水灾
1735 年（清雍正十三年）	夏、秋季，流域偏涝
1736 年（清乾隆元年）	夏、秋季，流域涝，灵璧、高邮水灾
1737 年（清乾隆二年）	五月，寿州、凤台及江苏所属地区涝灾
1738 年（清乾隆三年）	流域旱灾
1739 年（清乾隆四年）	春、夏季，流域涝

时　　间	旱涝灾害实况
1740 年（清乾隆五年）	春、夏季，流域涝
1741 年（清乾隆六年）	七月至八月，流域涝，大水灾
1742 年（清乾隆七年）	五月，流域涝灾
1743 年（清乾隆八年）	春季，寿州旱；七月，流域涝
1744 年（清乾隆九年）	流域偏涝
1745 年（清乾隆十年）	流域涝；五月，亳州水灾
1746 年（清乾隆十一年）	流域涝；七月，亳州、凤阳、颍上大水灾
1747 年（清乾隆十二年）	河南二十八州县、江苏二十州县卫水灾
1748 年（清乾隆十三年）	部分地区旱，部分地区涝
1749 年（清乾隆十四年）	夏、秋季，流域涝
1750 年（清乾隆十五年）	宿州、寿州等二十五州县卫水灾
1751 年（清乾隆十六年）	部分地区水灾，部分地区旱灾
1752 年（清乾隆十七年）	夏、秋季，流域旱
1753 年（清乾隆十八年）	秋九月，流域涝
1754 年（清乾隆十九年）	流域涝；五月，淮安、扬州雨潦
1755 年（清乾隆二十年）	夏、秋季，流域大涝灾
1756 年（清乾隆二十一年）	流域涝，宿州等三十二州县卫水灾
1757 年（清乾隆二十二年）	秋季，大水灾，流域涝
1758 年（清乾隆二十三年）	局部水旱互见
1759 年（清乾隆二十四年）	流域基本正常，部分地区水灾
1760 年（清乾隆二十五年）	夏、秋季，流域涝
1761 年（清乾隆二十六年）	流域涝；夏七月，高邮大水灾
1762 年（清乾隆二十七年）	清河等十一州县水灾
1763 年（清乾隆二十八年）	山东部分地区水灾
1764 年（清乾隆二十九年）	下游局部涝
1765 年（清乾隆三十年）	高邮涝，伤禾
1766 年（清乾隆三十一年）	流域涝，江淮夏秋多雨
1767 年（清乾隆三十二年）	部分地区水灾
1768 年（清乾隆三十三年）	夏、秋季，流域旱

续表

时　　间	旱涝灾害实况
1769 年（清乾隆三十四年）	流域基本正常，部分地区水灾
1770 年（清乾隆三十五年）	定远雨雹
1771 年（清乾隆三十六年）	部分地区水灾，部分地区旱灾
1772 年（清乾隆三十七年）	流域基本正常，局部水旱互见
1773 年（清乾隆三十八年）	流域涝，江苏山阳、阜宁等十三州县卫水灾
1774 年（清乾隆三十九年）	流域偏旱
1775 年（清乾隆四十年）	夏、秋季，流域旱
1776 年（清乾隆四十一年）	流域水灾；夏秋，五河大水灾
1777 年（清乾隆四十二年）	流域基本正常，局部水灾
1778 年（清乾隆四十三年）	流域基本正常，部分地区旱
1779 年（清乾隆四十四年）	七月下旬，流域偏涝
1780 年（清乾隆四十五年）	流域偏涝
1781 年（清乾隆四十六年）	流域偏涝
1782 年（清乾隆四十七年）	流域偏涝
1783 年（清乾隆四十八年）	部分地区水灾，部分地区旱灾
1784 年（清乾隆四十九年）	部分地区水灾，部分地区旱灾
1785 年（清乾隆五十年）	流域特大旱灾
1786 年（清乾隆五十一年）	大部分地区水灾，流域涝
1787 年（清乾隆五十二年）	部分地区水灾
1788 年（清乾隆五十三年）	局部涝
1789 年（清乾隆五十四年）	流域偏涝
1790 年（清乾隆五十五年）	流域基本正常，局部旱涝
1791 年（清乾隆五十六年）	流域基本正常，部分地区水灾
1792 年（清乾隆五十七年）	流域基本正常，部分地区水灾
1793 年（清乾隆五十八年）	夏、秋季，流域水灾
1794 年（清乾隆五十九年）	流域基本正常，部分地区水灾
1795 年（清乾隆六十年）	流域基本正常，五河、安东水灾
1796 年（清嘉庆元年）	夏六月，流域偏涝
1797 年（清嘉庆二年）	流域基本正常，部分地区水灾

续表

时　　间	旱涝灾害实况
1798 年（清嘉庆三年）	流域基本正常，局部水旱互见
1799 年（清嘉庆四年）	流域偏涝
1800 年（清嘉庆五年）	流域基本正常，部分地区水灾
1801 年（清嘉庆六年）	流域基本正常，部分地区水灾
1802 年（清嘉庆七年）	流域偏旱
1803 年（清嘉庆八年）	流域基本正常，洪泽湖水灾
1804 年（清嘉庆九年）	流域基本正常，部分地区水旱互见
1805 年（清嘉庆十年）	流域偏旱
1806 年（清嘉庆十一年）	流域基本正常，部分地区水旱互见
1807 年（清嘉庆十二年）	山东部分地区旱灾
1808 年（清嘉庆十三年）	夏、秋季，流域涝灾
1809 年（清嘉庆十四年）	秋季，部分地区旱灾
1810 年（清嘉庆十五年）	流域基本正常，局部旱涝
1811 年（清嘉庆十六年）	流域基本正常，部分地区旱灾
1812 年（清嘉庆十七年）	山东、河南、江苏部分地区水旱互见
1813 年（清嘉庆十八年）	宿州、亳州、颍州等地水灾
1814 年（清嘉庆十九年）	夏、秋季，流域旱灾
1815 年（清嘉庆二十年）	秋大水，流域涝
1816 年（清嘉庆二十一年）	春、夏季，淫雨，安徽、江苏、山东等地水灾
1817 年（清嘉庆二十二年）	夏、秋季，沿淮涝
1818 年（清嘉庆二十三年）	下游局部水旱互见
1819 年（清嘉庆二十四年）	河南兰阳、柘城、淇、洛阳等三十四州县水灾
1820 年（清嘉庆二十五年）	山东十四县、河南七厅州县、江苏八州县水灾
1821 年（清道光元年）	五月至六月，流域偏涝
1822 年（清道光二年）	山东三十九州县、江苏三十一州县等水灾
1823 年（清道光三年）	流域涝；七月，沿淮大雨，平地水深数尺
1824 年（清道光四年）	流域基本正常，部分地区水灾
1825 年（清道光五年）	六月，流域偏涝
1826 年（清道光六年）	流域涝，夏季高邮大水灾

续表

时　间	旱涝灾害实况
1827 年（清道光七年）	流域基本正常，部分地区水灾
1828 年（清道光八年）	江苏上元、江宁等二十八州县卫水灾
1829 年（清道光九年）	八月雨雹，部分地区涝
1830 年（清道光十年）	流域基本正常，部分地区水灾
1831 年（清道光十一年）	流域大涝灾
1832 年（清道光十二年）	河南三十五县大水灾，江苏桃源县等水灾
1833 年（清道光十三年）	六月，大雨，流域涝
1834 年（清道光十四年）	流域基本正常，颍州地区水灾
1835 年（清道光十五年）	秋季，流域旱
1836 年（清道光十六年）	流域基本正常，部分地区水旱互见
1837 年（清道光十七年）	流域基本正常，部分地区水旱互见
1838 年（清道光十八年）	流域基本正常，部分地区水旱互见
1839 年（清道光十九年）	江苏六十一州县涝灾
1840 年（清道光二十年）	夏季流域偏旱，高邮秋季大水灾
1841 年（清道光二十一年）	五月，流域偏涝
1842 年（清道光二十二年）	流域基本正常，部分地区水旱互见
1843 年（清道光二十三年）	流域基本正常，部分地区水灾
1844 年（清道光二十四年）	四月至六月，流域偏涝
1845 年（清道光二十五年）	六月大水灾，流域偏涝
1846 年（清道光二十六年）	流域基本正常，局部水旱互见
1847 年（清道光二十七年）	流域基本正常，部分地区水旱互见
1848 年（清道光二十八年）	凤阳、宿县、灵璧、和州、五河俱水灾
1849 年（清道光二十九年）	流域涝灾
1850 年（清道光三十年）	流域偏涝
1851 年（清咸丰元年）	秋季，大水灾，流域涝
1852 年（清咸丰二年）	流域偏涝
1853 年（清咸丰三年）	流域基本正常，部分地区水灾
1854 年（清咸丰四年）	流域偏涝
1855 年（清咸丰五年）	流域基本正常，部分地区旱涝

续表

时　　间	旱涝灾害实况
1856 年（清咸丰六年）	五月至八月不雨，流域大旱灾
1857 年（清咸丰七年）	部分地区旱灾，部分地区涝灾
1858 年（清咸丰八年）	夏、秋季，流域旱
1859 年（清咸丰九年）	流域基本正常，部分地区水旱互见
1860 年（清咸丰十年）	流域基本正常；夏、秋季，部分地区水灾
1861 年（清咸丰十一年）	流域基本正常，局部水灾
1862 年（清同治元年）	春、夏季，流域旱
1863 年（清同治二年）	流域基本正常
1864 年（清同治三年）	流域基本正常，沛县旱灾
1865 年（清同治四年）	流域基本正常，部分地区水灾
1866 年（清同治五年）	流域特大涝灾
1867 年（清同治六年）	部分地区旱，部分地区涝
1868 年（清同治七年）	春季，水灾，流域偏涝
1869 年（清同治八年）	正月至五月，淫雨，流域涝灾
1870 年（清同治九年）	四月，雨雹，流域偏涝
1871 年（清同治十年）	流域涝，安徽入夏以来水灾
1872 年（清同治十一年）	流域基本正常，局部水灾
1873 年（清同治十二年）	八月淫雨十日，流域偏涝
1874 年（清同治十三年）	八月大水灾，流域偏涝
1875 年（清光绪元年）	流域基本正常，部分地区旱
1876 年（清光绪二年）	流域偏旱
1877 年（清光绪三年）	四月，流域偏旱，河南、山东大旱灾
1878 年（清光绪四年）	流域涝，安徽入夏以来大雨连旬
1879 年（清光绪五年）	流域基本正常，部分地区水旱互见
1880 年（清光绪六年）	流域偏旱
1881 年（清光绪七年）	下游局部旱涝
1882 年（清光绪八年）	五月至六月，流域偏涝
1883 年（清光绪九年）	秋季，大水灾，流域涝
1884 年（清光绪十年）	下游局部涝

续表

时　　间	旱涝灾害实况
1885 年（清光绪十一年）	五月流域水灾
1886 年（清光绪十二年）	流域基本正常，部分地区水灾
1887 年（清光绪十三年）	流域水灾；五月，安徽雨水多；八月，河决郑州
1888 年（清光绪十四年）	七月，流域偏涝
1889 年（清光绪十五年）	五月至六月，流域涝
1890 年（清光绪十六年）	流域基本正常，部分地区水灾
1891 年（清光绪十七年）	夏五月，流域旱
1892 年（清光绪十八年）	流域基本正常，部分地区水旱互见
1893 年（清光绪十九年）	流域基本正常，部分地区水灾
1894 年（清光绪二十年）	流域基本正常，部分地区水灾
1895 年（清光绪二十一年）	五月下旬至闰五月大雨倾盆，流域涝
1896 年（清光绪二十二年）	三月、四月发大水，流域偏涝
1897 年（清光绪二十三年）	秋霖雨多日，流域涝
1898 年（清光绪二十四年）	夏、秋季大雨水，流域涝
1899 年（清光绪二十五年）	流域基本正常，部分地区水灾
1900 年（清光绪二十六年）	流域基本正常
1901 年（清光绪二十七年）	流域偏涝
1902 年（清光绪二十八年）	下游局部水旱互见
1903 年（清光绪二十九年）	流域基本正常，部分地区水灾
1904 年（清光绪三十年）	流域基本正常，部分地区水灾
1905 年（清光绪三十一年）	流域基本正常，部分地区水灾
1906 年（清光绪三十二年）	夏季，水灾，流域涝灾
1907 年（清光绪三十三年）	流域基本正常，部分地区水灾
1908 年（清光绪三十四年）	流域偏涝，安徽各属水灾
1909 年（清宣统元年）	夏五月，淫雨，流域涝
1910 年（清宣统二年）	夏季，淫雨，流域特大涝灾
1911 年（清宣统三年）	夏、秋季，水灾，流域涝灾
1912 年（民国元年）	流域偏涝，受淹 65.4 万亩，积水 3 个月
1913 年（民国 2 年）	流域旱，豫、皖旱灾

续表

时　　间	旱涝灾害实况
1914 年（民国 3 年）	流域基本正常，部分地区水旱互见
1915 年（民国 4 年）	安徽水灾
1916 年（民国 5 年）	夏、秋季，淫雨为灾
1917 年（民国 6 年）	夏季，兴化旱
1918 年（民国 7 年）	流域偏旱，安徽灾情较重
1919 年（民国 8 年）	秋季，七月初八，全椒水灾
1920 年（民国 9 年）	上游旱灾
1921 年（民国 10 年）	五月，连日雨，流域特大涝灾
1922 年（民国 11 年）	安徽大水灾
1923 年（民国 12 年）	流域基本正常
1924 年（民国 13 年）	流域基本正常
1925 年（民国 14 年）	八月，河决，兴化水灾
1926 年（民国 15 年）	流域偏涝
1927 年（民国 16 年）	怀远旱灾
1928 年（民国 17 年）	安徽大水灾
1929 年（民国 18 年）	流域旱灾
1930 年（民国 19 年）	流域基本正常
1931 年（民国 20 年）	流域特大涝灾
1932 年（民国 21 年）	豫、皖、鲁等省大旱灾
1933 年（民国 22 年）	流域涝灾
1934 年（民国 23 年）	流域旱
1935 年（民国 24 年）	流域特大旱灾
1936 年（民国 25 年）	流域基本正常
1937 年（民国 26 年）	流域部分地区旱灾
1938 年（民国 27 年）	流域部分地区夏秋多雨，偏涝
1939 年（民国 28 年）	六七月间，河南、皖北各县水灾
1940 年（民国 29 年）	安徽先旱后涝，七月苏北各县大水灾
1941 年（民国 30 年）	闰六月，河南迭遭水灾、旱灾，山东全年亢旱
1942 年（民国 31 年）	豫东大旱灾，皖北旱

续表

时　　间	旱涝灾害实况
1943 年（民国 32 年）	流域涝灾
1944 年（民国 33 年）	夏、秋季，安徽遭受旱、蝗、水、风灾害
1945 年（民国 34 年）	河南、安徽春旱不雨直至夏季
1946 年（民国 35 年）	安徽东北部、江苏南部连降大雨
1947 年（民国 36 年）	山东沂沭泗河水系大水灾
1948 年（民国 37 年）	流域基本正常
1949 年	沂沭泗河水系水灾

注 1949 年以前的月份指阴历；1950 年以后的月份为阳历。

（二）1950—2010 年旱涝灾害实况

时　　间	旱涝灾害实况
1950 年	淮河上中游大水灾，豫东、皖北地区水灾严重
1951 年	流域基本正常
1952 年	初夏，江淮之间旱
1953 年	春季，流域旱灾
1954 年	流域特大洪水，7 月出现 6 次大暴雨，流域性特大洪涝灾害
1955 年	秋季上游重旱
1956 年	上游干支流以及洪泽湖、里下河出现超过 1954 年的高水位
1957 年	淮河流域支流大水，8—10 月流域旱灾
1958 年	7—9 月，流域部分地区旱灾
1959 年	流域旱灾
1960 年	流域旱灾
1961 年	夏、秋季，流域旱灾
1962 年	流域基本正常，3—5 月上游春夏旱
1963 年	流域性大洪水，涝灾严重
1964 年	流域涝灾较重，中下游伏旱明显
1965 年	淮河流域多雨，安徽、江苏两省北部及河南大部出现严重涝灾
1966 年	7—10 月伏秋大旱，6—7 月中下游发生洪涝灾害
1967 年	中下游旱灾较重
1968 年	干流上中游特大洪水

时　　间	旱涝灾害实况
1969 年	支流史河、滹河大洪水
1970 年	流域基本正常
1971 年	流域基本正常
1972 年	流域多雨，皖北、豫中、苏北及鲁南地区涝灾
1973 年	7—8 月，中下游伏旱
1974 年	沂河、沭河大洪水
1975 年	上游支流洪汝河、沙颍河发生特大洪水灾
1976 年	中下游伏秋旱
1977 年	流域基本正常
1978 年	流域发生 1949 年以来的最严重旱灾
1979 年	流域基本正常
1980 年	干流中上游大洪水
1981 年	流域偏涝
1982 年	干流中上游大洪水，高水位，行洪时间长
1983 年	淮河中上游大洪水
1984 年	中上游大洪水，皖北、豫东水灾较重
1985 年	流域偏旱，5 月中旬至 9 月，河南旱灾较重
1986 年	流域基本正常，上中游出现秋旱
1987 年	中游洪水较大
1988 年	发生流域性大旱
1989 年	上游干流洪水较大
1990 年	5—6 月，流域初夏旱
1991 年	流域发生特大洪水，淮、沂洪水遭遇，秋季发生严重旱灾，是年旱涝交替
1992 年	流域基本正常，河南、山东有伏旱
1993 年	7—9 月，下游局部暴雨洪涝
1994 年	流域持续特大旱灾，以安徽、江苏最重
1995 年	流域基本正常，中游初夏旱
1996 年	皖北偏涝
1997 年	流域旱情较重

续表

时　　间	旱涝灾害实况
1998 年	流域偏涝，王家坝站出现 7 次接近或超过警戒水位的洪水
1999 年	流域河道来水枯竭，出现特大旱灾
2000 年	支流沙颍河、洪汝河连续发生多次大洪水
2001 年	流域出现特大旱灾
2002 年	流域以旱为主，南四湖特大干旱，上中游出现 3 次超过警戒水位的洪水
2003 年	流域出现特大洪水，淮、沂洪水遭遇，发生流域性特大洪涝灾害
2004 年	流域基本正常
2005 年	7 月上旬，干流上游、支流洪汝河发生较大洪水
2006 年	流域基本正常
2007 年	流域出现特大洪水，发生流域性特大洪涝灾害
2008 年	年初，发生严重冰冻雪灾，发生较大的春汛，王家坝站 出现 4 次超过警戒水位的洪水
2009 年	流域性特大冬春连旱，安徽省启动抗旱预警 I 级应急响应
2010 年	总体正常，干支流发生 1 次超过警戒水位的洪水

参 考 文 献

[1]　宁远，钱敏，王玉太．淮河流域水利手册 [M]．北京：科学出版社，2003.

[2]　水利部水文局，淮河水利委员会．2003 年淮河暴雨洪水 [M]．北京：中国水利水电出版社，2006.

[3]　水利部水文局，淮河水利委员会．2007 年淮河暴雨洪水 [M]．北京：中国水利水电出版社，2010.

[4]　朱士光．历史时期华北平原的植被变迁 [J]．陕西师大学报（自然科学版），1994，22（4）：79-85.

[5]　姚慧敏．黄淮海平原区耕地粮食生产能力研究 [D]．北京：中国农业大学，2004.

[6]　中国科学院《中国自然地理》编辑委员会．中国自然地理：地貌 [M]．北京：科学出版社，1980.

[7]　刘明光．中国国家自然地理图集 [M]．北京：中国地图出版社，1998.

[8]　邵时雄，郭盛乔，韩书华．黄淮海平原地貌结构特征及其演化 [J]．地理学报，1989，44（3）：314-322.

[9]　吴忱．华北平原古河道研究论文集 [G]．北京：中国科学技术出版社，1991.

[10]　叶青超，陆中臣，杨毅芬，等．黄河下游河流地貌 [M]．北京：科学出版社，1990.

[11]　黄润，朱诚，郑朝贵．安徽淮河流域全新世环境演变对新石器遗址分布的影响 [J]．地理学报，2005，60（5）：742-750.

[12]　淮河水利委员会．中国江河防洪丛书·淮河卷 [M]．北京：中国水利水电出版社，1996.

[13]　张义丰，李良义，钮仲勋．淮河环境与治理 [M]．北京：测绘出版社，1996.

[14]　景可，陈永宗，李凤新．黄河泥沙与环境 [M]．北京：科学出版社，1993.

[15]　王长荣，顾也萍．安徽淮北平原晚更新世以来地质环境与土壤发育 [J]．安徽师范大学学报（自然科学版），1995，18（2）：59-65.

[16]　张可迁．试论安徽淮北冲积平原的形成和地质构造问题 [J]．中国地质，1962（6）：10-17.

[17]　王颖，张振克，朱大奎，等．海陆交互作用与苏北平原成因 [J]．第四纪研究，2006，26（3）：301-320.

[18]　凌申．古淮口岸线冲淤演变 [J]．海洋通报，2001，20（5）：40-46.

[19]　张忍顺．苏北黄河三角洲及濒海平原的成陆过程 [J]．地理学报，1984，39（2）：173-184.

[20]　孟尔君．历史时期黄河泛淮对江苏海岸线变迁的影响 [J]．中国历史地理论丛，2000，57（4）：147-159.

[21]　叶青超．试论苏北废黄河三角洲的发育 [J]．地理学报，1986，41（2）：112-122.

［22］　中国科学院《中国自然地理》编辑委员会．中国自然地理：历史自然地理［M］．北京：科学出版社，1982.

［23］　葛伟亚，叶念军，龚建师，等．淮河流域平原区第四系含水层划分及特征分析［J］．资源调查与环境，2006，27（4）：268－276.

［24］　陈远生，何希吾，赵承普，等．淮河流域洪涝灾害与对策［M］．北京：中国科学技术出版社，1995.

［25］　王育民．中国历史地理概论（上册）［M］．北京：人民教育出版社，1987－1988.

［26］　彭安玉．试论黄河夺淮及其对苏北的负面影响［J］．江苏社会科学，1997（1）：121－126.

［27］　杨勇．沂沭泗水系演变及洪水治理［J］．水利规划与设计，2005（2）：64－67.

［28］　傅先兰，李容全．淮南地区淮河故道的初步研究［J］．北京师范大学学报（自然科学版），1998，34（2）：276－279.

［29］　徐近之．淮北平原与淮河中游的地文［J］．地理学报，1953，19（2）：203－233.

［30］　张茂恒，孙志宏．淮河入湖三角洲的形成、演变及发展趋势［J］．徐州师范大学学报（自然科学版），2001，19（3）：53－56.

［31］　王鑫义．淮河流域经济开发史［M］．合肥：黄山书社，2001.

［32］　陈业新．近五百年来淮河流域灾害环境与人地关系研究——以明至民国时期中游皖北地区为中心［D］．上海：复旦大学博士后学位论文，2003.

［33］　王玉太．淮河干流治理展望［J］．治淮，2005（3）：5－6.

［34］　陈茂满．洪泽湖蓄泄关系与淮河中下游防洪［J］．水利规划与设计，2004（2）：27－31，47.

［35］　王庆，李军，李道季，等．淮河中游河床倒比降的形成、演变与治理［J］．泥沙研究，2000（1）：50－55.

［36］　章人骏．华北平原地貌演变和黄河改道与泛滥的根源［J］．华南地质与矿产，2000（4）：52－57.

［37］　王庆，陈吉余．洪泽湖和淮河入洪泽湖河口的形成与演化［J］．湖泊科学，1999，11（3）：237－244.

［38］　廖高明．高邮湖的形成和发展［J］．地理学报，1992，47（2）：139－145.

［39］　向凯．南四湖的形成与演变［J］．人民黄河，1989，11（4）：63－66.

［40］　张祖陆，沈吉，孙庆义，等．南四湖的形成及水环境演变［J］．海洋与湖沼，2002，33（3）：314－321.

［41］　黄孝燮，汪安球．黄泛区土壤地理［J］．地理学报，1954，20（3）：313－331.

［42］　国家气象局气象科学研究院．中国近五百年旱涝分布图集［M］．北京：中国地图出版社，1981.

［43］　国家防汛抗旱总指挥部办公室，水利部南京水文水资源研究所．中国水旱灾害［M］．北京：中国水利水电出版社，1997.

［44］　河南省水利厅．河南水旱灾害［M］．郑州：黄河水利出版社，1999.

［45］　安徽省水利厅．安徽水旱灾害［M］．北京：中国水利水电出版社，1998.

［46］　淮河水利简史编写组．淮河水利简史［M］．北京：水利电力出版社，1990.

［47］　水利部水文局，淮河水利委员会．2003年淮河暴雨洪水［M］．北京：中国水利水电出版社，2006.

[48] 水利部水文局，淮河水利委员会.2007 年淮河暴雨洪水［M］.北京：中国水利水电出版社，2010.

[49] 张德二，刘传志.《中国近五百年旱涝分布图集》续补（1980—1992 年）［J］.气象，1993，19（11）：41－45.

[50] Shi Zhengguo，Yan Xiaodong，Yin Chonghua，et al.Effects of historical land cover changes on climate［J］.Chinese Science Bulletin，2007（18）：2575－2583.

[51] 郑景云，葛全胜，方修琦，等.基于历史文献重建的近 2000 年中国温度变化比较研究［J］.气象学报，2007，65（3）：428－439.

[52] 郑景云，邵雪梅，郝志新，等.过去 2000 年中国气候变化研究［J］.地理研究，2010，29（9）：1561－1570.

[53] 陈星，徐韵.过去 1000 年气候模拟比较和机制分析［J］.第四纪研究，2009，29（6）：1115－1124.

[54] 王绍武，闻新宇，罗勇，等.近千年中国温度序列的建立［J］.科学通报，2007，52（8）：958－964.

[55] 王绍武，赵宗慈.近五百年我国旱涝史料的分析［J］.地理学报，1979，34（4）：329－341.

[56] 张德二，刘传志，江剑民.中国东部 6 区域近 1000 年干湿序列的重建和气候跃变分析［J］.第四纪研究，1997（1）：1－11.

[57] 陈咸吉.中国气候区划新探［J］.气象学报，1982，40（1）：35－48.

[58] 丁一汇，张锦，徐影，等.气候系统的演变及其预测［M］.北京：气象出版社，2003.

[59] 胡娅敏，丁一汇，廖菲.江淮地区梅雨的新定义及其气候特征［J］.大气科学，2008，32（1）：101－112.

[60] 黄荣辉，顾雷，徐予红，等.东亚夏季风爆发和北进的年际变化特征及其与热带西太平洋热状态的关系［J］.大气科学，2005，29（1）：20－36.

[61] IPCC WGI.Observations：surface and atmospheric climate change（Ch.3）in IPCC WGI fourth assessment report［R］.2007.

[62] 柳艳香，郭欲福.应用耦合模式进行 2003 年度气候预测试验［J］.气候与环境研究，2005，10（2）：257－264.

[63] 钱永甫，王谦谦，黄丹青.江淮流域的旱涝研究［J］.大气科学，2007，31（6）：1279－1289.

[64] 孙建华，卫捷，张小玲，等.2003 年夏季的异常天气及预测试验［J］.气候与环境研究，2004，9（1）：202－217.

[65] 沙万英，邵雪梅，黄玫.20 世纪 80 年代以来中国的气候变暖及其对自然区域界线的影响［J］.中国科学，2002，32（4），317－326.

[66] 王慧，王谦谦.淮河流域夏季降水异常与北太平洋海温异常的关系［J］.南京气象学院学报，2002，25（1）：45－54.

[67] 卫捷，孙建华，陶诗言，等.2005 年夏季中国东部气候异常分析［J］.气候与环境研究，2006，11（2）：155－168.

[68] 叶笃正，黄荣辉，等.长江、黄河流域旱涝规律和成因研究［M］.济南：山东科学技

术出版社，1996.

[69] Ye Duzheng, Jiang Yundi, Dong Wenjie. The northward shift of climate belts in china during the last 50 years and the corresponding seasonal responses [J]. Advances in Atmospheric Sciences, 2003, 20 (6): 959 - 967.

[70] 冯志刚，程兴无，陈星，等. 淮河流域暴雨强降水的环流分型和气候特征 [J]. 热带气象学报，2013, 29 (5): 824 - 832.

[71] 冯志刚，陈星，程兴无，等. 显著经验正交函数分析及其在淮河流域暴雨研究中的应用 [J]. 气象学报，2014, 72 (6): 1245 - 1256.

[72] 刘福弘，陈星，程兴无，等. 气候过渡带温度变化与淮河流域夏季降水的关系 [J]. 气候与环境研究，2010, 15 (2): 169 - 178.

[73] 陶诗言，等. 中国之暴雨 [M]. 北京：科学出版社，1980.

[74] 陶诗言，徐淑英. 夏季江淮流域持久性旱涝现象的环流特征 [J]. 气象学报，1962, 32 (1): 1 - 10.

[75] 刘志澄，矫梅燕. 安徽省防汛抗旱气象手册 [M]. 北京：气象出版社，1998.

[76] Huang Ronghui, Wu Yifeng. The influence of ENSO on the summer climate change in China and its mechanism [J]. Adv. Atmos Sci, 1989, 6 (1): 21 - 30.

[77] Wallace J M, Rasmusson E M, Mitchell T P. On the structure and evolution of ENSO related climate variability in the tropical Pacific: Lessons from TOGA [J]. J. Geophys. Res., 1998, 103: 14241 - 14259.

[78] 陈菊英，王玉红，王文. 1998 及 1999 年乌山阻高突变对长江中下游大暴雨过程的影响 [J]. 高原气象，2001, 20 (4): 388 - 394.

[79] 黄荣辉. 关于我国重大气候灾害的形成机理和预测理论研究进展 [J]. 中国基础科学，2001, 8 (1): 4 - 8.

[80] 黄嘉佑. 气象统计分析与预报方法 [M]. 北京：气象出版社，2004.

[81] 李柏年. 洪涝灾害分析模型研究 [J]. 灾害学，2005, 20 (2): 18 - 21.

[82] 钟海玲，李栋梁，陈晓光. 近 40 年来河套及其邻近地区降水变化趋势的初步研究 [J]. 高原气象，2006, 25 (5): 900 - 905.

[83] 高辉，王永光. ENSO 对中国夏季降水可预测性变化的研究 [J]. 气象学报，2007, 65 (1): 131 - 137.

[84] 李生辰，徐亮，郭英香，等. 近 34a 青藏高原年降水变化及其分区 [J]. 中国沙漠，2007, 27 (2): 307 - 314.

[85] 卢鹤立，邵全琴，刘纪远，等. 近 44 年来青藏高原夏季降水的时空分布特征 [J]. 地理学报，2007, 62 (9): 946 - 958.

[86] 魏凤英. 现代气候统计诊断与预测技术 [M]. 北京：气象出版社，2007.

[87] 《气候变化国家评估报告》编写委员会. 气候变化国家评估报告 [M]. 北京：科学出版社，2007.

[88] 李峰，丁一汇，鲍媛媛. 2003 年淮河打水期间亚洲北部阻塞高压的形成特征 [J]. 大气科学，2008, 32 (3): 469 - 480.

[89] 王琳莉，陈星. 一种新的汛期降水集中期划分方法 [J]. 长江流域资源与环境，2006, 15 (3): 352 - 355.

［90］ 董全，陈星，陈铁喜，等．淮河流域极端降水与极端流量关系的研究［J］．南京大学学报（自然科学版），2009，45（6）：790－801．

［91］ Dong Quan，Chen Xing，Chen Tiexi. Characteristics and changes of extreme precipitation in the Yellow－Huaihe and Yangtze－Huaihe rivers basins，China［J］. Journal of Climate，2011，24：3781－3795．

［92］ 赵春明，刘雅鸣，张金良，等．20 世纪中国水旱灾害警示录［M］．郑州：黄河水利出版社，2002．

［93］ 沂沭泗水利管理局．2003 年沂沭泗暴雨洪水分析［M］．济南：山东省地图出版社，2006．

［94］ 水利电力部全国暴雨洪水分析计算协调小组办公室，南京水文水资源研究所．中国历史大洪水：下卷［M］．杭州：中国书局出版社，1992．

［95］ 李伯星，唐涌源．新中国治淮纪略［M］．合肥：黄山书社，1995．

［96］ 国家科学技术委员会．中国科学技术蓝皮书第 5 号：气候［M］．北京：科学技术文献出版社，1990．

［97］ 《中国气象灾害大典》编委会．中国气象灾害大典：河南卷［M］．北京：气象出版社，2005．

［98］ 《中国气象灾害大典》编委会．中国气象灾害大典：安徽卷［M］．北京：气象出版社，2007．

［99］ 《中国气象灾害大典》编委会．中国气象灾害大典：山东卷［M］．北京：气象出版社，2006．

［100］ Dommenget D. Evaluating EOF modes against a stochastic null hypothesis［J］. Climate Dynamics，2007，28（5）：517－531．

［101］ Dommenget D，Latif M. A cautionary note on the interpretation of EOFs［J］. Journal of Climate，2002，15（2）：216－225．

［102］ North G R，Bell T L，Cahalan R F，et al. Sampling errors in the estimation of empirical orthogonal functions［J］. Mon. Wea. Rev.，1982，110：699－706．

［103］ Von Storch H，Zwiers F W. Statistical analysis in climate research［M］. Cambridge University Press，1999．

［104］ 《第二次气候变化国家评估报告》编写委员会．第二次气候变化国家评估报告［M］．北京：科学出版社，2011．

［105］ 竺可桢．竺可桢文集［M］．北京：科学出版社，1979．

［106］ 葛全胜，等．中国历朝气候变化［M］．北京：科学出版社，2011．

［107］ 程兴无，陈星，等．全球气候变化下的淮河气候演变特征及对策［C］//淮河研究会第五届学术研讨会论文集．北京：中国水利水电出版社，2010．

［108］ 周文艳，郭品文，罗勇，等．淮河流域夏季降水空间变率研究［J］．气象，2008，34（8）：51－57．

［109］ 唐元海．淮河综述志［M］．北京：科学出版社，2000．

［110］ AIGUO DAI，KEVIB E，TAOTAO QIAN. 1870—2002 年全球 Palman 干旱指数集——PDSI 与土壤湿度及地表增温效应的关系［J］．王涓力，译．干旱气象，2006，24（3）：84－94．

[111] 陈桥驿．淮河流域 [M]．上海：上海春明出版社，1952．

[112] 梁树献，杨亚群，徐珉．淮河流域 6～8 月旱涝分布特征 [J]．水文，2001，39（2）：54-55．

[113] 李柏年．淮河流域洪涝灾害分析模型研究 [J]．灾害学，2005，20（2）：18-21．

[114] 李景宝，俞小红，金涛．湖南四水流域洪涝灾害特性与减灾战略 [J]．水土保持通报，2002，22（5）：57-60．

[115] 卞利．论清初淮河流域的自然灾害及其治理对策 [J]．安徽史学，2001（1）：20-21．

[116] 张秉伦，方兆本．淮河和长江中下游旱涝灾害年表与旱涝规律研究 [M]．合肥：安徽教育出版社，1998．

[117] 骆承政．中国历史大洪水调查资料汇编 [M]．北京：中国书店出版社，2006．

[118] 张金才．淮河流域洪水灾害及防治建议 [J]．灾害学，1992，7（2）：53-54．

[119] 钱正英．中国水利 [M]．北京：水利电力出版社，1991．

[120] 陈业新．1931 年淮河流域水灾及其影响研究——以皖北地区为对象 [J]．安徽史学，2007（2）：117-128．

[121] 骆承政，乐嘉祥．中国大洪水——灾害性洪水述要 [M]．北京：中国书店出版社，1996．

[122] 姜加虎，袁静秀，黄静．洪泽湖历史洪水分析（1736—1992 年）[J]．湖泊科学，1997，9（3）：231-236．

[123] 杨民钦．淮河"91·6"洪水的特征及其思考 [J]．治淮，1991（10）：12-14．

[124] 胡明思，骆承政．中国历史大洪水 [M]．北京：中国书店出版社，1992．

[125] 张建云．中国暴雨统计参数图集 [M]．北京：中国水利水电出版社，2005．

[126] 张建云．中国水文科学与技术研究进展 [M]．南京：河海大学出版社，2004．

[127] 水利部水文局．2002 年水情年报 [M]．北京：中国水利水电出版社，2003．

[128] 水利部水文局．2003 年水情年报 [M]．北京：中国水利水电出版社，2004．

[129] 水利部水文局．2004 年水情年报 [M]．北京：中国水利水电出版社，2005．

[130] 胡怀亮，李立新．河南省淮河流域的旱灾及减灾对策 [J]．治淮，1995（11）：41-42．

[131] 陈德坤，孙继昌．1999 年水情年报 [M]．北京：中国水利水电出版社，2000．

[132] 孙继昌．2001 年水情年报 [M]．北京：中国水利水电出版社，2002．

[133] 安徽省地方志编制委员会．安徽省志：气象志 [M]．合肥：安徽人民出版社，1990．

[134] 河南省地方志编制委员会．河南省志：第六卷 [M]．郑州：河南人民出版社，1997．

[135] 江苏省地方志编制委员会．江苏省志：气象事业志 [M]．南京：江苏科学技术出版社，1996．

[136] 山东省地方史志编纂委员会．山东省志：气象志 [M]．济南：山东人民出版社，1994．

[137] 叶笃正，黄荣辉．旱涝气候研究进展 [M]．北京：气象出版社，1990．

[138] 张金才．淮河流域 1931 年 7 月大洪水简介 [J]．水文，1986（2）：57-62．

[139] 刘树坤，周魁一，富曾慈，等．全民防洪减灾手册 [M]．沈阳：辽宁人民出版

社，1993.

[140]　水利电力部水管司，水利水电科学研究院．清代淮河流域洪涝档案史料［M］．北京：中华书局，1988.

[141]　周后福．近554年安徽省旱涝变化规律和突变现象的研究［J］．安徽师范大学学报（自然科学版），2004（9）：326－330.

[142]　魏光兴，孙昭民．山东省自然灾害史［M］．北京：地震出版社，2000.

[143]　山东省水利厅水旱灾害编委会．山东水旱灾害［M］．郑州：黄河水利出版社，1996.

[144]　杨成芳，薛德强，孙即霖．山东省近531年旱涝变化气候诊断分析［J］．山东气象，2003（12）：5－8.

[145]　Beguería S，Vicente－Serrano S M. Mapping the hazard of extreme rainfall by peaks over threshold extreme value analysis and spatial regression techniques［J］. Appl. Meteor. Climatol.，2006，45：108－124.